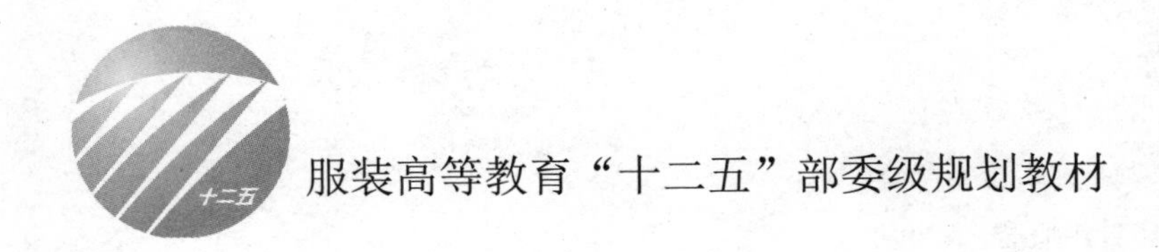

针织服装艺术设计

（第2版）

沈　雷　编著

中国纺织出版社

内 容 提 要

本书从针织服装的教学要求出发，系统介绍了针织服装的设计与流行预测。全书从设计思维、基本要素、设计表达及计算机辅助设计等几方面详细阐述了针织服装的设计要领及其方法步骤，并结合一系列主题设计实例讲解了如何把握针织服装的流行趋势。

最后的附录呈现了国际针织服装设计大师的作品赏析。

本书既可作为高等服装院校服装专业的教材，也可供针织服装企业技术人员参考使用。

图书在版编目（CIP）数据

针织服装艺术设计／沈雷编著.—2版.—北京：中国纺织出版社，2013.10

服装高等教育“十二五”部委级规划教材

ISBN 978-7-5180-0043-2

Ⅰ. ①针… Ⅱ. ①沈… Ⅲ. ①针织物—服装设计—高等学校—教材 Ⅳ.①TS186.3

中国版本图书馆CIP数据核字（2013）第220729号

策划编辑：金　昊　　责任编辑：杨　勇　　责任校对：余静雯
责任设计：何　建　　责任印制：何　艳

中国纺织出版社出版发行
地址：北京市朝阳区百子湾东里A407号楼　邮政编码：100124
邮购电话：010—67004461　传真：010—87155801
http：//www.c-textilep.com
E-mail：faxing@c-textilep.com
北京佳信达欣艺术印刷有限公司印刷　　各地新华书店经销
2005年1月第1版　2013年10月第2版第2次印刷
开本：787×1092　1/16　印张：13.5
字数：250千字　定价：39.80元

凡购本书，如有缺页、倒页、脱页，由本社图书营销中心调换

出版者的话

《国家中长期教育改革和发展规划纲要》中提出“全面提高高等教育质量”，“提高人才培养质量”。教高[2007]1号文件“关于实施高等学校本科教学质量与教学改革工程的意见”中，明确了“继续推进国家精品课程建设”，“积极推进网络教育资源开发和共享平台建设，建设面向全国高校的精品课程和立体化教材的数字化资源中心”，对高等教育教材的质量和立体化模式都提出了更高、更具体的要求。

“着力培养信念执著、品德优良、知识丰富、本领过硬的高素质专门人才和拔尖创新人才”，已成为当今本科教育的主题。教材建设作为教学的重要组成部分，如何适应新形势下我国教学改革要求，配合教育部“卓越工程师教育培养计划”的实施，满足应用型人才培养的需要，在人才培养中发挥作用，成为院校和出版人共同努力的目标。中国纺织服装教育协会协同中国纺织出版社，认真组织制订“十二五”部委级教材规划，组织专家对各院校上报的“十二五”规划教材选题进行认真评选，力求使教材出版与教学改革和课程建设发展相适应，充分体现教材的适用性、科学性、系统性和新颖性，使教材内容具有以下三个特点：

（1）围绕一个核心——育人目标。根据教育规律和课程设置特点，从提高学生分析问题、解决问题的能力入手，教材附有课程设置指导，并于章首介绍本章知识点、重点、难点及专业技能，增加相关学科的最新研究理论、研究热点或历史背景，章后附形式多样的思考题等，提高教材的可读性，增加学生学习兴趣和自学能力，提升学生科技素养和人文素养。

（2）突出一个环节——实践环节。教材出版突出应用性学科的特点，注重理论与生产实践的结合，有针对性地设置教材内容，增加实践、实验内容，并通过多媒体等形式，直观反映生产实践的最新成果。

（3）实现一个立体——开发立体化教材体系。充分利用现代教育技术手段，构建数字教育资源平台，开发教学课件、音像制品、素材库、试题库等多种立体化的配套教材，以直观的形式和丰富的表达充分展现教学内容。

教材出版是教育发展中的重要组成部分，为出版高质量的教材，出版社严格甄选作者，组织专家评审，并对出版全过程进行跟踪，及时了解教材编写进度、编写质量，力求做到作者权威、编辑专业、审读严格、精品出版。我们愿与院校一起，共同探讨、完善教材出版，不断推出精品教材，以适应我国高等教育的发展要求。

中国纺织出版社

教材出版中心

教学内容及课时安排

章/课时	课程性质/课时	节	课程内容
第一章 （4课时）	基础理论 （28课时）		• 针织服装概论
		一	针织服装的基本概念
		二	针织服装的历史与发展
		三	针织服装面料的性能特征
		四	针织服装的分类
第二章 （4课时）			• 针织服装的设计思维
		一	针织服装的设计构思
		二	设计思维的基本方式
		三	针织服装设计的灵感
		四	针织服装设计的构思启示
第三章 （20课时）			• 针织服装设计的基本要素
		一	原料
		二	组织结构
		三	造型
		四	色彩
		五	装饰
		六	工艺
第四章 （12课时）	应用理论与训练 （32课时）		• 针织服装的设计表达
		一	针织毛衫设计表达的特点
		二	针织毛衫设计表达的分类及作用
		三	针织毛衫设计表达的技法
		四	系列毛衫设计表达的技巧
第五章 （8课时）			• 针织服装的计算机辅助设计
		一	针织服装CAD的作用
		二	针织服装CAD的总体功能
		三	针织服装设计CAD方法
		四	如何选购针织服装CAD系统
第六章 （12课时）			• 针织服装流行与流行预测
		一	针织服装流行时尚元素的采集方法
		二	流行时尚元素的整理方法
		三	针织服装流行趋势的预测
		四	针织服装流行趋势的发布
附录			• 针织服装设计大师作品赏析

注 各院校可根据自身的教学特色和教学计划对课时数进行调整。

目 录

基础理论——

针织服装概论

课程名称： 针织服装概论

课程内容： 针织服装的基本概念

针织服装的历史与发展

针织服装面料的性能特征

针织服装的分类

上课时数： 4课时

训练目的： 让学生了解针织服装及针织服装设计的基本概念，了解针织服装的起源、发展以及现状，针织服装面料的性能特征以及针织服装的分类。

教学要求： 从针织服装的起源和发展，以及面料的性能特征分析及针织服装的分类，让学生对针织服装的概念有一个全面系统的了解。

课前准备： 服装史

第一章 针织服装概论

新世纪，科学与技术的飞速发展不断缩短着世界各地人民之间的空间距离，信息社会将地球变得越来越像一个人丁兴旺的大家庭，人们正通过服装这一通行于全世界的无声语言，加强相互之间的交流与沟通。世界服装正穿越时空的阻隔，呈现了以高新技术为支撑，以新型面料为载体，各国、各民族服装融汇、借鉴、推陈出新的发展趋势。

放眼国际、国内众多的服装博览会，那些花色多样、色彩缤纷、肌理富于变化的衣料给人带来了前所未有的视觉冲击力。图案变化多样的提花织物、空花织物、浮纹织物、绒圈织物、拉绒织物、烂花天鹅绒、乔其绒，以及极其轻、薄、透明的蝉翼纱……激发了设计师的灵感并带来了尽情发挥设计构想的载体。在这些新颖漂亮的服装中，最引人注目的就是——针织服装。

针织服装因其良好的弹性、保暖性、柔软可身的穿着感觉、广泛丰富的面料来源越来越成为人们喜爱的服装。在过去的几年中，针织服装已经彻底摆脱了作为内衣穿着而逐渐发展为服装领域的重要类别，所占市场份额也从15%扶摇直上到48%，而发达国家已经超过50%。

纵观欧美服装市场，新颖别致的针织服装正大出风头。从其面料分析，既有号称“精品”、“皇后”的羊绒、真丝，也有中等价位的羊毛、兔毛，而更多的是经久不衰的纯棉，涤棉、涤麻等混纺织物，弹性纤维与高科技合成纤维（新合纤）的加盟更使得针织面料集团军中跃出一匹匹“黑马”。新颖的竹节纱、结子纱、多色彩绞合股纱等纱线给针织面料的外观带来令人眼前一亮的视觉美感，而由电脑设计的花样翻新的单、双罗纹组织、平针组织、提花组织、毛圈组织、起绒组织、网眼组织、烂花组织等的随意组合，更是赋予针织面料变化多端的层次感和任由设计师、消费者各取所爱的选择余地。灵感迭出的设计师们通过自己在针织服装设计中的创新，让消费者惊奇地发现不断推陈出新的针织服装所蕴涵的独特创意与魅力，从而诱发了源源不断的购买热潮。

由于技术的日臻先进，用针织面料制作套装、连衣裙已无须顾及松懈及变形的问题。弹性纤维、新合纤与羊毛的混纺，减轻了传统毛针织面料的重量，改善了其伸缩性和悬垂性，使之更加合体保形。

休闲风潮中，针织时装不失时机地填补了西装革履与T恤仔裤之间的空白，让男男女女找到另一种从里到外彻底放松的感觉。

针织面料丰富的图案、色调和凸凹不平的纹理效果给设计师提供了再创作的灵感，这种双重创作是其他传统服装面料很少具备的。羊毛与尼龙的混纺使一向柔和的羊毛平添了色泽，由深及浅的渐变也非同寻常。多色块及几何图形的应用使得针织物具有了得天独厚的优势，更为崇尚个性化着装的现代人提供了千变万化的选择机会。

随着针织服装面料、款式、色彩、种类和功能的多样化，人们对针织服装的关爱程度与日俱增，设计师也为之倾注了更多的心血，针织服装设计正受到越来越多设计人员的重视，并成为高等院校服装设计课程的必修内容。

第一节 针织服装的基本概念

一、什么是设计

（一）设计的含义

“设计”一词起源于拉丁语designare，原意为用记号表现计划，相当于汉语中的“图案”和“意匠”，是指在制造物品之前的各种各样的构思设想。相应的法语词汇是dessein（计划）、dessin（草图），德语是entwurf，意大利语是disegno，日本语有“意匠”、“图案”、“计画”、“设计”等含义。在英汉辞典中，“设计”（英语design）的解释有“计划”、“规划”的意思。在《大英百科全书》中designare是发展行动计划的过程，是指将一张画或模型展开的计划方案或设计方案。

由于“设计”的本意是“通过符号把构思表现出来”，意思是把构思变为可视的具体图形，所以很多人狭义地认为，造型、色彩、装饰的创造就是设计。广义地讲，“设计”是在客观条件件的制约下，本着某种目的进行创造性的构思设想，并用符号将其具体地展示出来的一种活动；也就是说，“设计”既是运用符号来表达构思的可视性内容，又是根据构思来解决问题的创造性行为。从形象上看，“设计”是指对物品的外观设计或工艺设计；从逻辑上看，“设计”是指对物品的功能设计；从哲学上看，凡是创造都是一种广义的设计；从艺术上看，“设计”也属于艺术创作，因为它具有“用一定的物质材料塑造可视平面或立体形象，反映客观世界具体事物”的造型艺术的特性，包含着美学因素。美术和设计的不同之处：美术作品的产生是意识形态的创造活动，称为“创作”；而设计作品的实践是物质形态的创造活动，称为“设计”。“设计”最重要之点是要创造一种新的生存方式和生活方式。

所以，可以从两个方面理解“设计”的含义。一是作为名词来讲，是指在做某项工作之前，根据一定的目的和要求，预先制订的计划、方案、蓝图或模型；二是作为动词讲，是指把人们头脑中有目的的构思设想，运用符号形象地表示为可视内容的创造性行为。时代在前进，科技在进步，设计的概念与范围也随之而发展，“21世纪是设计的时代”已成为越来越多人的共识。

（二）设计的分类

“设计”包罗万象，其分类也多种多样，通过对设计种类的概括和划分，可以了解服装设计在整个设计领域所处的位置和作用（图1–1）。

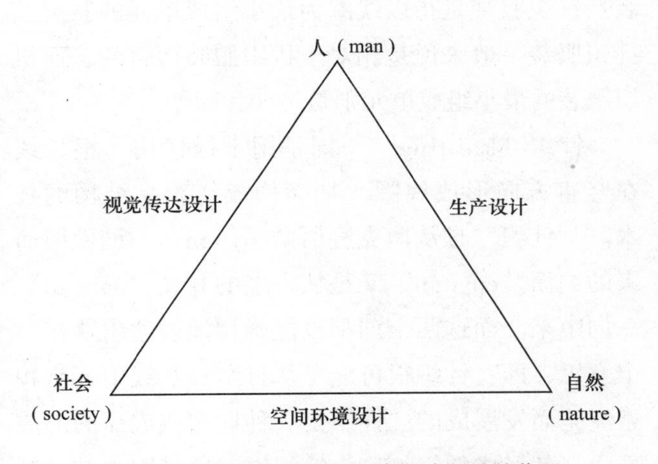

图1–1 服装设计在整个设计领域所处的位置

其中，视觉传达设计是运用视觉元素、视觉语言、视觉途径、视觉运动和视觉心理的原理，对形态和色彩的传达进行系统研究，用现代设计理念在人与社会之间传达信息的一种设计；生产设计泛指对一切实物形态的、具有实用意义的物品的设计；空间环境设计是指对人、物、场所、自然四者之间关系综合处理的设计，是通过物质手段解决功能与美观、法制与舒适、地域与象征、形式与经济等对立与统一的关系。综合设计是对设计对象多元的或非常规空间状态的构成要素按一定目的进行的组合设计。

（三）设计的本质

“用”与“美”的统一，是设计的精髓和本质所在。人类在生存本能的基础上追求美感，其中就包含了用和美的意识。用的意识是科学的意识，美的意识是艺术的意识。设计是“科学”与“艺术”融为一体的产物。单纯强调“用”的产品，只能满足人的本能需要，不能称为设计；单纯强调“美”的作品，忽视了人的本能及功能要求，也不能称其为设计，只能是艺术范畴的初级品。现代设计的本质意义，贯穿于人缔造现代化的全过程，设计师追踪着人们行为的物质需要和对美的情感需求，不断创造充满生机的生活方式。

二、什么是针织服装

讲针织服装设计，首先要了解什么是针织服装？针织服装是指以线圈为最小组成单元的服装。针织服装一般来说是相对于机织服装而言的，而机织服装的最小组成单元则是经纱和纬纱。

针织“knitting”一词是用于描述用一根长线在竖直方向形成线圈，从而构成纺织品结构的技术。“针织”是从撒克逊语“cnyttan”一词发展而来的，而“cnyttan”又是从古老的梵文“nahyati”一词中来。而这两个词都没能确切地表达出这样一个意思，即：针织很可能是从打结和捻线中逐步积累经验而发展成的。针织是一种坯布或成品的形成方法，其形成的织物称为针织物，这是因为其最基本的形成的工作元件是织针。针织物与机织物的基本区别在于纱线的几何组织结构不同。机织物的组织结构是由两组互相垂直的经纬纱线相互交织而成。而针织物则是由纱线弯曲成线圈串套而成，是典型的针织物线圈结构。无论是采用机械或手工的方式，只要是线圈串套而成的织物都被认为是针织品。《苏联百科字典》对于针织有如下定义：“将长纱线弯曲成线圈并将线圈相互交织成针织布或针织成品的过程，分为手织（用钩针或织针）和机织两种”；《中国大百科全书·纺织》对针织作如下定义：“利用织针把各种原料和品种的纱线构成线圈，再经串套连接成针织物的工艺过程……针织分手工针织和机器针织两类”。

针织服装比机织服装起步晚，历史短，但由于针织面料具有机织面料不具备的独特优点，近年来，全球针织服装的品种、质量、数量得到了迅速发展。针织面料质地柔软，吸湿透气，具有较好的弹性，轻薄面料悬垂性好，飘逸感强，穿着舒适，贴身合体，无拘谨感，并能充分体现人体曲线。现在针织服装已由传统内衣向装饰内衣、补正内衣、保健内衣发展，内衣外穿，外衣时装化、个性化、高档化已成为针织服装的新主题。

三、针织物和机织物的比较

纺织物分为针织物和机织物两大类。针织物和机织物，由于织造方法的不同，在结构、特性、工艺和用途上都有着不同之处。现就其中基本不同点作一比较。

机织物也叫梭织物，是由两组相互垂直的纱线——经纱1和纬纱2交织而成[图1-2（a）]。经纱和纬纱之间的每一个相交点称为组织点，是机织物的最小基本单元。

针织物是由线圈相互串套而成，线圈是针织物的最小基本单元。它的线圈在正反面、纵横向的图形结构都不一样[图1-2(b)]。

从图1-2中可以看出，机织物只是在经纱与纬纱交织的地方有一些弯曲，而且只在垂直于织物平面的方向内弯曲，其弯曲程度和经纬纱间的相对张力以及纱线的刚度有关。当机织物受纵向拉伸时，经纱的强力增加，弯曲减少，而纬纱的弯曲增加，织物纵向延伸，延伸到经纱完全伸直为止（这里不考虑纱线本身的延伸），同时，织物横向收缩，但这种收缩与织物纵向延伸没有联系。当织物受横向拉伸时，纬纱的张力增加，弯曲减少，而经纱弯曲增加，织物横向延伸，延伸到纬纱完全伸直为止，同时织物纵向收缩。

在针织物中纱线弯曲成空间曲线，由于每个线圈由一根纱线组成，所以当针织物受到纵向拉伸时，不但线圈由弯曲变为伸直，而且线圈的高度亦

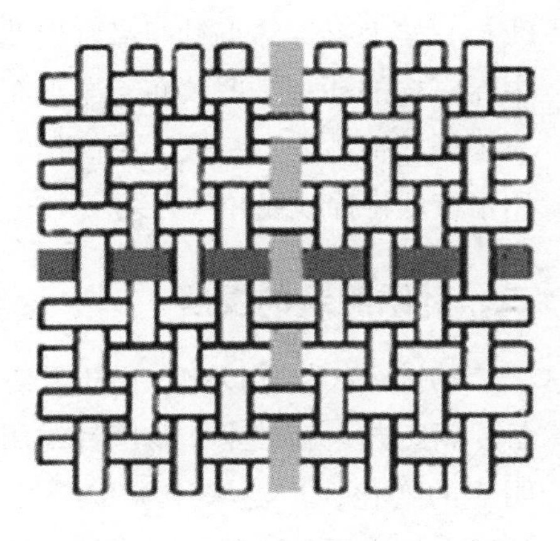

（a）机织物

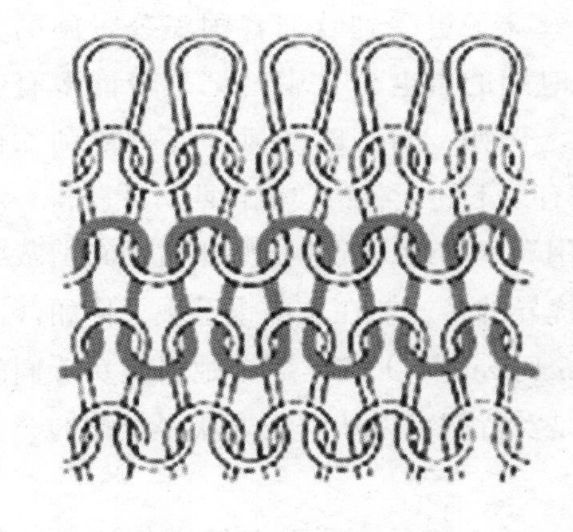

（b）针织物

图1-2　织物组织结构图

增加。同时，线圈的宽度却减小，以便促使针织物继续纵向延伸。由此可见，线圈高度和宽度在不同的张力条件下，可以互相转换。所以针织物的延伸性比机织物大得多，而且能在各个方向延伸。

此外，针织物是由孔状的线圈形成的，所以它有较大的透气性。由于针织物具有这些特性，所以多用来生产内衣、运动衣、袜子等。

第二节　针织服装的历史与发展

一、针织服装的历史进程

针织服装近半个世纪以来，革新发展的速度极快。将纱线（yarn）转变成织物（fabic）的方法有多种，但最常用的方法除了历史悠久的机织（weaving）以外，就要算针织了。早在2200多年以前，我国人民已将以蚕丝为原料手工编结的窄带用于服装装饰，至公元四五世纪，编织开始流行于世界各地，从棉制的手套到真丝的袜子，直至现在的毛衫、毛裤和羊毛制成的帽子、手套等，普遍进入了家庭。针织的早期形态是手工编结（hand knitting）。手工编结为人类的一种早期发明，古人用的渔网的制造，就是一种针织形式的基本运用。

编织品最古老的遗物推定在公元前5000年，据说在金石并用时代的古埃及的遗物中已有了编织品。据报告记载：公元前2500年的古代印加人使用的布料，大部分是编织品。

公元前1500年北欧人使用的“斯普兰克”，也是一种近似编织品的布料。进入历史时代的遗物许多是从埃及和西亚细亚发掘出来的，这些遗物可能是公元2~4世纪的。在埃及被发掘的古物中，有土著科普特人编织的毛线袜子，直到现在还保持着完整的原形。

据文字记载，针织这两个字最早出现在英国的诗歌文学中，在英国4世纪左右的诗篇中，曾多次提到针织这个词。按以前的讲法，最早期的针织制品，是在埃及废墟中发掘到的两件古物，一件是小孩穿的粗羊毛编织的短袜，另一件是棉花编织的长手套。这两件古物均为圆筒形手工编结针织制品，并带有色彩花纹。经埃及古物学会确认，它们是第5世纪的产品。从此编织的技术不断发展，公元七八世纪在伊斯兰文化扩大的基础上扩展到各地。从中世纪后期直到拜占庭时代，可以说是欧洲手工编织技术的成长期。

15世纪，针织手工编结的帽子及较粗糙的长袜，在英国受到普遍的欢迎，而针织手工编结的花饰织物及真丝袜子更受到欧洲各国王公贵族的喜爱。在这一时期的古老公文中曾记载着许多有关针织的事件。例如，对当时的风云人物亨利八世（Henry）就有以下的记载："他自西班牙获得一双长袜，此袜用真丝制造，要比那些用机织布剪裁缝制的袜子要优异的多。"在文中也记载了伊丽莎白一世（Queen Elizabeth）的早期，她很受女侍们的爱戴，原因是女侍们可以从女王处获得丝袜的充分供应。

在德国，1417年开始了手工编织的袜子、腰带、无边帽子、手套等。在16世纪后期，意大利佛罗伦萨的羊毛编织品开始博得人们的欢迎。在16世纪，法国的一般人也能穿上编织品了。

编织品真正扩展到全世界已是16世纪末叶，这是在发明了精巧的编织机之后而推动起来的。

1589年英国人李维廉（William Lee）发明了第一台针织机，于是针织生产由手工作业逐渐向机械化转化。1817年英国的马歇·塔温真特发明了针织机和带舌的机织钩针，使得欧洲的袜子业迅速得到发展，从手动式发展成为自动式针织品企业。从此，编织品从袜子到内衣，进一步连上衣都能制造了。

从第一次世界大战（1914—1918）起，针织品的需求量越来越大，1920年左右已经开始流行现在这样的毛衣了。

早期的针织手工编结，系采用两根或更多根木质或骨质的直针对纱线加以反复操作，并由人们的消遣游戏逐渐演变为一项有趣的家庭副业。原始人的骨、木直针，只能编结较粗糙的网眼制品。后来，西班牙人改用钢制直针，从而编结出较为紧密和平滑的针织制品。

我国有关针织物的记载始于三国魏文帝时的织袜介绍，近代针织则始于16世纪。19世纪末，上海成立了中国第一家针织厂——上海云章衫袜厂（今上海锦纶针织厂）。20世纪前期（50年代左右），我国的针织品种得到扩大，除了袜子、围巾、手套、帽子等之外，作为内衣和中衣的传统品种基本形成，有汗衫、棉毛衫、纱衫、线衫、卫生衫、绒线衫、羊毛衫等纬编针织品。但花色单调，针织布主要有棉的汗布、罗纹布、羊毛布和厚薄绒布等，所采用的棉纱线，一般为中高档，也有少量针织专用精梳低特棉纱线和丝光线。

二、针织服装的发展

20世纪80年代以来，由于针织工业采用了新设备、新工艺、新技术，我国针织用原料结构发生了明显的变化，广泛采用了化纤材料，针织物花色品种大幅度增加。除了纬编针织物外，经编针织物的开发使服装面料更加丰富多彩，加快了针织外衣化、时装化和便装化的进程，同时改变了针距单一的状况，开发了针距向两极分化的针织面料和毛衣。除出现仿生仿真针织物、多种混纺交织织物及烧毛丝光织物等高档品种以外，具有柔软、滑爽、悬垂、飘逸风格的针织物被广泛运用于针织服装。绒类针织面料，如天鹅绒、仿桃皮绒、毛圈绒、双面绒等都得到广泛开发。由于原料使用范围的扩大，不仅丰富了针织生产的品种，也改善了针织产品的服用性能，如：莱卡弹力针织物广泛运用于泳装、体操服、内衣等。

随着针织工业技术的发展和社会对针织产品性能的要求越来越高，针织服装的用途也越来越广泛。特别是随着原料结构的变化，各种合成纤维工业的发展，新的合成纤维材料不断出现并被运用于针织生产，且具有天然纤维所没有的特性，改进和克服了针织品的某些缺点，从而使产品具有新的特性，扩大了针织品的使用领域。随着新染料和新助剂的不断诞生以及染整新技术的不断发展，克服了针织品易变形、收缩等缺点，提高了针织品的尺寸稳定性，使针织品的手感和外观更为优美。针织机械的不断进步，提高了针织机械的精度和编织速度，也提高了针织产品的产量和品质。

针织服装发展的主要特点表现为：

1. 针织内衣外衣化

针织服装原是作为内衣穿着的，如棉毛衫、汗衫、背心等。20世纪70年代以后，开始用针织品生产外衣，到20世纪80年代，已经与国际流行款式接轨，如青果领女式夹克、西装式三件套、圆摆西装等。刚开始只是流行两用衫一类的服装，但是几年之后，一般化的外衣就受到了冷落，而设计新颖的针织时装大受欢迎。到20世纪80年代后期，开始流行文化衫，而且一开始就风行全国，一批设计师对文化衫的流行倾注了心血。原来作为内衣穿着的圆领衫、背心等，到了夏天就成为最受欢迎的时装。文化衫的图案内容非常广泛，如：纪念性的内容、著名人物、风景、警句、名言等。

随着文化衫的流行，原来属于穿在里面的一些服装，逐渐在款式上有所变化，也可以穿在外面，如西服、衬衫一改过去的贴身款式，袖、衣身都向宽松的方向发展，这样既可以作为内衣穿着，也可以作为外衣穿着。特别是女式衬衫，真可以说是花样百出，年年更新，每个季度都有新的流行款式推向市场。

2. 针织毛衫时装化

羊毛衫原来也是属于内衣一类的服装，如：羊毛开衫、羊毛背心、羊毛套头衫等，而且色彩是以素色为主。改革开放之前能穿上羊毛衫的人是少数，进入20世纪80年代以后，消费者的购买能力大大提高，人们的消费观念也随之改变。羊毛衫的销量大增，生产厂家和设计师根据这一旺销的势头，在羊毛衫的款式和色彩上不断出新。1984年以后，羊毛衫在全国范围内广泛流行，外衣化、时装化的趋势越来越明显。传统的穿着方法已经不适合改革开放的形势，更不适合人们追求穿着的个性，作为外衣的羊毛衫也必须根据季节、实用、方便、年龄、性别、流行款式、流行色等条件进行设计，羊毛衫开始风行全国各地，就连一些小城镇甚至农村也开始流行羊毛衫了。原来羊毛衫的特点以贴身为主，时装化的羊毛衫以宽松、加长为基础，突出了外衣的特色，在制作工艺上也有很多创新，装饰方法更是五花八门，如绞花、方格、直条、提花、印花、绣花等。在色彩上有适合男女老幼的多种颜色，有的颜色在过去男士是不敢问津的，自从羊毛衫时装大流行以后，男士穿红色羊毛马甲、紫红色的羊毛衫也大有人在，甚至有的人穿色彩更为鲜艳、图案更为夺目的花色羊毛衫。时装化的羊毛衫直到20世纪80年代中期仍然流行不衰。

3. 户外服装多样化

随着旅游和运动等户外活动成为人们生活的一部分，户外服的内涵也越来越广泛，它成了针织服装的一个重要内容，包括运动装、运动便装、夹克、T恤等。

运动装为人们参加运动时穿用的衣服，有易穿脱、易动作、透气性好和吸汗强等特点。运动衣本来是为竞技场专门设计制作的，但由于世界范围内的体育活动和健身活动的蓬勃开展，各类带有运动衣造型的服装越来越为人们所喜爱；另一方面，经济发展带来了文化生活的丰富，更多的人走出家门外出游玩；同时生活的节奏加快，观念的更新在服装上反映为人们喜爱宽松、随和、舒适及行动方便的式样。运动服具有以上这些实用特征，很快产生了比较生活化的运动便装，其特点是短小、紧身并舒适合体。面料多采用弹性织物、针织面料。由于崇尚自然又流行全棉织物的服装，色彩多采用鲜亮、明快的色调。

T恤也成为人们喜爱的样式，T恤是一种圆领、平面展开呈T型的针织服装，作为内衣或运动衣流行至今。T恤从20世纪60年代开始流行，70年代形成热潮，到今天成为日常便装和运动装。采用柔软有弹性的针织面料，上面常饰有图案标志。

运动装的发展则日趋专业化，由原来稍为宽松小巧的便装样式转变为从面料到款式都很专业化的服装，而原来的老式运动装最后则大多衍化成日常便装。

法国著名网球明星勒内·拉考斯特在20世纪20年代设计制造的短袖针织翻领运动衫，被称为“拉考斯特衫”，亦称鳄鱼衫，因在服装的前胸上缀饰一条活泼可爱的小鳄鱼为标志而得名。现在，拉考斯特衫成为世界上流行最广泛的运动服装之一。

毛衣、毛背心等穿着适体柔软、便于活动，又有保暖、防潮和吸汗等优点，成为户外活动的首选服装。同时又有高领毛衣和V领毛衣以及各种漂亮的编织方法出现，而且毛背心和V领毛衣还常常穿在西服上衣的里边代替了西服背心。衬衫也不再采用硬衬和上浆，柔软的衬衫便于活动，再加上各色V领毛衣和毛背心，使人感到身心放松。为了适应各种颜色的衬衣，领带的色彩也丰富起来。打破原来单调的服装模式，更加合理的样式使人们的身体得到了极大的解放。

服装是针织工业的传统产品，虽然在比例上有减少的趋势，但其总量仍逐年增加，是我国出口纺织品中的一个大宗类别。由于上述诸多原因，针织品在服装方面，涉及从内衣到外衣及内外结合的服装，还有从帽子到袜子、手套。近期，在时装领域，针织时装也独占鳌头。针织产品中的毛衫、T恤和运动衫已成为我国针织服装新的三大类品种，这标志着我国针织产品已开始向外衣化、高档化、便装化、时装化、系列化方向发展。

第三节　针织服装面料的性能特征

针织服装根据所用面料的不同对所制作的服装有很大的影响，作为针织服装的设计人员，对此应有充分的认识。总的来说，针织服装主要有以下几大性能：

一、弹性

针织物的弹性也称为拉伸性。由于针织物是由线圈穿套而成，在受外力作用时，线圈中的圈柱与圈弧发生转移，当外力消失后又可恢复，这种变化在坯布的纵向与横向都可能发生，发生的程度与原料种类、弹性、细度、线圈长度以及染整加工过程等因素有关。因此，针织服装手感柔软，富有弹性，穿着适体，能显现人体的线条起伏，又不妨碍身体的运动。这是针织服装一个非常显著的特点。

二、脱散性

当针织物的纱线断裂或线圈失去穿套连接后，会按一定方向脱散，使线圈与线圈发生分离现象，因此在设计款式与缝制时，应充分考虑针织物的这一现象，并采取相应的措施加以防止。

三、卷边性

某些针织物在自由状态下边缘会产生包卷现象，这种现象称为卷边性。这是由于线圈中弯曲线段所具有的内应力企图使线段伸直而引起的。在缝制时，卷边现象会影响缝纫工的操作速度，降低工作效率。目前，国外采用一种喷雾黏合剂喷洒于开裁后的布边上，以克服卷边现象。

四、透气性和吸湿性

针织物的线圈结构能保存较多的空气，因而透气性、吸湿性、保暖性都较好，穿着时有舒适感，是一种较好的具有功能性、舒适性的面料，但在其成品流通或储存中应注意通风，保持干燥，防止霉变。

五、抗剪性

针织物的抗剪性表现在两个方面：一是由于面料表面光滑，用电刀裁剪时层与层之间易发生滑移现象，使上下层裁片尺寸产生差异；二是裁剪化纤面料时，由于电刀速度过快，铺料又较厚，摩擦发热易使化纤熔融、黏结。

六、纬斜性

当圆筒纬编针织物的纵行与横行之间相互不垂直时，就形成了纬斜现象，用这类坯布缝制的产品洗涤后会产生扭曲变形。

七、工艺回缩性

针织面料在缝制加工过程中，其长度与宽度方向会发生一定程度的回缩，其回缩量与原衣片长、宽尺寸之比为缝制工艺回缩率。回缩率的大小与坯布组织结构、原料种类和细度、染整加工和后整理的方式等条件有关。工艺回缩性是针织面料的重要特性，缝制工艺回缩率是样板设计时必须考虑的工艺参数。

针织面料的性能对服装的款式造型也有一定的影响，总的来说，针织服装轮廓的造型大致可分为三种类型，即直身式、宽身式、紧身式。

直身式造型是以垂直水平线组成的方形设计，是针织服装传统的造型风格，在众多的针织服装中，这类轮廓线占有相当的比例。这类造型一般选用较为密集、延伸性较少的坯布，肩线是呈水平稍有倾斜的自然形，腰线可以是直线或稍呈曲线，线条简洁明快，造型轮廓端庄大方，穿着合体自如、方便舒适。

宽松式造型一般由简单的直线、弧线组合成外形线，配以较大的放松度，使人体三围趋于一致，形成宽松的式样。这类造型能较好地体现针织面料柔软、悬垂的性能优势，无论面料的厚薄都会有好的穿着效果。

紧身式造型需采用弹性织物来塑造，而弹性是针织物突出的特性，一般针织物的横向拉伸可达20%左右，如采用弹性纤维并配以适应的组织结构，可生产出弹性极强的面料。由这类面料制作的服装适体性特别好，既能充分体现人体的曲线美，又能伸缩自如，适应人体各种运动与活动所需，同时还兼有舒适、透气的优点。

上述这些性能特征是一般针织服装所共有的，是设计师在设计任何针织服装时所必须考虑的首要因素。如要设计紧身适体、充满动感的针织时装，弹性好是个优点，要充分利用这一优点；而要设计制服类的针织时装，则要求挺括、不变形，这时弹性好就是个缺点了，设计师应考虑采取必要的手段（如加衬、改变原料成分等）以克服这一缺点。

第四节 针织服装的分类

现在的针织服装包罗万象，几乎涵盖了服装的所有门类。

一、从广义上分

针织服装从广义上可分为外衣、中衣、内衣和服饰配套用品4个大类，其所包含的主要品种是：

针织外衣——各类毛衫、运动服、旅游轻便装、家庭休闲装、外出上街与上班用装及各类时装。

针织中衣——各类男女衬衫及针织T恤等。

针织内衣——普通内衣、补正内衣、装饰内衣及室内健身衣等。

服饰配套用品——各类袜子、手套、帽子、头巾、围巾、披肩、领带等。

二、从原料上分

各种纤维的性能直接影响其所构成的针织服装的性能，而运用混纺纱或进行不同的纤维纱线的交织工艺是改善织物性能的重要途径。

1. 棉针织服装

棉针织物具有吸湿性好、耐热、耐水洗、耐碱、体肤触感好等优良特性，是缝制各种内衣、婴儿服、便服、运动服及夏季外衣的良好材料。纯棉针织外衣一般要采用纤维较长的高级原棉，并要对纱线或坯布进行丝光整理和防缩防皱整理，以提高光泽和挺度。此外，与麻、腈纶、锦纶、涤纶等纤维混纺或交织也被广泛采用。

曾在市场上流行一时的“丝盖棉”针织物就是表面用涤纶长丝，里面用棉纱交织而成，它既有纯棉产品透气、吸湿等优良性能，又有涤纶织物的美观光泽、抗皱免烫、易洗快干等特点，被广泛用来缝制运动服装和外衣。

在“回归自然”的潮流中，纯棉制品深受青睐，尤其是用精梳高支棉纱织制并经丝光整理的高级“乔赛”面料，更宜制作夏季的外衣时装。

2. 毛针织服装

毛针织物触感柔软，抗皱性、弹性、保暖性、吸湿性均很好，耐酸但不耐碱，在碱液中易“毡化”，易虫蛀。毛纱或毛线主要用于成型或半成型编织物（如羊毛衫等），也可用毛与腈纶或涤纶混纺纱织制针织“乔赛”坯布，以缝制针织外衣或手套等。

3. 丝针织服装

丝针织物质地轻软，富有光泽和弹性，但是织造中加工条件非常严格，织造、设计和缝制等技术难度较高，目前生产量很少，主要用来制作高级夏令内衣和外衣。

4. 麻针织服装

麻的品种很多，用于针织生产的主要是苎麻和亚麻纤维。麻针织物触感凉爽，吸湿性好，强力是羊毛的4倍，湿态强力比干燥时增加70%。精漂亚麻织物有绢丝般的光泽，水分的吸收及发散容易，是夏令时装的理想面料。高级针织外衣及袜品常用苎麻与其他纤维的混纺纱编织，如苎涤纱（苎麻60%、涤纶40%或苎麻35%、涤纶65%）、苎毛纱（苎麻25%、毛75%）、苎腈纱（苎麻35%、腈纶65%）等，多用横机或圆纬机织制。

5. 锦纶针织服装

锦纶纤维强力和保温性好，耐磨性最优，耐酸、耐碱，防虫蛀，染色性好，并有热可塑性，可以作永久性变形加工，弹力锦纶纱常用圆纬机、横机或经编机织制各种运动衣、游泳衣、锦纶弹力衫或外衣坯布。

6. 涤纶针织服装

涤纶纤维强力、弹性、抗皱性和耐热性均好，可进行永久性免烫整理和打褶加工，易洗快干，有“洗可穿”之称。各种涤纶弹力丝经编坯布是缝制外衣、衬衫、百褶裙等理想面料。

涤纶、锦纶等合成纤维由于吸湿差，穿着时不吸汗，有一种闷热感，而且易产生静电，吸尘污严重，因此用来制作贴身内衣是不适宜的，一般应与棉、麻、毛等纤维进行混纺和交织。

三、从用途上分

现今针织服用产品按其用途可分为：

1. 内衣

内衣包括汗衫、背心、棉毛衫裤、绒衣、绒裤、紧身内衣、短裤、睡衣、衬裙以及女士胸衣、文胸等。因这类服装直接接触肌肤，所以要求具有很好的穿着舒适性和功能性，如吸汗、防湿、防污、卫生、柔软、皮肤无异样感等。使用原料以纯棉纱线为主，辅之以棉混纺纱线、毛及毛混纺纱线、真丝、腈纶纱等，对弹性有特殊要求的产品还适当加入某些弹性纱线。此外，人们还开发出一些由保健性纤维编织的或经保健功能整理的，具有防病治病功能的保健功能性针织内衣。

2. 外衣

针织产品的外衣化主要有两种形式：一种是将内衣外穿，如文化衫、T恤、运动装、紧身装、休闲装等。这些服装除了应具有贴身穿内衣的特点外，还具有外衣的挺括、滑爽、弹性、保形、易保养、防尘、美观等特点。因此其原料不仅有棉纱、棉混纺纱、交织及毛纱、毛混纺纱等，还有使用麻、真丝以及使肌肤没有不舒适感觉的各种化学纤维，其组织可分为经纬编组织，如棉毛、罗纹、纬平针、大小提花类以及各种复合织物。另一种则是纯外衣产品，如针织便装、针织时装、针织套装等。这种产品对织物的舒适性和功能性要求少些，而对花色、款式、保形、挺括、坚牢度等要求更高。

3. 套衫及毛衫裤

这类产品以往都作为内衣穿着，但现在逐渐外衣化，特别是做户内外衣，除应具有内衣产品的穿着舒适性外，还具有色彩鲜艳、图案新颖别致、款式潇洒大方的特点。产品所用原料多为羊毛、腈纶膨体纱及其混纺纱，现在还发展到羊绒、兔毛、牦牛绒、驼绒、麻、丝、棉及其他合成纤维与混纺原料。

4. 运动装与防护服

由于针织产品具有良好的延伸性和弹性，所以特别适合制作运动服装。运动服装分为专业运动服装和大众化运动服装。专业运动服有各种比赛服、泳装、体操服、网球服、自行车服、摩托车服、登山服等。

大众化运动服装除了具有一般内衣或外衣的要求外，还因各种运动的不同，必须具有特殊的弹性、透气性、透湿、防水、防风阻力及运动阻力，还要有良好的伸缩性、肋部和膝部的柔韧性、安全性等要求。

运动服装通常采用各种变性天然纤维、改性化学纤维以及各种不同性能的纤维进行复合生成单层、双层及多层复合织物，并经过相应的整理，达到所要求的功能。

各种防护服装同样需要在穿着舒适的情况下具有特殊的功能，如阻燃、隔热、耐寒、防火、防辐射、耐腐蚀、防化、防毒、防弹、耐压、抗静电等。这些性能需要由功能性纤维或对织物进行功能性整理得到。

5. **袜子**

袜子是针织工业的大宗传统产品，针织机是从织袜开始的。袜子的传统功用是保护腿脚部温度，现在也为腿部装饰与时装配套。袜子的服用要求是弹性、延伸性好，耐磨，穿着舒适，吸汗，柔软，透气，透湿，以及更高的功能，如防臭、除臭、卫生、防脚气、防脚裂等。袜子所用原料一般为棉、锦纶长丝、锦纶弹力丝、毛、腈纶等，以及棉锦交织。为了增加天然纤维的耐磨性，常用锦纶加固袜底部分。为了增加袜子的弹性，常衬入氨纶或在袜口处衬入橡筋线。

6. **手套**

针织手套一般是全成型产品，但也有用经纬编织物缝制的手套。手套的主要作用是保暖、御寒、装饰和防护，这就要求服用舒适，有弹性，耐磨，同时作为手部装饰，又要求美观、大方。一些防护用手套还有各种防护功能，如阻燃、防火、绝缘等。

四、从纺纱工艺上分

1. **精纺类**

由各种毛、化纤纯纺或混纺等精梳纱制成的针织产品。

2. **粗纺类**

由各种毛、化纤纯纺或混纺等粗梳纱制成的针织产品。

3. **花式线类**

由花式纱线（如双色纱、大珠绒、小珠绒等）制成的针织产品。

五、从款式上分

从款式上可分为开衫、套衫、背心、裤子、裙子、套装、饰品（围巾、帽子、手套、袜子）等。

六、从装饰手段上分

从装饰手段上可分为绣花、扎花、贴花、植绒、簇绒、印花、扎染、手绘等针织服装。

新中国成立以来，我国针织工业得到了长足发展，取得显著成绩，但就整体水平而言，与发达国家相比还有较大差距。所以，我国针织服装业的发展，首先要根据国内外市场需求，制订宏观调控计划，增强企业的品牌意识，提高针织服装企业的核心竞争力，以适应飞速发展的时代要求。

课后练习

思考练习

1. 针织服装的定义？
2. 针织类服装与机织类服装相比较优缺点有哪些？
3. 针织服装的分类依据有哪些？可以分为哪几类？

案例分析

“针织服装已经彻底摆脱了作为内衣穿着而逐渐发展为服装领域的重要类别，所占市场份额也从15％扶摇直上到48％，而发达国家已经超过50%。”结合社会历史现状及人类的生活方式，针对针织服装的发展与现状，分析其兴盛的原因。

实训项目

收集针织服装图片，进行归类。

基础理论——

针织服装的设计思维

课程名称： 针织服装的设计思维

课程内容： 设计思维的基本方式——发散思维、收敛思维、倾向思维
针织服装设计的灵感
针织服装设计的构思启示

上课时数： 4课时

训练目的： 从设计思维的分类与介绍及灵感的特征分析、构思与启示的来源，让学生掌握针织服装设计的不同思维方法。

教学要求： 使学生了解针织服装设计思维的内容，服装设计的灵感来源，服装设计的构思启示。掌握运用针织服装设计思维对设计方案进行演变的方法，通过服装设计构思启示获得灵感。

课前准备： 设计概论

第二章　针织服装的设计思维

第一节　针织服装的设计构思

针织服装的设计构思，是设计者对针织服装造型、色彩、面料、饰物进行全方位的思考与酝酿，按照设计意图将平时积累的素材和信息提炼成初步形象的过程。它既是针织服装设计的中心环节，又是实施针织服装设计方案的第一步。针织服装设计构思是建立在设计定位、信息资料、市场调查和了解生产实践的基础上，对造型、款式、色彩、穿着对象与环境、服装性能、结构、材料制作程序和销售等多种因素进行综合思维和判断的创造性劳动。

针织服装设计构思的内容，是选择和处理题材，发掘主题，提炼形式，塑造形象，使内容与形式达到完美的结合。针织服装设计构思的关键，是塑造服装形象。

针织服装设计构思的任务，就是将收集到的信息与素材在头脑中加工制作成全新的、完整的针织服装形象。

针织服装设计构思的依据、要素是多方面的，归纳起来有以下几点，就是设计界中称为TPO的设计原则，Time（时间）、P1ace（地点、场合）、Object（目的、对象）。换句话讲，就是：谁穿、何时穿、何地穿、何因穿。

（1）谁穿：这是人的因素，包括性别、年龄、国籍、职业、教育状况、宗教信仰、个人嗜好、体型、肤色、发色等诸多方面的因素。

（2）何时穿：这是环境因素，包括时间、季节等。

（3）何地穿：地处热带、寒带还是温带？山区或平原？户内或户外？

（4）何因穿：是旅游？还是社交或运动？

上面所提到的这几点是针织服装设计中所要考虑的要素，服装设计师若不能设身处地去了解不同阶层人们的生活、情感、思维方式、生活习惯等，在进行针织服装设计时就很容易失败。

第二节　设计思维的基本方式

设计（design）是为了某种目的制订计划，确立解决问题的构思和概念，并用可视的、触觉的媒体表现出来。所谓设计思维，就是构想、计划一个方案的分析、综合判断和推理的过程。在这一过程中所做工作的好坏直接影响到你设计作品的质量，这个“过程”具有明确的意图和目的趋向，与我们平时头脑中所想的事物是有区别的。平时所想往往不具有形象性，即使具有形象性，也常常是被动的复现事物的表象。设计思维的意向性和形象性是把表象重新组织、安排，构成新的形象的创造活动，故而，设计思维又称之为形象思维和创造性思维。

设计思维时常伴随灵感的闪现和以往经验的判断，才能完成思维的全过程。思维是因人而异的，不可相互替代。每个人的思维与他的经历、兴趣、知识修养、社会观念，甚至天赋息息相关。任何一件服装的设计，都是多种因素的综合反映，因而就出现了差异，设计方案也就出现了好坏优劣之分。

其实，设计思维本身并不神秘，几乎所有人都曾遇到过、运用过。例如，当你布置家居时，有些东西是随意放置的，而有些物品，尤其是你很珍惜并希望别人重视的，往往要经过一番精心布置，要考虑它的位置是否合理，是否也能受到别人的重视等问题。又如，外出时当你准备穿一件非常喜欢的毛衣时，总要考虑一下搭配什么样的下装合适；穿什么颜色的皮鞋才好看；甚至，内衣、耳环、拎包等服饰品也不会轻易地忽略，直到取得最令人满意的效果。这些不被人重视的“精心布置”和“考虑一下”的思考过程，如果变成一种有意识、有创意的思索，基本也就成为我们所要谈到的设计思维了。

针织服装设计千变万化，其设计思维的方法也是各种各样的，但基本方式有以下三种。

一、发射思维

发射思维也称“开放思维”，就是从多种角度进行多维的思考，设想出多种方案，是一种活跃设计、展开思路、寻求最佳方案的思维过程。这一思维多用在服装设计的初级阶段。

在运用发射思维时，往往是以已经明确或被限定的因素和条件作为思维发射的中心点，据此展开想象的双翅。一条线索不行，再选择另外一条出路，整个思维方式构成发射状，故称“发射思维”。运用这种思维最忌讳思维僵化和框框的限制。以毫无思想顾虑，“打一枪、换一个地方”为最佳状态。在跳跃式的思维想象中，时常伴随着灵感的闪现，并可体会“山重水复疑无路，柳暗花明又一村”的意境。

图2-1为以“针织上衣”为思维发射中心点的发射思维，图2-2为以“丝绸与针织的组合”为思维发射中心点的发射思维，图2-3是其最后采用的设计方案。

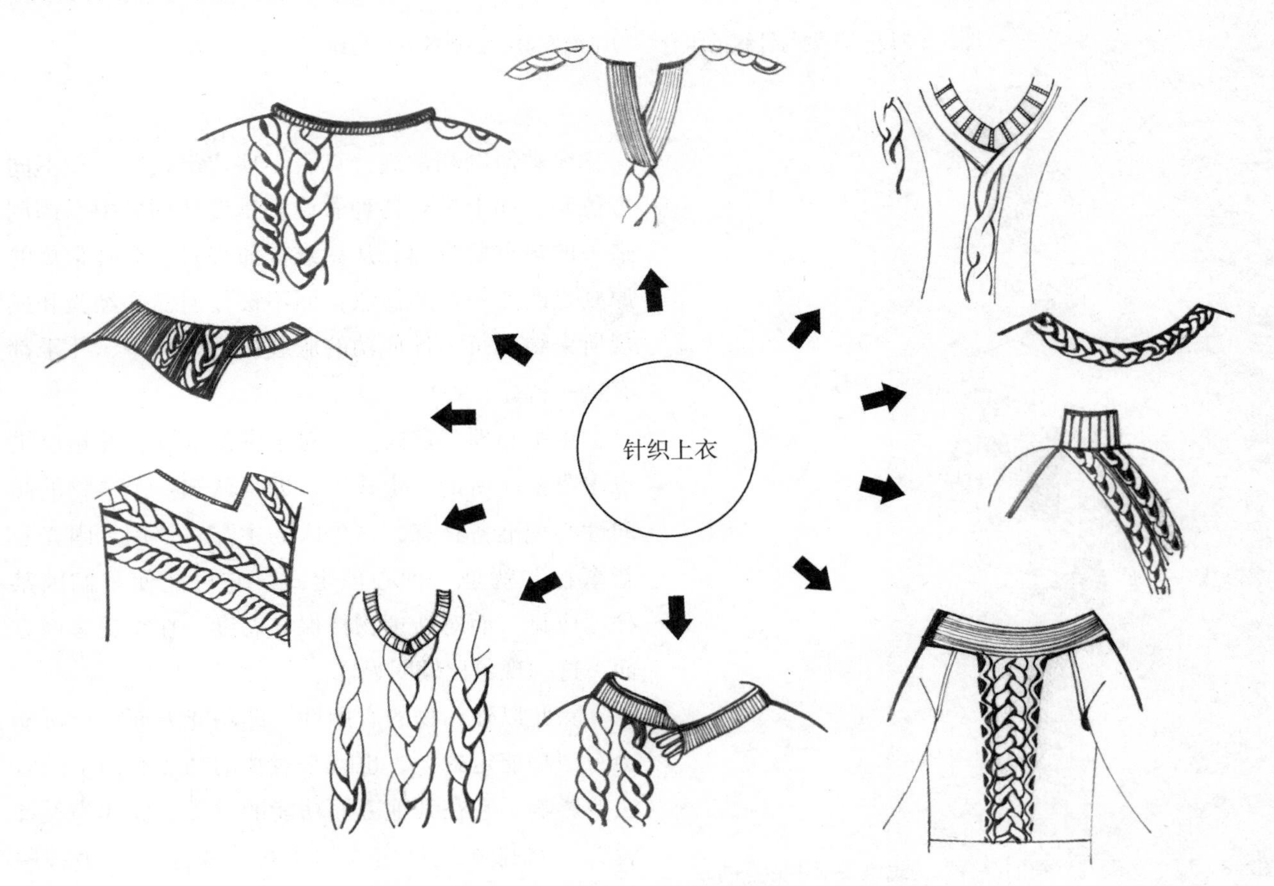

图2-1　以“针织上衣”为思维发射中心点的发射思维

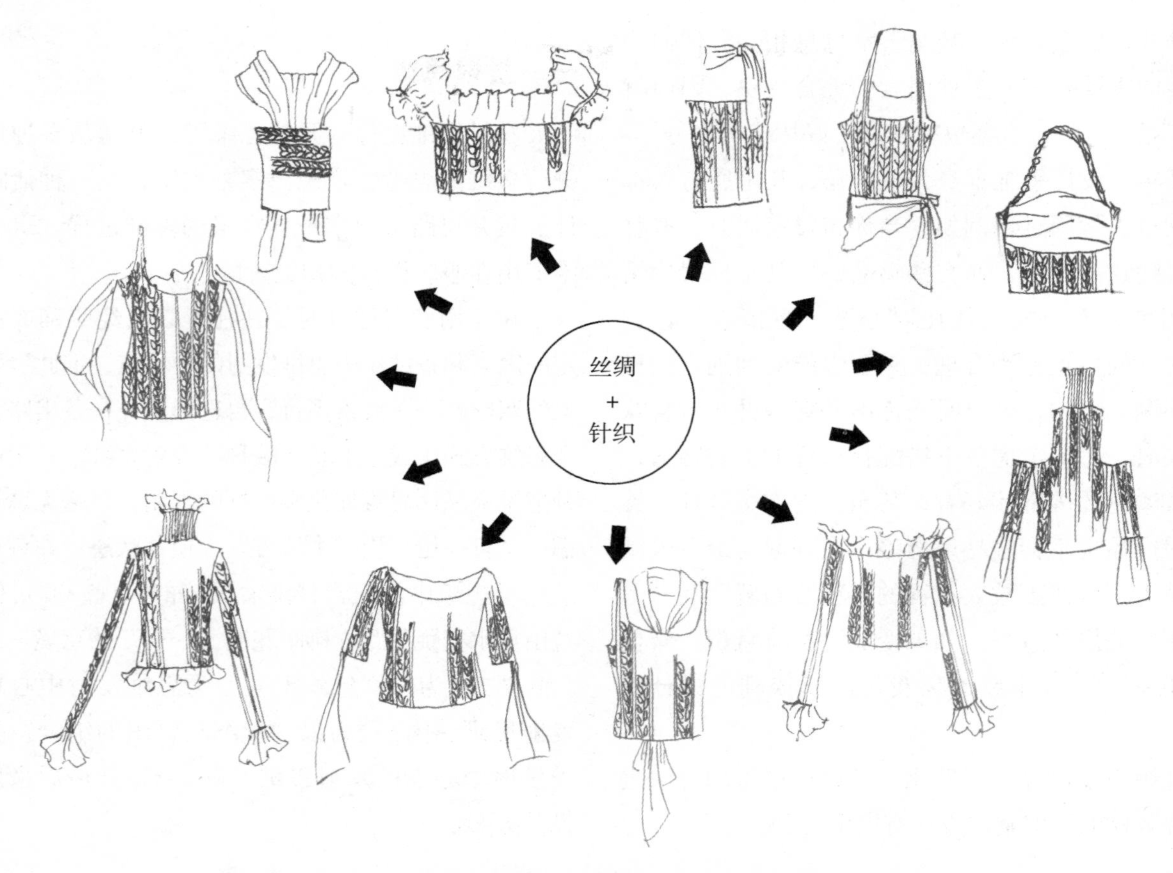

图2-2 以“丝绸与针织的组合”为思维发射中心点的发射思维

图2-3 以“丝绸与针织的组合”为思维发射中心点的最后设计方案

突破惯例和常规，克服心理“定式”，在不同方位和方向上进行各种假设，是设计构思中发挥创造力的最重要方面。从思维方面来看，突破常规的原则是改变一贯的做法，而不被任何已知经验和成规所束缚。每一件成功的服装设计作品中，几乎都有这一特征。

克服心理“定式”，对于突破常规、开拓思维也很重要。所谓“定式”，即是认知一个事物的倾向性心理准备状态，“先入为主”、“用老眼光看新事物”就是一种心理定式。它可能使我们因某种“成见”而对新事物持保守态度。在审美态度方面，这一现象比较明显。

除此以外，物的有用性，即功能方面，也可能会有“功能定式”，也就是对物的功能有固定的看法，影响了它在其他方面功能的发挥。而作为设计者，一旦排除这种定式的干扰，思想也会另辟蹊径，进入一个豁然开朗的境界。

二、收敛思维

收敛思维也称“聚敛思维”，就是一种方案深入地想，是一种设计的深化、充实、完善的过程。

虽然发射思维对智力充分开发，使人们能在极为广阔的空间里寻找解决问题的种种假设和方案，但同时，由于发射思维结果的不稳定性，如各种设想有合理的，也有不合理的；有正确的，也有荒谬的，所以必须依靠发射后的集中，即收敛思维的收敛性来筛选。收敛思维是单向展开的思维，又称“求同思维、集中思维”，是针对问题探求一个正确答案的思维方式。从两种不同思维的比较中不难看出，发射思维所产生的各种设想，是收敛思维的基础，它是按照“发散→集中→再发散→再集中”的互相转化方式进行的。可以说，收敛思维的核心是选择。

在服装设计中，当有了明确的创作意向之后，究竟以什么形式出现，采用什么形态组合，利用什么色彩搭配以及面辅料的选择等具体问题，尚须一番认真地思索和探寻。如果说发射思维阶段表现了一个人的灵性和天赋的话，那么，设计的深入阶段，则是对设计者的艺术造诣、审美情趣、设计语言的组织能力、运用能力及设计经验的检验。同样一个主题，一种意境，可以有着许许多多的表现形式，甚至可以说有多少人就会有多少种方案。

如图2–4、图2–5为两种不同的收敛思维过程，图2–6为图2–5设计最后采用的方案。

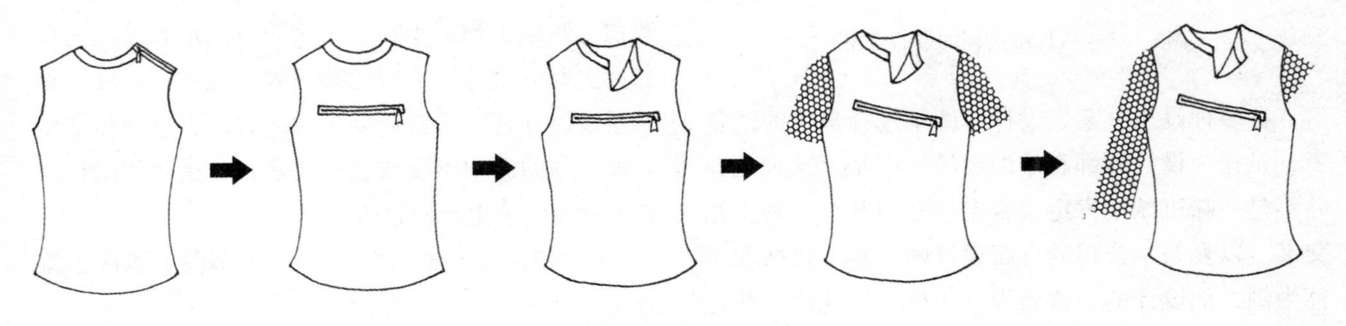

图2–4　收敛思维过程（1）

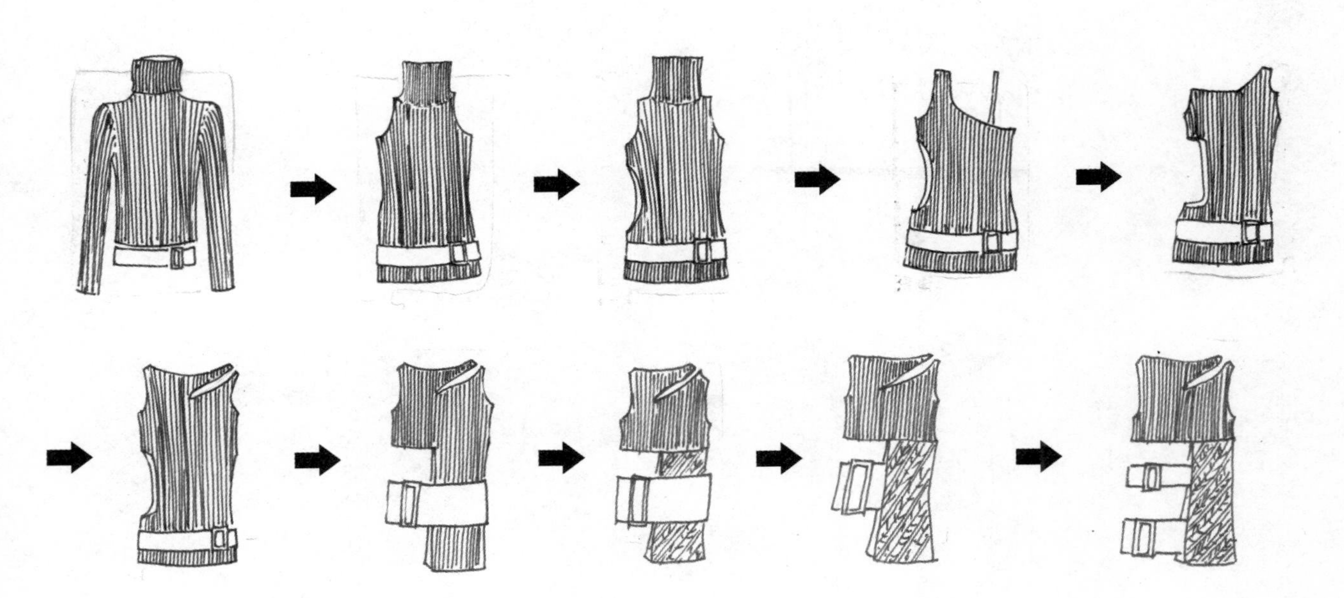

图2–5　收敛思维过程（2）

图2-6 收敛思维过程的最后方案

在多种设想方案、设计草图中选择最优秀适宜者，是作为设计师都有过的经历。但是，这种选择并不是一味机械地肯定与否定，它与补充、修正相交叉。以夏奈尔公司的首席设计师卡尔·拉格菲尔德为例，他设计的一款名为“冬夜”的礼裙，共花费了850个工时，从设计构思、定稿、制作，经过多道工序的修改、选择，以保证成品与设计师心目中的构思完全一致，甚至更好。

在毛衫设计中，常常出现好的立意和构思，因得不到相应的表现而失败的创作。故而，收敛思维的训练是非常必要的。通过训练，我们可以掌握一些基本的思维方法，使设计构思达到最佳状态，使主题得以充分表现。

三、侧向思维

侧向思维也可叫做“类比思考法”，就是在其他事物中寻求共同点，利用“局外”信息获得启示的过程。

侧向思维是设计灵感源于生活、表达生活体验和感受的一种思维方式。例如一些“仿生”服装造型和一些以植物、动物、景物等自然形态或人为形态为主题的设计，采用的都是侧向思维。一些成熟的服装设计师，常常借助于作品表达自己对生活中某种事物的深刻感受或独特见解，或是他们的设计灵感就萌生于生活的启迪。

图2-7、图2-8、图2-9为三个不同的侧向思维启示。

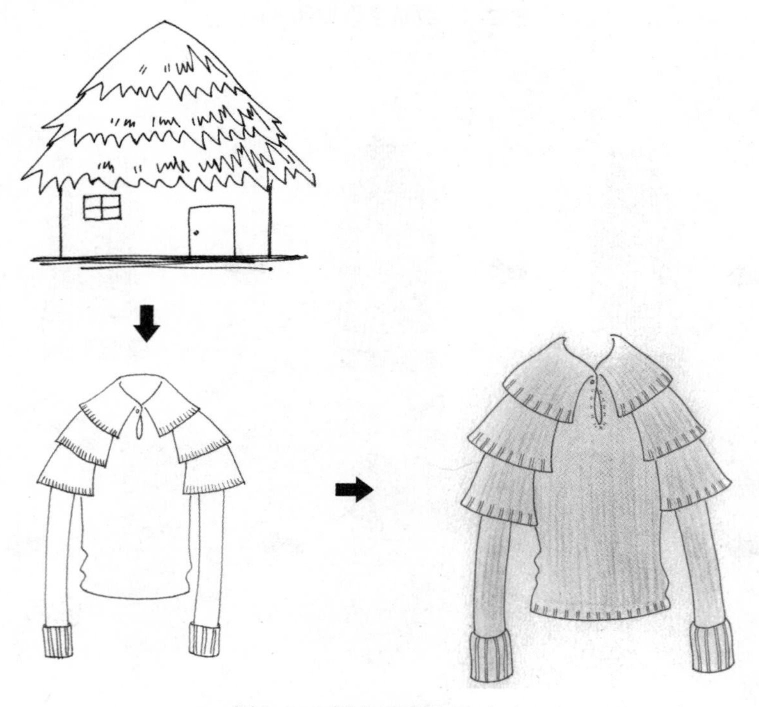

图2-7 侧向思维启示（1）

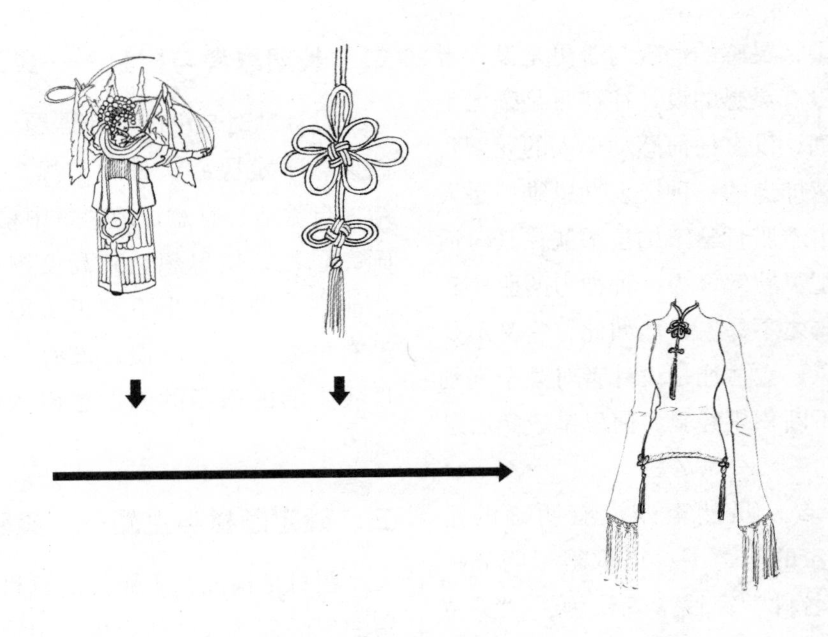

图2-8 侧向思维启示（2）

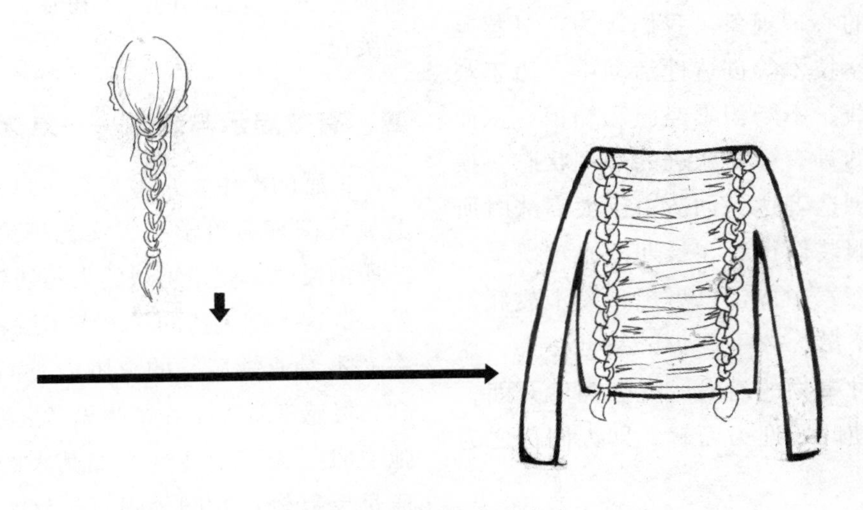

图2-9 侧向思维启示（3）

在我们当中，也不乏想用服装表现某一事物的人。然而，愿望归愿望，真正实施起来却不容易。因为，事物与服装各有所属，二者之间的联系并不是很直接的，必须是在掌握了一定的服装设计造型语言的基础上，具备一定的侧向思维能力，经过一番认真的观察、提炼、转化的再创造过程，才能设计出切合时尚、造型别致、形神兼备的服装。当然，这一再创造并不是凭空想象和生搬硬套，而是相互共性的沟通和发现，是形态特征、风格特色以及内在精神的感悟，才能使设计师产生强烈的创作激情。

第三节 针织服装设计的灵感

设计是一项充满创造性的工作，服装设计亦然，每个新款从酝酿到诞生，皆经过设计者一番苦心孤诣的思考过程。这其中，灵感的涌现与否更是设计者才华多寡的表征。没有灵感的设计往往只是毫无生气的设计原理的罗列，没有任何感动他人的元素。但灵感又是如此倏忽即逝的一种突发性思维，是人力所无法控制的，古希腊哲学家柏拉图就在其对话集《伊安篇》中，把灵感解释为一种神力的驱使和凭附，可见灵感获得之不易。虽然如此，它又不是神秘不可捉摸的现象，它往往是设计者对某个问题长期实践与探索，不断积累经验，使思维成熟后迸发的结果。

灵感究竟是什么？虽然至今没有明确的定义，但在众多科学家的努力下，已取得了明显一致的看法。我国著名科学家钱学森认为，“灵感实际上是潜思维，它无非是潜在意识的表现”。潜意识是指未被意识到的本能、欲望和经验，它是一种客观存在的心理现象。我们认为：灵感是在文学艺术和科学技术等创造性活动中，由于艰苦学习、长期实践、不断积累经验和知识，从而突然产生的兴奋的具有智力跃进的心理状态。换句话说，灵感是创造者达到创造力巨大高涨时所处的心理状态。服装设计者在长期潜心攻研某一设计课题的构思探索中，苦思冥想，夜不成寐，挥之不去，驱之不散，才下眉头，又上心头。这时，如果受到某种事物的启发，就会豁然开朗，思路畅通，从而使问题迎刃而解，即人们称之为“灵感来了”！

如何获得灵感呢？我们一直在不断地研究捕捉灵感的方法，现概括如下。

一、善于观察与发现——灵感产生的基础

灵感是记忆系统的瞬间激发，是大脑里原来贮存信息与当前某种刺激突发联结的反映。它是长期观察、积累、思考和善于发现的结果。法国著名雕塑家罗丹（Augste Rodin）说过：“所谓大师，就是这样的人，他们用自己的眼睛去看别人没有看过的东西，在别人司空见惯的东西上能发现出美来。”

二、长期思考与探索——灵感产生的条件

设计师对自己的创作课题，要抱有强烈的攻坚欲望，下定决心，排除干扰，保持饱满的创造情绪，自觉地、有意识地、集中精力地进行长时间的研究思考，使思想达到高度饱和的受激发状态，才能在头脑中产生下意识（即潜意识）的活动。没有酷爱思索的习惯，没有一个时时审视自然和现实生活的强烈的创作意识，是永远也找不到灵感的。

三、确定题材与主题——灵感产生的关键

题材是构成艺术作品的材料，即作品中具体描写的生活事件或生活现象。主题是艺术作品所表现的中心思想，也是作品的主导和灵魂。选好题材，明确主题，有目的的思考和专心创作，是获得灵感的关键。

四、有效启示与刺激——点燃灵感的火花

灵感的产生，常常与某些因素的启示和刺激有关。我国著名美学家、文艺理论家朱光潜说过：“所谓灵感，就是埋伏的火药遇到导火线而突然爆发。”这点燃火药的导火线（或者火花）往往不是在“本专业领域”的范围内，而是从别的领域得到。灵感常常发生在紧张思考之余，突然使思想松弛之时。为了记住这突如其来的灵感火花，一是通过反复较长时间的强行记忆，二是手头准备纸笔随时记录。这两种方法对帮助我们捕捉灵感大有好处。

除了综合应用上述的4种思维方式外，现代针织服装设计构思，还要应用多维性思维。所谓多维性思维，就是立体性思维，即从上、下、左、右、前、后等不同角度空间，从正向、反向、纵向、横向和侧向等不同方向，多触角地探索纷繁复杂的世界。

第四节 针织服装设计的构思启示

在进行针织服装设计时，我们可以从以下五个方面寻找设计线索。

一、民族服饰的营养和其内涵的体验

世界各国有不同的民族，我国就有56个少数民族。由于民族习惯、审美心理的差异，造就了不同的服饰文化。如傣族袅娜的超短衫、筒裙，景颇族热情的红织花裙，印度鲜艳的纱丽等，都异常谐调、优美，这些都为针织服装的设计提供了灵感。

我国服饰艺术有着悠久的历史和优秀的传统，素有“衣冠王国”之称。从古代服饰到现代服饰，从宫廷服饰到民间服饰，特别是56个民族丰富多彩的民族服饰，是现代针织服装设计极好的启示。例如，满族旗袍经过改良后，修长挺拔、轻盈婀娜，能忠实地烘托出人体的曲线美，已成为中外时装舞台竞相穿着的流行样式；傣族花腰傣的左衽无袖齐腰短衫别具特色；白族、水族、景颇族的筒裙的造型和配色是当今女裙常用的派路，尤其是筒裙的横条图案宽窄搭配已成为西方鱼尾裙、花瓶裙、一步裙竞相效仿的图案；彝族妇女的三节彩色长裙、苗族的片裙、布依族的短裙及其蜡染技术和装饰工艺，已被国际服装界所共识。这一切，无疑对我们今天的服装造型及色彩配置会有极大的启迪，若吸收中华民族和世界各民族的传统服装的精髓，并融入时代精神，必能在国际服装大潮中创造出独树一帜的现代服装新流派。

二、来自他人的经验

新的世纪是信息的时代，每天我们都能接收到来自各方面的信息。如电视上的、报刊上的、时装发布会上的信息，都可以成为我们的设计线索；甚至同学、同事的打扮，大街上路人的穿着，互联网上的资料都会是好的设计素材。

三、大自然的恩赐

大自然无处不蕴藏着美，一块石头、一朵花、一片云都会给针织服装的设计带来灵感。天上的日月、星辰、云雾、雨雪、闪电，地上的山水、花木、人物、鸟兽、鱼虫，从宏观宇宙到微观原子，万物之体各有其形，万类之形各有其象。譬如，雪花的基本构造几乎都是六角形，但仔细观察却没有一个是同样的；波涛拍岸有节奏地往返运动，但每次都以不同的形式和力量冲击着……古今中外，许多艺术家、设计家长期致力于对自然现象的观察和研究，探索着从自然界中汲取信息和美的规律，为自己的创作灵感寻找有益的启示。

服装，从一开始就是经过人们选择的大自然的一部分，服装的款式、色彩、面料无不出于大自然。服装款式，一般都是人们感知大自然中各种优美的形象在服装上的反映。如香蕉领、花蕾袖等是受自然界中植物形态的启示而设计的；蝴蝶领、蝙蝠袖等是受自然界中动物形象的启示而设计的。这些仿生服装造型，以其生动的形象来寄托某种意念、理想、希望、情趣，为服装造型的多样化丰富了思路。

仿生设计即以此为原理进行设计，如西方18世纪的燕尾服，中国清代的马蹄袖，以及现代的鸭舌帽、蝙蝠衫等皆是仿生设计的经典实例。

四、姐妹艺术的感应

绘画、雕塑、音乐、建筑等也是针织服装设计灵感的来源，艺术之间是相通的。如绘画中的线条与色块以及各种不同的绘画风格，均给设计师带来无穷的灵感；音乐中的节拍形成节奏，音乐中的不同乐音组成旋律；建筑的造型、结构以及对形式美法则的运用，都给针织服装的构思带来了新的启示。

1. 绘画的启示

绘画对针织服装设计的启示作用，是显而易见的。纵观中国的仕女画，总是绿纱迷影难见全貌，临窗拂镜不露全身，水袖团扇巧掩笑，湘箔拖裙隐绣鞋，朱唇未起秋波动，万种风情不言中。中国的山水画或花鸟画，都从不如实再现全景，而是云遮山，山掩水，树隐层楼檐角现，牛浴池塘身露半。这种含蓄深远、朦胧的中华民族神韵，表现在针织服装设计上更是妙趣横生，气象万千。例如，唐代画家周昉的《簪花仕女图》取材于宫廷妇女生活，表现装饰华丽奢艳的仕女们在庭院中散步的情景。体态丰满的贵妇身着团花红裙，曼披透明罩衫，那白纱透红衫，似红非红，似白非白，白红渗透中时隐时现出丰满的身姿，柔美的曲线，更觉柔雅风韵。而现代的旗袍造型，立领、收腰，随着人体的起伏变化，形成含蓄流畅的自然线条；高开衩的衣摆，行进中时隐时现，给人以轻快活泼的动感美。

法国洛可可初期最有名气的女服——华托服，就是宫廷画家华托（Jean antoin Watteau）的作品中表现的服装样式。这种服装用图案华美的织锦缎制作，从后领窝处向下做出一排整齐规律的褶裥，向垂地的长裙摆处散开，使背后的裙裾蓬松，走路时徐徐飘动，窸窣作响，明暗闪烁，又被称为“飞动的长袍”。法国设计师伊夫·圣·洛朗从荷兰抽象派画家蒙德里安 （Piet Mondrian）的冷抽象画中得到启示，创作出别具风格的服装，那就是他于1965年推出的“蒙德里安样式”，针织短连衣裙上的黑色线和原色块的组合，以单纯、强烈的效果赢得好评，是针织服装与现代绘画巧妙结合的典范。

2. 音乐的启示

音乐，是通过有组织的音乐所形成的艺术形象来表达人们的思想感情，反映现实生活的一种时间艺术。服装设计，既是空间艺术也是时间艺术。音乐和服装之间的关系是息息相通的。英国文艺理论家沃尔特·佩特（Walter Pater）在他的名著《文艺复兴论》中说：“一切艺术，都倾向于音乐状态。”造型要素的反复构成节奏，节奏的反复构成韵律。例如，服装线条形状的方圆、长短、曲直、正斜，色彩的浓淡、清浊、冷暖，面积的大小，质地的刚柔、粗细、强弱，感觉的动静、抑扬、进退、升沉等，组成一个多姿多彩的韵律世界。在运用音乐启示进行服装造型时，我们的工作是寻找可视形象来对应、诠释、升华相对抽象的音乐过程，融入自己对作品的理解，并通过它与穿着者及其观众取得交流。

3. 舞蹈的启示

舞蹈是以经过提炼、组织和艺术加工的有节奏的人体动作为主要表现手法，表达人们的思想感情，反映社会生活的一种艺术。世界上许多民族都有各自的具有本民族特色的舞蹈服装。例如，汉族的秧歌舞、龙舞、高跷舞、狮子舞等，蒙古族的盅碗舞，维吾尔族的手鼓舞，苗族的芦笙舞，朝鲜族的长鼓舞，傣族的孔雀舞，土家族的摆手舞等，国外少数民族的舞蹈更是不胜枚举，各国各民族各种舞蹈服装异彩纷呈，各有特色。舞蹈服装，是生活服装的升华，同时又是生活服装的先导。我们应当悉心地从中汲取有益的借鉴和启示，丰富现代的服装设计。法国时装设计师保罗·波烈（Paul Poiret）在这方面取得了举世瞩目的成就。20世纪初，俄罗斯芭蕾舞剧团首次到巴黎演出，演员们健美的舞姿和东方风格的绮丽服饰，轰动了全城，巴黎观众从未见过的“大胆、艳丽的色彩；半透明的雪纺绸和薄纱女服，可以隐约瞥见美丽的形体；服装上广泛地饰以刺绣（包括彩色丝绒、金线、银线、小玻璃珠、小金属片等）、穗带、首饰等”。他从中得到启示并吸收阿拉伯、中国等东方国家服装、丝绸、瓷器等艺术长处，先后推出了东方风格的“蹒跚女裙”（hobble，是蹒跚地走路的意思）、“孔子衣”、土耳其式灯笼裤等，深受世人欢迎。

4. 文学的启示

古今中外的文学作品，浩如烟海，有关服装的描写不胜枚举。例如屈原在他的《离骚》中描写自己：“制芰荷以为衣兮，集芙蓉以为裳”。诗人以碧绿的荷叶为上衣，用洁白的荷花为下裳，造型天然而浪漫，色彩典雅而高洁。建安文学的著名作家之一的曹植在他的《洛神赋》中写道：“奇服旷世，骨像应图。披罗衣之璀璨兮，珥瑶碧之华琚。戴金翠之首饰，缀明珠以耀躯。践远游之文履，曳雾绡之轻裾。”这里显示出一个绮丽的绝不俗艳的女性服饰形象。盛唐时有一种袒领短襦半露胸式服装，其穿着效果为“粉胸半掩疑晴雪”（唐代诗人方干《赠美人》诗句），因为这种造型款式既能有效地表现当时以肥为美的体型时尚，又能弥补肥胖者颈短的缺陷，所以一经出现就广为流行，起先多为宫廷嫔妃、歌舞伎者所穿，“胸前瑞雪灯斜照”（唐代诗人李群玉《赠歌姬诗》）很快就流传到民间，“日高邻女笑相逢，漫束罗裙半露胸”（唐代诗人周濆《逢邻女》诗句）。宋代的妇女服装，以腰身纤细为美，一般是上着襦衫，下着裙子，“耿耿素娥欲下。衣裳淡雅，看楚女纤腰一把”（北宋婉约词人周邦彦《解语花·上元》），在众多的宋人诗词中以“石榴裙束纤腰袅”为典型。

外国文学作品也有许多服饰的描写。例如，1973年夏天，姬·龙雪（Guy Laroche）设计的服饰，是美国作家弗·司各特·菲茨杰拉德（F.Scott Fitzgerald）所写的一部长篇小说中的女主人公的服饰：低腰身、横排纹和大的圆敞领，很有特色。

文学言词的启示，必须通过联想和想象。由于文字表达的服装造型意境和情调能唤起服装的美感，同样也可以给造型构思带来启示。

5．影视的启示

电影、电视都是综合艺术，有广泛的传播性。影视中优秀的服装设计，不仅可以深化影视主题，而且有的还成了流行时装。特别是进入20世纪以后，时装极大地受到影视的影响。影视中男、女主角的服装引起各国服装设计师的兴趣，成为影响时装变化的一定因素和服装设计构思的重要的灵感来源。20世纪30年代，美国好莱坞著名电影服装设计师艾德里安（Adrian），常年为女影星琼·克劳福德（Joan Crawford）设计服装，他用垫宽肩部的办法，使琼过于丰满的臀部得到了平衡，而显得身材匀称、苗条。垫肩的妙用，因此被许多妇女仿效一直流行至今。又如，1983年我国功夫片《少林寺》电影上映后，功夫衫和印有“少林寺”字样的汗衫因受到国内外游客的喜爱而流行一时。而针织T恤的流行，则要归功于马龙·白兰度和他的《欲望号街车》。

6．建筑学的启示

从建筑的造型、结构以及对形式美法则的运用中触类旁通地进行服装设计，也不乏先例。早在古希腊时期，他们的裹缠式服装“基同”就明显受古希腊各种柱式的影响；在13世纪，欧洲的妇女服装就吸收了哥特式建筑的立体造型，从而产生了立体服装；还有著名的高耸尖顶的“安妮”帽亦与哥特式建筑有异曲同工之妙；当代法国时装大师皮尔·卡丹的飞肩造型即是受中国古典建筑翘角飞檐的启示。泱泱大观的古今世界建筑艺术，无论是传统的、还是现代的，是灰色派的、还是白色派的，或是近二十年崛起的新流派——光亮派等都为针织服装的构思带来了新的启示。

姐妹艺术的启示还有许多，有待于我们不断地在设计实践中去探索、去发现。

五、文化发展、科技革命对服饰观念的冲击

在社会大文化背景下所产生的新事物往往能左右服装流行的风潮，“生命在于运动”的观念为大众所接受，使运动服装风行于世；在回归大自然、追求环保的主流风潮影响下，休闲服装成为服装界的新宠。

服装的发展，离不开科学技术的进步。层出不穷的新材料、新技术、新工艺以及地域间频繁的信息交流，促进了服装的新形式、新风格的日新月异。进入20世纪90年代以来，高科技面料无处不见，色彩艳丽，有塑料、橡胶质感或金属反光、尤其是银色反光的面料极为时尚。意大利时装设计师詹尼·韦尔萨切（Gianni Versace，又译作范思哲）解释说，那种极富“科技性感”的乙烯面料，实际上是富有光泽的丝绸。运用科学技术知识来启示服装设计构思，往往会突破常见格局而独树一帜。例如，法国成衣设计师库雷热（Courreges）热衷于迷你裙的设计，1964年他用当代科技新材料——白色乙烯合成树脂设计的登月太空系列服装，曾被报界

称为“迷你炸弹”。另一位法国时装设计师帕克·拉邦纳（Paco Rabanne）利用塑料、金银箔等材料，设计出具有非洲艺术风格的礼服，体现了非洲艺术与现代艺术以及现代科技的交融。

服装设计集科学创造与艺术创作于一体，二者在相互依存和相互影响中取得充分的统一。针织服装设计，可以用一切科学知识去想象，从而得到启示。例如，运用力学机械运动规律形成的线形轨迹，光学原理产生的光效应、色感、视错觉、幻觉，解剖学纵横斜剖析及肢解，生态学的移花接木嫁接与杂交组合，仿生学的拟人、拟物等构成的新形象。

21世纪，是高科技、信息化和知识经济的时代。随着科技的进步，科学技术越来越多地与服装工业相结合。例如，服装CAD（计算机辅助服装设计）的普遍运用，可以帮助设计者任意进行服装的造型和款式设计，制板、推板的组合与修改，色彩的选配与面料图案的设计，并能将设计的结果记忆、存储及印刷出来，从而实现了各式各样的构思。此外，服装与Internet（计算机网络）的结合，使得广大设计者可以在世界范围内Internet服饰网中查阅各种服装作品展示和时装表演信息，从而使设计者及时了解流行讯息，并作出反应。

以上我们介绍了一些设计线索的来源。好的设计构思的共同点，都是通过观察和体验生活，在生活中萌生创作的意念和灵感。由此可见，生活才是服装创作取之不尽的源泉。

当然，来源于生活的创作，首先要掌握服装设计的一些基本原理，具有运用点、线、面、色彩和面料的能力，才能做到这一点。这就如同写文章先要掌握词汇一样，必须掌握一定的设计语言，才能表达自己服装设计的思想。

学习和借鉴别人的设计，甚至在别人的设计之中受到某些启发，并把它运用到自己的设计之中，是尽快掌握设计语言的有效方法。这就如同学书法先临摹、学骑车先由别人扶一把一样正常。当然，人总要自己走路的，总让别人搀扶是一种耻辱。我们必须清楚学习的这一过程，尽快地由学习的必然王国进入创作的自由王国，使自己在创作的实践中尽快地成熟起来。

课后练习

思考练习

1.针织服装设计思维有哪几种？不同设计思维的特点？

2.如何获取灵感？针织服装设计的灵感来源是否有特质？

3.针织服装设计构思的依据有哪些？

案例分析

文中提出“针织服装设计构思是建立在设计定位、信息资料、市场调查和了解生产实践的基础上，对造型、款式、色彩、穿着对象与环境、服装性能、结构、材料制作程序和销售等多种因素进行综合思维和判断的创造性劳动。”请以当季商场中的品牌针织衫为分析对象，对其进行以上要素分析，并整合为书面报告。

实训项目

提取上述品牌针织衫的设计关键点，以此为母本，运用不同的设计思维进行针织服装的延伸设计。

基础理论——

针织服装设计的基本要素

课程名称： 针织服装设计的基本要素

课程内容： 原料　组织结构　造型　色彩　装饰　工艺

上课时数： 20课时

训练目的： 了解针织服装的构成、针织服装设计的内容，掌握针织服装设计的6大基本要素，了解组织结构与纱线、色彩之间的对应关系，不同组织结构之间的搭配使用。灵活运用各不同构成要素以达到更好、更全面地将细节与整体结合起来，满足不同针织服装设计的要求。

教学要求： 了解各构成要素的定义及内容，熟悉各要素的特点，掌握各个要素的设计手法，灵活运用在设计之中。

课前准备： 针织毛衫设计与工艺

第三章　针织服装设计的基本要素

设计，无疑是针织服装产生的第一步骤。在设计构思产生之前，服装只是人脑中一个朦胧的印象，它得通过对服装面料的选择和服装制作的手段来完成。

就像我们大家都知道的，服装设计的基本要素是款式、色彩、面料等，针织服装设计也有它自己的基本要素。为了与一般机织服装相区别，我们选择针织服装中最有设计特点的针织毛衫来介绍。毛衫设计与服装设计有共性，也有个性，所以它的基本要素有统一又有变化。总体来讲，针织毛衫设计的基本要素有六个：原料、组织结构、造型、色彩、装饰和工艺。

第一节　原料

一、常见的毛衫原料和织物特点

不同的原料能够使织物表现出不同的视觉效果（图3–1）。

图3–1　不同的原料表现出不同的视觉效果

（一）毛衫的原料

1. **纯毛**

原料为动物纤维，如羊毛、羊绒、驼绒、牦牛绒、羊仔毛（短毛）及兔毛等纯毛。

2. **纯毛混纺**

原料由两种或两种以上的纯毛混纺和交织，如：驼毛／羊毛，兔毛／羊毛，牦牛毛／羊毛等。

3. **混纺交织**

原料为各类毛与化学纤维的混纺和交织，如：羊毛／化纤（毛／腈、毛／锦、毛／黏）、马海毛／化纤、羊绒／化纤、羊仔毛／化纤、兔毛／化纤和驼毛／化纤等。

4. **纯化纤**

原料为纯化学纤维，如：腈纶、涤纶和弹力锦纶等。

5. **化纤混纺**

原料为各种化学纤维间的混纺和交织，如：腈纶／涤纶、腈纶／锦纶等。

（二）针织毛衫织物的特点

精纺类羊毛衫织物的综合特点是平整、挺括、针路清晰、光洁、手感好、弹性好、抗伸强度高。粗纺类羊毛衫织物相对于精纺类羊毛衫织物而言，纱线的线密度较高（即纱线较粗），抗伸强度低，但毛绒感强，手感柔软，延伸性和悬垂性较好，并且具有较好的保暖性和透气性。粗纺的各种羊毛衫产品也各有特色。

羊绒衫、驼绒衫和牦牛绒衫等高档羊毛衫，是羊毛衫产品中的佼佼者，其表面绒茸短密适度，手感柔软、滑糯，有天然色泽。兔毛衫的特色在于纤维细，光泽柔和，织物表面毛茸耸起，且有腔毛，外观独具风格，质轻、蓬松、感触滑爽，保暖性胜过羊毛产品。如果采用先成衫后染整的工艺，可使其色泽更纯正、艳丽，别具一格。马海毛毛衫织物表面绒毛长，光泽鲜亮，手感柔中有骨，并且不易起球。

化纤类毛衫织物的共同特点是较轻，回潮率较低，纤维断裂强度比毛纤维高，不易虫蛀，但其弹性恢复率低于羊毛，保形性不及纯毛毛衫，也比较容易起球、起毛和产生静电。腈纶毛衫织物色泽鲜艳，蓬松性好，保暖性也接近纯羊毛衫；近几年来，国际市场上以腈纶／锦纶混纺的仿兔毛衫、变性腈纶仿马海毛纱编织的毛衫可以与天然兔毛、马海毛产品媲美。弹力锦纶衫、弹力涤纶衫、弹力丙纶衫具有坚牢耐穿、弹性优良的特性。

动物毛与化纤混纺的毛衫织物，具有各种动物毛和化学纤维的“互补”特性，其外观有毛感，抗伸强度得到改善，降低了毛衫成本，物美价廉。但在混纺毛衫中，因不同纤维的上染、吸色能力不同，故染色效果不够理想。

羊毛衫织物同其他针织物相比，最主要的特点是延伸性强、弹性好，具有良好的柔韧性、保暖性和透气性。这些主要特点决定了羊毛衫穿着舒适、服用性能优良。此外，羊毛衫还具有色泽鲜明、花色繁多、款式新颖、经久耐穿等特点，使其深受广大消费者青睐，同时也使羊毛衫在针织物中占有重要地位。

二、毛衫用纱的种类

羊毛衫生产使用的纱线种类很多（图3-2）。首先是传统手工编结绒线。编结绒线又称为手编绒线或毛线，除了用于手编用途之外，也可用于粗机号横机编织毛衫（衣、裤）。

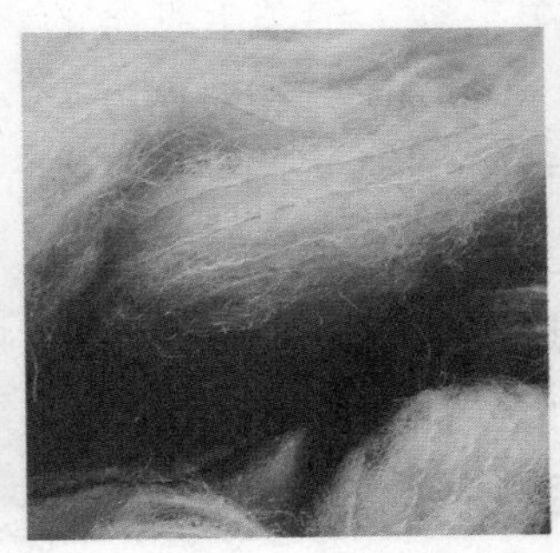

图3-2　丰富多彩的纱线

根据纱线原料的不同，可有传统的动物毛、化学纤维和棉的纯纺纱线以及混纺纱线，还可有毛／麻混纺纱线，毛／绢丝混纺纱线等。随着纺织科学和技术的进步，诸如天丝（Tencel）纤维、莫代尔（Model）纤维、大豆蛋白纤维、珍珠蛋白纤维、竹纤维、甲壳素纤维、牛奶纤维、彩色棉纤维、超细纤维、差别化纤维、功能纤维和智能纤维等高技术、绿色环保、穿着舒适的新型纱线也被列入羊毛衫的用纱范围，它们通常与各种动物毛纤维纺成混纺纱使用，以满足不同的生产和服用要求。

根据纱线形态的不同，可分为普通纱线、膨体纱线和花式纱线。普通纱线和膨体纱线是羊毛衫生产中最常用的纱线，而花式纱线近来也越来越多地在羊毛衫的生产中使用。根据纺纱过程的不同，可分为精纺纱和粗纺纱两类。精纺纱是将原料按精纺工艺流程加工而成的各种纯毛、混纺或化纤纱，如

31.3tex×2（32公支／2）羊毛纱、41.7tex×2（24公支／2）毛／腈纱（羊毛、腈纶各占50%）、38.5 tex×2（26公支／2）腈纶纱（膨体纱）、25tex×2（40公支／2）腈纶纱（正规纱）等。精纺纱一般是合股纱，纺成的纱线线密度较低、织物弹性好、纹路清晰，具有较好的弹力、条干均匀度和良好的热可塑性。产品经定形后挺括、不易变形，手感柔软。粗纺纱是将原料按粗纺工艺流程加工而成的各种纯毛、混纺或化纤纱，如35.7 tex×2（28公支／2）羊绒纱、71.4tex×1（14公支／1）驼绒纱、83.3 tex×1（12公支／1）兔毛纱、41.7tex×2（24公支／2）牦牛绒纱、83.3tex×1（12公支／1）毛／腈纱（羊毛、腈纶各占50%）等。粗纺纱大部分是用较短的纤维纺成的，有单纱和合股纱两种。纺成的纱线线密度较高，强力和条干均匀度比精纺毛纱差，但具有较好的缩绒性能。

（一）动物毛纱

动物毛中常用的有羊毛、羊绒、羊仔毛、雪特莱毛、马海毛、兔毛、驼绒、牦牛绒等。

1. 羊毛纱

羊毛纱通常指的是绵羊毛纱。绵羊毛纤维的直径为18~25μm，长度为30~80mm，相对密度为1.32，外观细而长，实心而且截面接近圆柱形，卷曲度高，鳞片较多。绵羊毛纤维的强度高，具有良好的弹性、热可塑性、缩绒性等。羊毛纱是羊毛衫生产中使用最多的纯毛纱，多为精纺纱，可编织各种款式的羊毛衫。织成的毛衫平整、挺括、针路清晰、表面光洁、弹性好，具有较好的服用性能，在国内外市场很受欢迎。

2. 羊绒纱

羊绒纱是由山羊身上梳抓而得到的覆盖于长毛之下的绒毛经分梳纺制而成的纱线。山羊绒纤维的平均直径为14~17μm，长度为30~40mm，相对密度为 1.29。纤维细度在毛绒类纤维中偏低，纤维表面鳞片较多，一般纺成粗纺毛纱，长度在36mm以上的羊绒纤维可纺成精纺纱。产品经缩绒后，手感柔软而滑爽，保暖性好、光泽好、穿着舒适，但弹性不如羊毛，成衫后不宜长时间悬挂。由于羊绒纱对酸、碱和热的反应比较敏感，因此在缩绒工序的操作中必须区别于其他毛纱。山羊绒是极其珍贵的毛针织原料，素有“软黄金”和“纤维宝石”之称，具有白、青、紫等天然色泽，其中以白羊绒最为名贵。世界上年产羊绒纤维14000t左右，其中我国年产羊绒纤维10000t左右，因此羊绒纤维是我国的特色纤维之一。羊绒衫也是我国的特色纺织产品之一，是我国出口创汇的高档产品，在国际市场上享有盛誉。

3. 羊仔毛纱

羊仔毛纱是由小羊羔的毛纺成的纱线。羊仔毛纤维的直径为18~20μm，长度为30~40mm。由精梳毛纱梳理下来的短毛和一些线密度在15.6特（tex）以下的散毛与精梳毛条按一定比例混纺而成，国内惯称“短毛”。羊仔毛纱常掺以羊绒和锦纶与其混纺，以改善其手感和强力。羊仔毛的缩绒性好，缩绒后毛型感强，手感柔软，其成本较低，是羊毛衫生产中常用的粗纺原料之一。

4. 雪特莱毛纱

雪特莱毛又称雪兰毛，纤维直径为25~30μm，原产于英国雪特莱岛，其中混有粗的、缩绒性差的腔毛，因而手摸有轻微的扎刺感。由雪特莱毛纱织成的毛衫具有丰厚、膨松、自然粗犷的风格，因而具有这种风格的毛衫一般都称为雪特莱毛衫。雪特莱毛衫在穿着中起球少，价格较低，一般用作外衣。

5. 马海毛纱

马海毛又称安哥拉羊毛，原产于土耳其的安哥拉省，现在的北美及南非也出产马海毛。我国西北地区所产的中卫山羊毛同属马海毛。马海毛是一种半细而长的山羊毛，纤维长度约100~300mm，为普通绵羊毛纤维长度的1~2倍，纤维直径为10~90μm，带有特殊的波浪弯曲，纤维表面鳞片较少，故十分光滑且具有明亮的光泽，染色时能染成各种鲜艳的颜色。马海毛纱织成的毛衫弹性较好，但可塑性稍差，成衫后一般均需经过缩绒整理，以充分显示其纤维较长的独特风格，也可采用拉毛工艺来实现该目的。马海毛的手感软中有骨，在羊毛衫产品中也属高档产品。

6. **兔毛纱**

兔毛纱是由兔子身上剪下的毛纺制而成的。兔毛纤维的直径为5~30μm，长度为30~150mm，相对密度为1.18。兔毛纤维的密度较小，纤维细度较小，表面鳞片排列也十分紧密，故表面光滑而无卷曲度，因而抱合力差，不宜纯纺。一般采用与羊毛、锦纶等纤维混纺来增加抱合力，进而增加纱线的强力。兔毛纤维颜色洁白，富有光泽，质地柔软、滑糯，保暖性较好，吸湿性好，是羊毛衫工业的珍贵原料之一。用兔毛纱主要生产兔毛衫，成衫经缩绒整理后，具有质轻、茸浓、丰满、滑糯等特点。兔毛衫通常采用成衫染色，是出口的高档产品，深受国内外市场的欢迎。

7. **驼绒纱**

驼绒纤维是在双峰骆驼脱毛期间抓下的绒毛。驼绒纤维平均直径为14~23μm，长度为40~135mm，相对密度为1.31。驼绒纤维外观细长，手感柔软，呈淡棕色，是羊毛衫工业的珍贵原料之一。驼绒纤维表面较平滑，一般不宜纯纺，多与羊毛混纺，以提高纱线的工艺性质。驼绒衫一般需经缩绒整理，但其缩绒性能较差，不易起毛及毡缩。驼绒纱可以进行染色，但色谱不广，目前只限于深色谱。驼绒纱生产的驼绒衫属于高档产品。

8. **牦牛绒纱**

牦牛绒纱是用牦牛身上的绒毛经梳理加工纺制而成。牦牛绒纤维的平均直径为20~22μm，长度为30mm左右。牦牛绒纤维细而短，性能与羊毛相似，世界年产量仅为3000t左右，其中我国的产量约占90%，由于其产量较少，故十分名贵。牦牛绒纤维是我国的特色纤维之一，由牦牛绒纱生产的牦牛绒衫受到国际市场的普遍欢迎。

（二）化纤纱

化纤纱常用的原料有腈纶、锦纶、涤纶等。

1. **腈纶纱**

腈纶是聚丙烯腈纤维的商品名称，国外又称“奥纶”、“开司米纶”、“特拉纶”等。羊毛衫用腈纶纱分为腈纶膨体纱（又称腈纶开司米）与腈纶正规纱两种。腈纶纱一般为精纺纱，染色性能好、色泽鲜艳、蓬松且保暖性好，相对密度为1.14，比羊毛轻11%，断裂强度是羊毛的1~2.5倍。另外，腈纶耐光性能好，能抗霉防蛀，但吸湿性差，耐碱性差，耐磨、耐热性也差，故不能高温定型。腈纶衫在穿着过程中易起毛、起球，易产生静电而吸附灰尘，服用性能不如精纺类羊毛纱的同类产品。

2. **锦纶纱**

锦纶是聚酰胺纤维的商品名称，国外又称“尼龙”、“耐纶”等。锦纶分为长丝和短纤维两种，其耐磨性好、强力高。在羊毛衫生产中多用锦纶短纤维与动物毛混纺，以提高毛纱的强度与耐磨性。锦纶长丝以锦纶弹力丝应用较多，多用于生产弹力锦纶衫、裤。产品的主要优点是弹性好、穿着耐久、不怕虫蛀、耐腐蚀，缺点是耐光性差、保形性不好、穿着过程中易起毛、起球。

3. **涤纶纱**

涤纶是聚酯纤维的商品名称，国外又称“特丽纶”、“达柯纶”等。涤纶最突出的优点是具有良好的抗皱性和保形性，耐热性好，具有易洗、易干、免烫的“洗可穿”性能。其缺点为吸湿性和染色性差，织物易起毛、起球等。目前，在横机编织的羊毛衫中，常用涤纶长丝编织门襟、袖窿等局部部位；在圆机编织羊毛衫中，涤纶长丝也有一定程度的运用。

三、针织毛衫用纱的要求

在羊毛衫生产过程中，毛纱的组织结构、性质、质量将会直接影响生产过程、产品的内在和外观质量。为了保证羊毛衫的正常生产和产品质量，通常在以下几方面对毛纱提出要求。

1. **线密度偏差和条干均匀度**

线密度偏差也称重量偏差或纤度偏差。纱线的线密度偏差与纱线的条干均匀度是纱线的重要品质指标，是评定纱线质量的指标之一，因此应控制在一定范围之内。否则，纱线过粗或过细都将影响纱线的强力，织造时会增加断头率和停台时间，而条干不匀将会影响织物的外观质量；同时，一批纱的线密度偏差也将使羊毛衫织物产生重量偏差。因此，必须严格控制毛纱的线密度偏差，以提高羊毛衫产品的内在与外观质量。目前，一般规定精纺毛纱的线密度偏差率<±4%，粗纺毛纱的线密度偏差率<±5%。在实际生产过程中，对高、中、低档羊毛衫产品有更具体、详细的线密度偏差和条干均匀度要求。例如，羊绒纱、兔毛纱、驼绒纱的线密度偏差率要求<±3%；条干均匀度的要求：在织片试验后，比照标准试样不允许有明显的粗细不匀和云斑。

2. 捻度和捻度不匀率

羊毛衫生产中所用的精纺、粗纺毛纱的捻度是影响羊毛衫生产的一个重要因素。加捻是单纤维成纱的必要条件，捻度是表示单位长度内纱线所具有的捻回数。公制捻度的单位长度为1m，特克斯制捻度的单位长度为10cm，英制捻度的单位长度为1英寸。一般情况下，纱线的捻度越大，则纱线强力越高。但当捻度在较大的基础上继续增大时，不但不能提高纱线强力，反而会使纱线的强力降低。因此，在羊毛衫生产中，不能简单地用提高纱线捻度的方法来增加纱线强力。一般来说，纱线捻度过小，则毛纱强力不足，会增加络纱和织造过程中的断头率，影响生产的顺利进行，同时也影响织物的强力；但捻度过大，则纱线发硬且转曲，也将妨碍正常的编织，即使织成衣片，在衣片表面也会产生各种疵点。因此，纱线的捻度必须适当并且均匀。羊毛衫生产用纱常要求纱线柔软、光滑，而粗纺纱织成的羊毛衫一般需经缩绒整理，故纱线捻度可适当低些。

捻度不匀率一般为：精纺毛纱<8%~10%，粗纺毛纱<10%。

毛纱的捻向有正捻（S捻）和反捻（Z捻）之分。若毛纱捻纹是右下到左上，则为正捻纱；反之，则为反捻纱。

3. 断裂强度和断裂伸长

毛纱的强力直接影响到生产过程能否顺利进行和成品的穿着牢度。如果纱线强力不足、断裂伸长率低，则在编织过程中容易引起纱线断裂，使织物产生破洞，进而影响到产品质量。因此，首先必须对毛纱强力提出要求。

一般要求毛纱的断裂强度为：精纺纯毛纱>5200m，精纺混纺纱及化纤纱>9500m。

当毛纱的断裂强度相同或在允许值以内时，则断裂伸长大的毛纱不易断头。

4. 回潮率

回潮率的大小会影响毛纱的性能（如毛纱的柔软度、导电性、摩擦性能等），进而影响到毛纱能否顺利加工及产品成本的高低。回潮率过低，会使纱线变硬、变脆，腈纶等合纤纱还会因回潮率的降低而引起导电性能的降低，从而产生明显的静电现象，降低纱线的可加工性，使编织难于进行；回潮率过大，则毛纱强力降低，且毛纱与成圈机件之间的摩擦力将增加，使羊毛衫编织机的负荷增加，编织困难。另外，回潮率的变化也会影响羊毛衫重量的变化，继而影响毛衫的成本。所以回潮率的控制与毛纱加工和毛衫生产成本等密切相关。一般采用标准状态[温度为（20±3）℃，相对湿度为（65±5）%]下的回潮率（即公定回潮率）来对毛纱回潮率进行统一的规定。

5. 染色的均匀性和色牢度

毛纱染色的均匀与否对羊毛衫的质量具有十分重要的意义。如果染色不均匀，成衣后会产生色花、色档等现象，从而直接影响产品的外观质量。因此，对羊毛衫用纱的色差，一般规定不低于3级标准。为了使羊毛衫在服用过程中耐日晒和水洗后不易脱色，对毛纱的染色牢度也有一定要求。

6. 柔软性和光洁度

毛纱的柔软性和光洁度对羊毛衫的编织过程有很大的影响。柔软光洁的毛纱易于弯曲和形成封闭的线圈，且编织阻力较小；相反，柔软性和光洁度较差的毛纱编织时阻力较大，而且容易使成圈不均匀，影响羊毛衫成品的外观质量。因此，对毛纱的柔软性和光洁度也有一定的要求。在络纱时，对毛纱进行上蜡处理是使毛纱光滑的有效措施之一。

四、原料的检验

为了满足羊毛衫用纱的要求，及时发现和弥补毛纱存在的质量问题，提高原料的利用率，提高生产效率，保证羊毛衫产品的质量，必须对进厂的毛纱进行检验。

毛纱的检验内容包括：线密度偏差、条干均匀度、捻度、捻度不匀率、断裂伸长、断裂强度及其不匀率、回潮率、色差、色花、色牢度、柔软性、光洁度、织成织物的洗涤变形、织成织物的起毛起球等。检验毛纱所需要的主要仪器有：天平、恒温烘箱、显微镜、缕纱测长机、绞纱强力机、解捻式捻度仪、箱式滚动起球仪等。

毛纱在出厂前由纺纱厂进行检验，羊毛衫厂仅对直接涉及毛纱的编织性能、产品质量和生产成本的大绞纱重量、线密度偏差、条干均匀度、色差、色花等进行检验。对于有的项目，如捻度、单纱强力、染色牢度等有异议时，可要求纺纱厂提供有关数据，商请复验或送检验局检验。

凡未经检验或经检验后不符合编织用纱标准的纱线，仓库不得发交生产。在检验中如发现毛纱级别偏差、色差、缸差、线密度偏差等问题，检验人员必须及时向技术部门和生产车间反映，以便及时修改工艺或采取其他一些措施来保证羊毛衫的成品质量。

五、色号

羊毛衫厂目前使用的毛纱大多数为有色纱，即使是白纱成衫染色，也往往得有一个规定的色彩代号来表示其为何种颜色；况且在同一色谱中，也有很多不同的颜色，如红色谱里就有大红、血红、暗红、紫红、枣红、玫瑰红、桃红、浅红、粉红、浅粉红等，有的多达十几种。由于纤维的特性不同，就是同一种颜色也有差异，为此需要有一个统一的代号和称呼来加以区别。目前是采用统一的对色版（简称色版或色卡）来统一对照比色。此统一的对色版是由中国纺织品进出口公司上海外贸总公司服装分公司和上海市毛麻纺织工业公司制订的，全称为“中国毛针织品色卡”（图3-3），此色卡被作为全国各羊毛衫厂和毛纺厂统一使用的对色版来对照比色，其对色色号是由1位拉丁字母和3位阿拉伯数字组成。

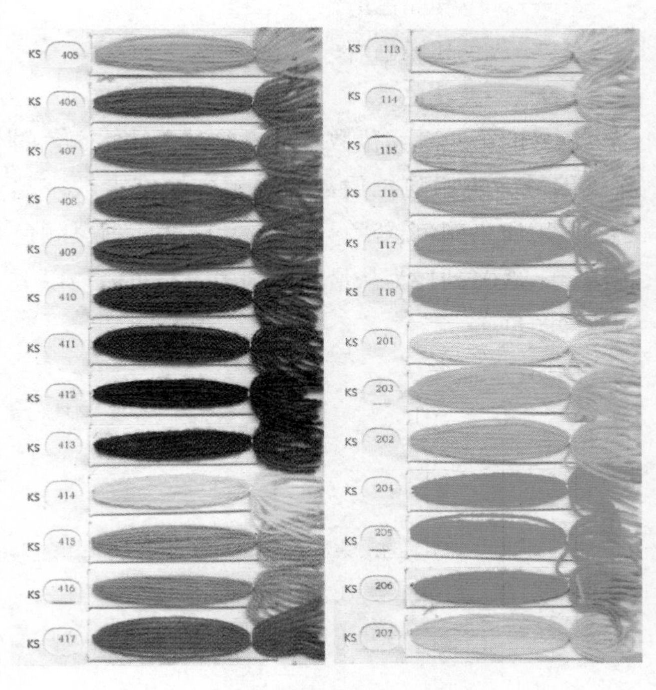

图3-3 毛针织品色卡

色号的第1位为拉丁字母，表示毛纱所用的原料，各字母代号为：

N——羊毛；

WB——腈纶50/羊毛50，腈纶60/羊毛40，腈纶70/羊毛30；

KW——腈纶90/羊毛10；

K——腈纶（包括腈纶珠绒，腈纶90/锦纶10，腈纶70/锦纶30）；

L——羊仔毛（短毛）；

R——羊绒；

M——牦牛绒；

C——驼绒；

A——兔毛；

AL——50%长兔毛成衫染色。

色号的第2位数字用阿拉伯数字，其表示毛纱的色谱类别：

0——白色谱（漂白和白色）；

1——黄色和橙色谱；

2——红色和青莲色谱；

3——蓝色和藏青色谱；

4——绿色谱；

5——棕色和驼色谱；

6——灰色和黑色谱；

7~9——夹花色类。

色号的第3、第4位数字表示色谱中具体颜色的深浅编号，也用阿拉伯数字表示。原则上数字越小，表示所染颜色越浅；数字越大，表示所染颜色越深。一般01到12为从最浅色到中等深色，12以上为较深颜色。

例如：

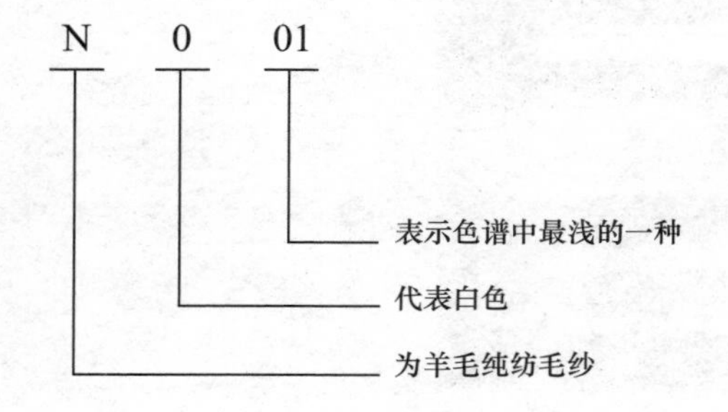

N001在工厂中习惯称为“特白全毛开司米”。

又例如：

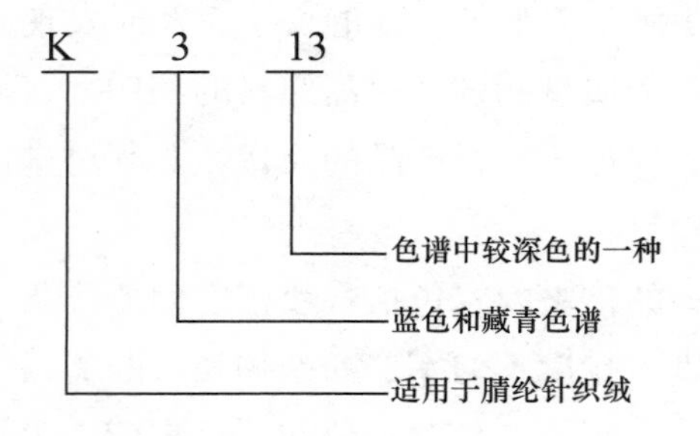

K313在工厂中习惯称为“腈纶色版品蓝”。

在某些地区或对某些国家出口的产品中，现尚沿用旧色号。其由4位阿拉伯数字组成。第1位数字取代拉丁字母，仍表示毛纱所用原料的代号，取品号中的原料代号来表示；第2位数字也为色谱类别；第3、第4位数字也表示色谱中具体颜色的深浅。

第二节 组织结构

组织具有整体性，任何组织都是由许多要素、部分、成员，按照一定的联结形式排列组合而成的。针织毛衫的组织结构是指线圈按照一定的联结形式排列组合而成的构造。组织结构是毛衫独具魅力的地方，我们在设计时应该充分利用。

组织结构不仅影响到针织服装的整体效果和风格，而且对毛衫的弹性、保暖性，甚至是生产效率都影响极大。所以在我们设计针织毛衫之前，必须要对其组织结构充分了解和熟知。

一、常用组织结构及性能特点

常用组织结构主要有：平针组织（最基本的组织）、四平组织、1+1罗纹组织、2+2罗纹组织、四平空转组织、集圈组织、扳花组织、双鱼鳞组织、提花组织、空花组织、毛圈组织等。

（一）平针组织

平针组织又称纬平组织、单面组织。

织针排列：满针在单针床上进行编织。

平针织物两面具有不同的外观，由于反面的圈弧比正面的圈柱对光线有较大的漫射作用，因而织物的反面较正面暗。在成圈过程中新线圈是由工艺反面穿到工艺正面的，因此纱线的接头、杂质等被挡在织物的反面，相比之下其正面显得光洁、平整。这种组织是针织毛衫中最常见的组织，其特点是结构简单、轻、薄、柔软，在纵向、横向拉伸时具有较好的延伸性，且横向延伸性比纵向大，其边缘有较大的卷边性，织物可以顺着编织方向和逆编织方向脱散。素色纬平针织物应用最为广泛，具有简单、光洁、平整的外观特征（图3–4）。

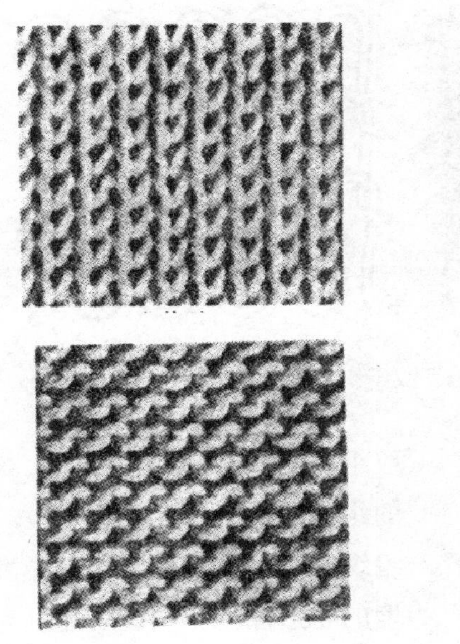

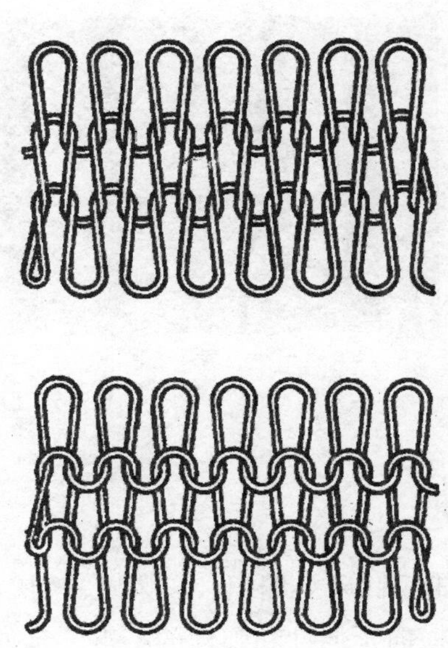

图3–4　平针组织

（二）四平组织

四平组织又称罗纹织物，与1+1罗纹组织以及2+2罗纹组织一样同属罗纹大类。在双针床上进行编织，三角全部进入工作，成圈深度一致。

织针排列：前后针床满针排列。

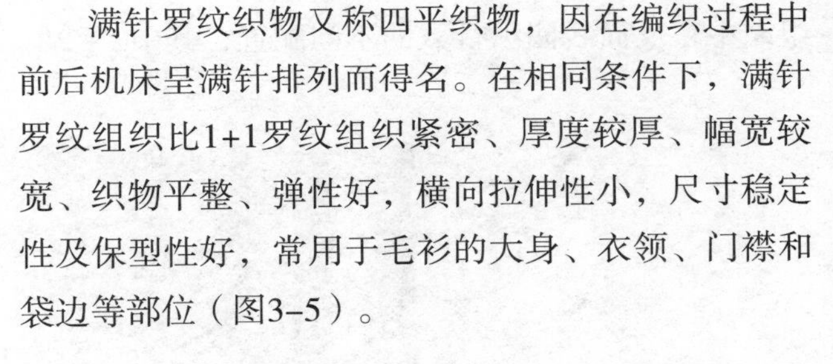

满针罗纹织物又称四平织物，因在编织过程中前后机床呈满针排列而得名。在相同条件下，满针罗纹组织比1+1罗纹组织紧密、厚度较厚、幅宽较宽、织物平整、弹性好，横向拉伸性小，尺寸稳定性及保型性好，常用于毛衫的大身、衣领、门襟和袋边等部位（图3–5）。

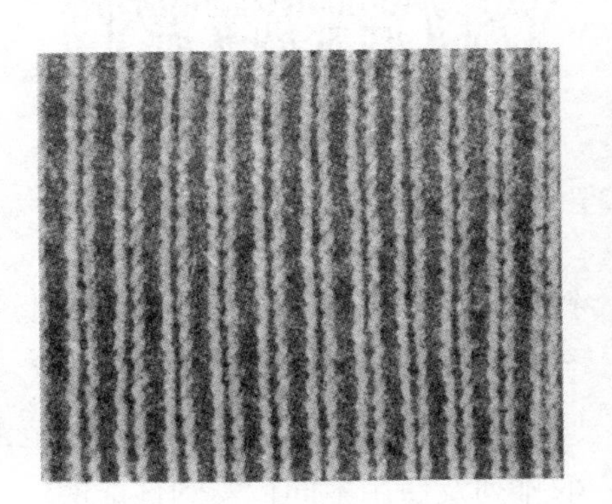

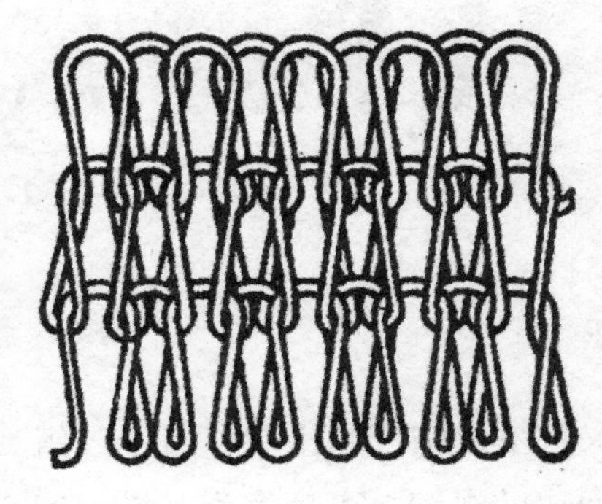

图3–5　四平组织

（三）1+1罗纹组织

1+1罗纹组织又称单罗纹，是由正反面线圈纵行交替配置而成的。

织针排列：前后针床一隔一成交叉排列。

罗纹组织在自由状态下，织物的两面都只能看到正面线圈的纵行，只有在拉伸的情况下才能看到被遮盖的反面线圈纵行。罗纹组织的这种特性使得罗纹织物蓬松柔软、具有较大的弹性和横向延伸性。由于1+1罗纹组织中的卷边力彼此平衡，因此不会发生卷边现象。1+1罗纹只能沿着逆编织方向脱散。该组织常用于毛衫的领口、下摆、裤口、袖口等弹性要求高的部位及衣片的起始横列（图3–6）。

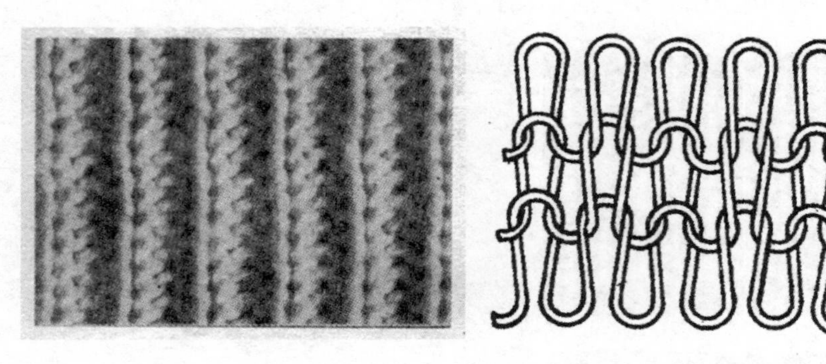

图3–6　1+1罗纹组织

（四）2+2罗纹组织

2+2罗纹组织在双针床上编织，二隔二排针。其罗纹组织具有高横向延伸性和弹性的特点，延伸性一般比平针织物大一倍。

罗纹织物的横向延伸性和弹性取决于一个完整组织中正反面线圈纵行数的不同配置，其中2＋2罗纹组织的横向延伸性最大，是毛衫下摆、袖口常用的组织。除1+1罗纹组织外，其他任何罗纹组织逆编织和顺编织方向都可以脱散，而且都具有不同程度的卷边性。罗纹织物还具有呈纵向凹凸条纹的外观，广泛被应用于女装的设计当中，其富有弹性的特点使得衣服穿着后纵向条纹随人体形态而变化，能够衬托出人体的自然美（图3–7）。

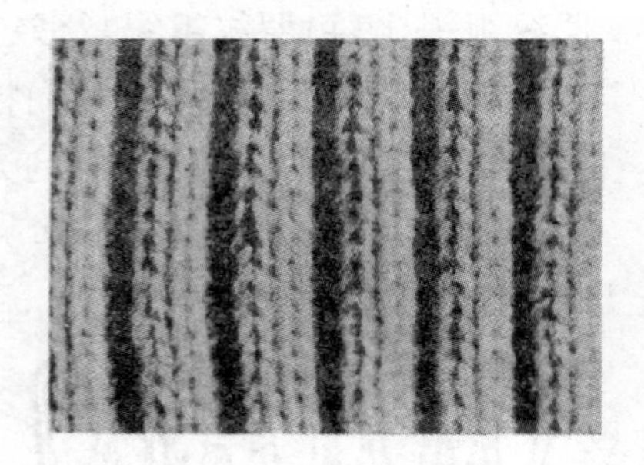

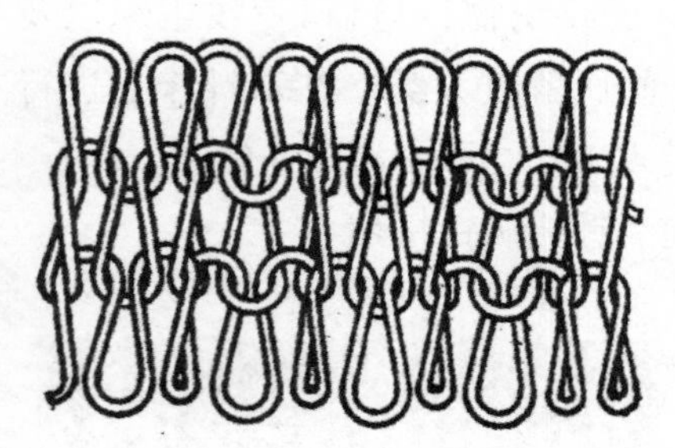

图3–7　2+2罗纹组织

（五）四平空转组织

四平空转组织又称罗纹空气层组织，是罗纹组织与平针组织复合而成的组织，可理解为一横列四平与一横列管状组织的组合。其特点是正反面的平针组织无联系，呈架空状态，比罗纹组织厚实，有良好的保暖性，横向延伸性小，形态较稳定（图3–8）。

（六）集圈组织

单针床单面集圈织物又称平针胖花织物。在单针床上编织，织针排列，前针床上采用高低织针组合排列，排配比例视花型要求而定。

集圈组织的花色较多，适用范围广，利用集圈的排列及使用不同色彩和性能的纱线，可编织出表面具有图案、闪色、孔眼以及凹凸等效应的织物，使织物具有不同的服用性能与外观。但由于集圈组织的长线圈的存在，织物强力会受到影响，且易横向扩展。集圈组织的脱散性较平针组织小，但容易抽丝。由于集圈的后面有悬弧，所以其厚度较平针组织与罗纹组织厚，而它的横向延伸性较平针组织、罗纹组织小（图3–9）。

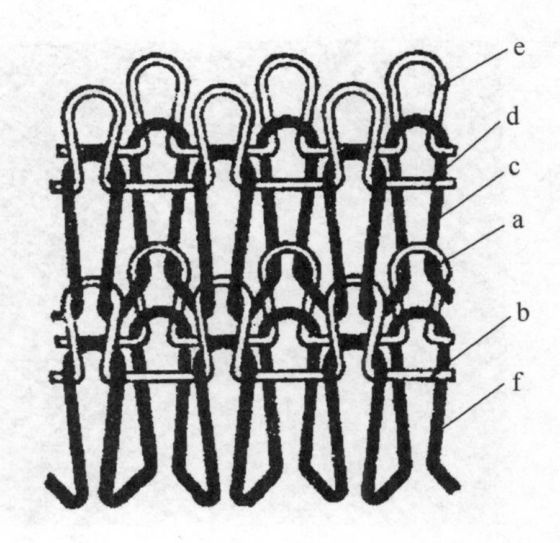

图3-8　四平空转组织

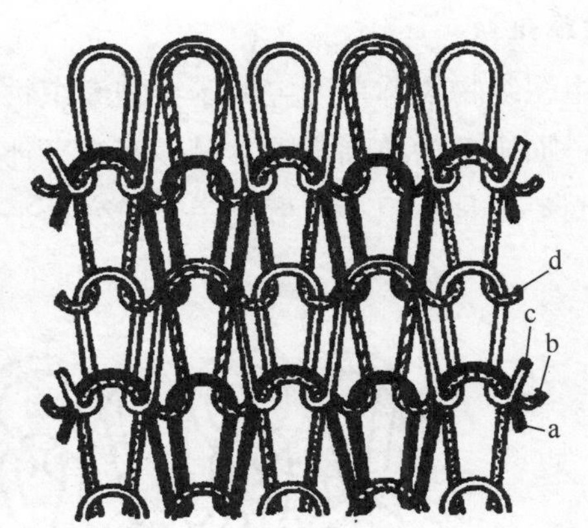

图3-9　集圈组织

（七）扳花组织

扳花组织的学名叫波纹组织，以移动针床的手段，使线圈产生交叉编织而成。

织针排列：后针床满针排列，前针床织针采用二隔六排针。编织方法同四平织物，三角全部参加工作。每半转扳一次，连续十次，转向再扳十次，复位，依次循环。

波纹组织织物的倾斜线圈是根据波纹花型的要求，在横机上移动针床所形成，倾斜线圈按各种方式排列在织物表面，得到各种曲折花型和其他各种图案。用于波纹组织的基本组织是各种罗纹组织、集圈组织和其他一些双面组织，由于所采用的基础组织不同，波纹组织的结构和花纹也不同。

利用波纹组织织物的结构可以产生各种不同的装饰针织毛衫的效果。波纹组织织物是通过反复左右移动后针床的位置，来得到纵向线条的类似波纹状的凹凸曲折的图案。折线的长度由织物的行数决定而方向由下针床的移动方向决定。采用的基本组织不同则可以改变织物的具体外貌。波纹组织织物具有一定的厚度，变化丰富，常用于针织毛衫领口、袖口的装饰，也可为全身编织图样（图3-10）。

（八）双鱼鳞组织

双鱼鳞组织又称畦编组织织物，也有的称双元宝针，一般在横机上是以罗纹组织为基础，采用无脱圈（无弯纱法）编织的集圈织物，有半畦编组织和畦编组织两种。

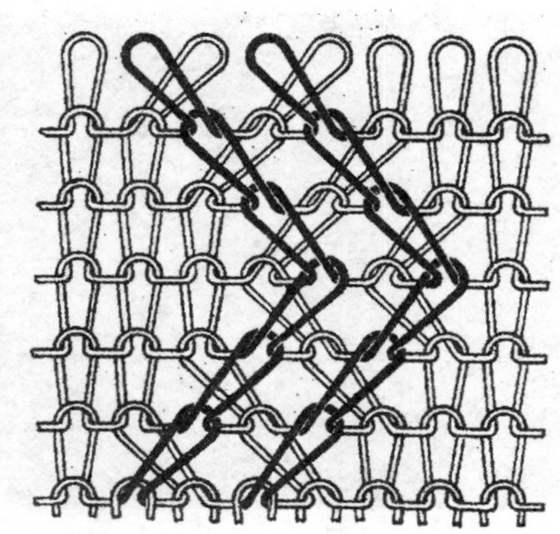

图3-10　扳花组织

1. 半畦编组织

半畦编组织织物俗称单元宝针。半畦编织物的组织结构，一面全部为单列集圈，另一面为平针线圈。单列集圈一面是编织一转形成一个横列；平针线圈一面是编织一转两个横列线圈，其中与单列集圈一面的悬弧同时编织的那一横列的线绷成圆形状，并覆盖着另一个横列的线圈（图3-11）。

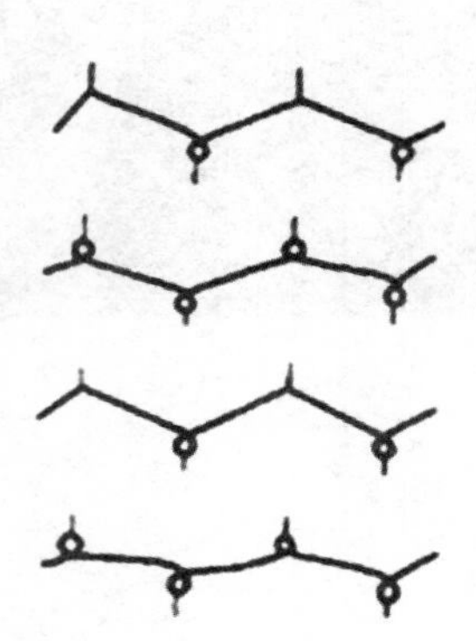

图3-11　半畦编组织的线圈结构和编织图

2. 畦编组织

畦编组织织物又称全畦编组织织物，俗称双元宝针。畦编织物的两面线绷上都含有一个悬弧，而且这种织物的两面都是一转一个横列（图3-12）。

利用畦编组织织物的结构可以产生各种不同的装饰针织毛衫的效果。畦编织物的性质与扳花组织基本相同，但由于形成集圈的方法不同，畦编组织织物上的悬弧比扳花组织小，畦编组织织物可以采用抽条和扳花等来增加花型（图3-13、图3-14）。畦编组织织物由于具有丰厚、柔软、悬垂性好、外表美观等优点，因此其是针织毛衫上常用的织物组织，通常用于设计婴儿、幼儿及男女装套衫等。采用1+1罗纹排针所编织的畦编织物，由于其具有优良的悬垂性，故常用做各类宽松毛衫的组织结构。

（九）提花组织

提花组织是按照花纹要求，纱线在线圈横列内有选择地以一定间隔形式形成线圈的组织，纱线在不成圈处，一般呈浮线留在织物的反面。

织针排列：满针，采用单针床编织。

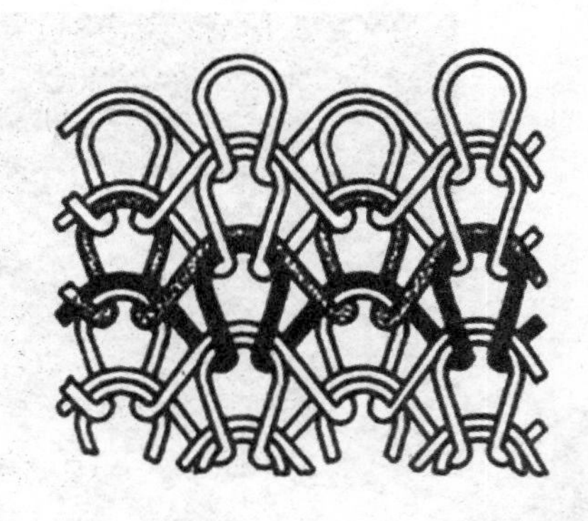
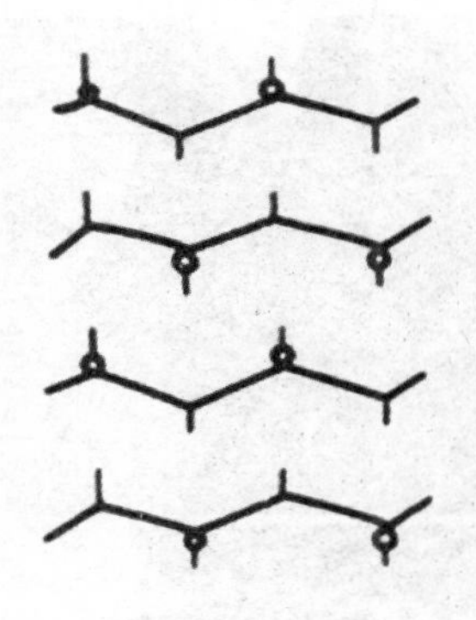

图3-12　畦编组织的线圈结构和编织图

图3-13　元宝扳花的效果图

图3-14　元宝抽条的效果图

提花组织是将不同颜色的纱线垫放在按花纹要求所选择的某些针上进行编织成圈而形成的一种组织，具有织物较厚实，不易变形，延伸性和脱散性较小，有良好的花色效应等特点。

提花织物根据组织结构，可分为单面提花和双面提花两大类。提花组织形成的各种花型，具有逼真、别致、美观大方、织物条理清晰等优点（图3-15）。

嵌花织物又称单面无虚线提花织物，是指用不同颜色或不同种类的纱线编织而成的纯色区域的色块，相互连接镶拼成花色图案组成的织物。每个纯色区域都具有完好的边缘，且不带有浮线。组成纯色区与色块的织物组织除了可以采用纬平针、1+1罗纹、双反面等基本组织外，还可以采用集圈、绞花等花色组织（图3-16）。

（十）空花组织

空花组织的学名叫纱罗组织，又称挑花织物。是在纬编基本织物的基础上，根据花型要求，在不同针、不同方向进行线圈移位，构成具有孔眼的花形，因此，挑花织物又称起孔织物。挑花织物有单面和双面两种。

1. **单面挑花组织**

单面挑花织物是指以单面织物为基本结构，按花形图案将线圈移圈而成的织物。利用自动机械或手工的方法按照花型示意图的要求进行移圈，这样在编织的过程中逐步移圈，便能织出这种单面挑花织物（图3-17）。

图3-15　提花组织的效果图

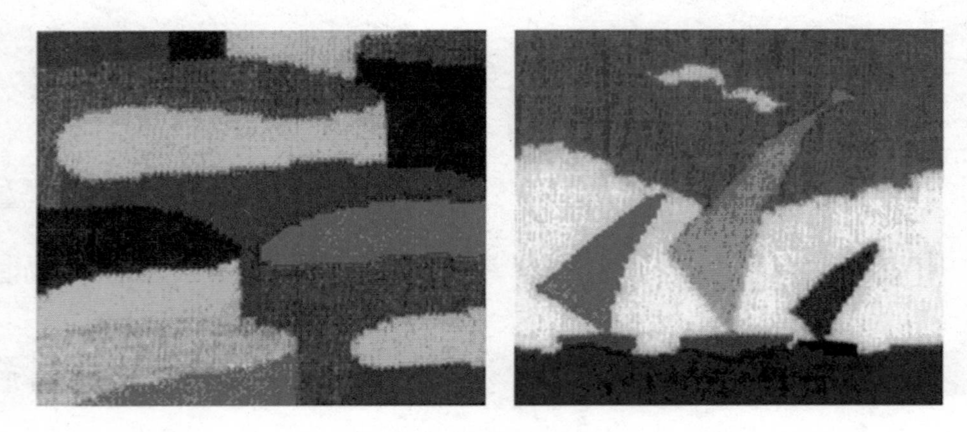

图3-16　嵌花织物的效果图

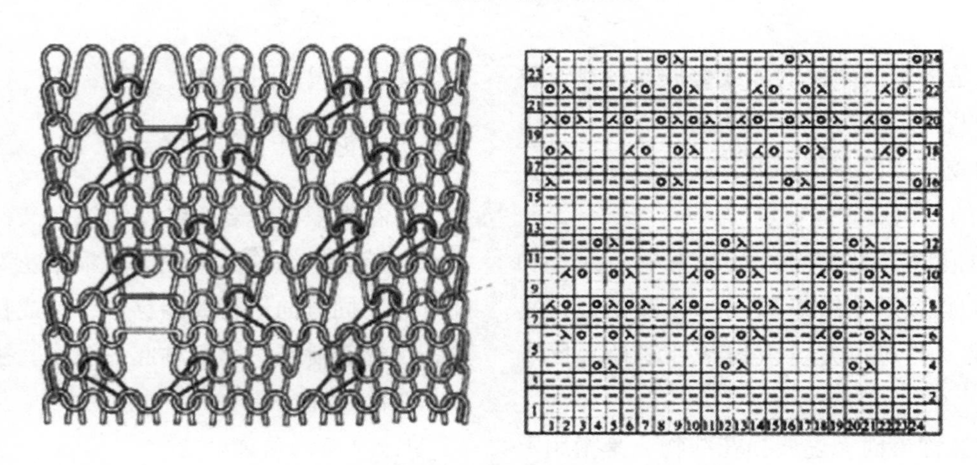

图3-17　单面挑花组织的线圈结构图与意匠图

单面挑花组织的外观效果：单面挑花组织织物的制作是利用手工或机械转移线圈而织成，由于线圈被移开，织完下一行的时候，移开的部分就显现出孔洞的效果。用机械编织单面挑花组织织物是利用机械来进行选针，利用单位长度里的循环移圈和各行之间的组合来达到出现规律性的镂空图案。根据不同的编织机类型，受到了横向针数的限制。手工编织单面挑花组织织物是在编织机上编织纬平针织物，需要出现花型的地方则由手工移动线圈，特点是可以完成针数较大的独立花型，但是对于重复性高的大面积挑花织物来说就比较费时费力。单面挑花组织织物具有轻便、美观、大方、透气性好等特点。挑花工艺还可以形成特殊的漏针效果，就是挑走了的针不补上，漏针处形成了长距离的连线效果（图3-18）。

图3-18 单面挑花组织的效果图

2. **双面挑花组织**

双面挑花组织织物是指以双面织物为基本结构，按花形图案将线圈移圈而成的织物。其花型常以单针床编织为主，配以另一针床上的织针进入编织，集圈或退出工作来得到花色效应。双面挑花组织织物比单面挑花组织织物的花形变化更丰富，其也具有轻便、美观、大方、透气性好等特点。这种组织结构可以用来设计极具女性化特征的服装。

（十一）毛圈组织

毛圈组织是由平针线圈和带有拉长沉降弧的毛圈线圈组合而成的一种花色组织（图3-19）。其结构单元为毛圈线圈＋拉长沉降弧的毛圈线圈（图3-20）。

图3-19 毛圈组织效果图

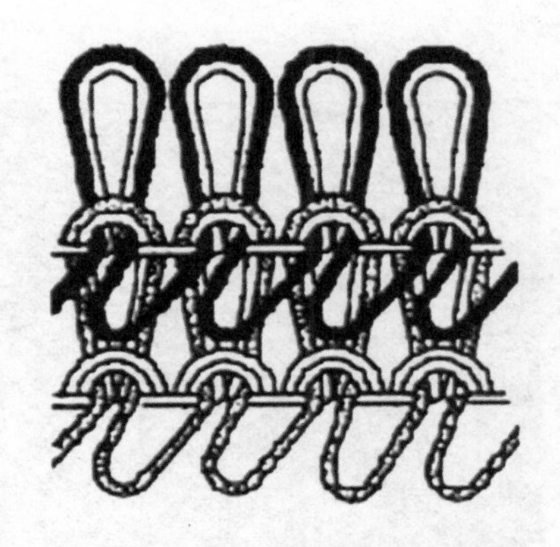

图3-20 单面毛圈组织线圈结构图

毛圈组织有普通毛圈组织和花式毛圈组织。

1. **普通毛圈组织**

定义：普通毛圈组织是指每一只毛圈线圈的沉降弧都被拉长形成毛圈。

分类：有满地毛圈、正包毛圈、反包毛圈。

（1）满地毛圈：把每一路每枚针都将地纱和毛圈纱编织成圈而且使毛圈线圈形成拉长的沉降弧的结构。非满地毛圈则与之相反。

（2）正包毛圈：地纱线圈显露在织物正面，并将毛圈纱线圈覆盖的一种形式。其优点是能防止在穿着和使用过程中毛圈纱被从正面抽出，尤其适合于要对毛圈进行剪毛的天鹅绒类织物。

（3）反包毛圈：毛圈纱线圈显露在织物正面，将地纱线圈覆盖住，而织物反面仍是拉长沉降弧的毛圈。其优点是可以对正反两面的毛圈纱进行起绒处理，形成双面绒织物。

2. 花式毛圈组织

定义：花式毛圈组织是指通过毛圈形成花纹图案和效应的毛圈组织。

分类：有提花毛圈组织、浮雕花纹毛圈组织、高度不同的毛圈组织、双面毛圈组织等。

（1）提花毛圈组织：每一线圈横列除了有地纱外，还有两根或两根以上的毛圈色纱。它可以是满地或非满地毛圈结构。

（2）浮雕花纹毛圈组织：毛圈可以在织物表面形成浮雕花纹效应，为非满地毛圈结构（图3-21）。

图3-21 具有浮雕效果的毛圈组织

（3）高度不同的毛圈组织：形成毛圈花纹与浮雕毛圈相似，不同之处是平针线圈由较低的毛圈来代替。

（4）双面毛圈组织：指织物两面都形成有毛圈的一种组织。由三根纱线编织而成。其外观呈凹凸效应，花色毛圈组织除色彩图案外，毛圈仅在一部分线圈中形成，因此织物具有较强的凹凸感。

二、组织结构设计原则及应用技巧

（一）组织结构设计原则

针织毛衫的组织结构设计是整个毛衫设计的基础，它应考虑各种组织特性和款式及服用要求来进行。毛衫款式、配色相同，但织物的组织结构不同，其形成的花形款式和服用特性也不同，因此，针织毛衫组织结构的设计十分重要。

1. 熟悉织物组织特性

在进行毛衫的组织结构设计时，首先必须熟悉各种织物组织的特性。如罗纹组织，它的横向具有较大的延伸性和弹性，只能逆编织方向脱散，不卷边，因此适宜做边组织，一般用于编织下摆、袖口、领口等处；同时也可用于编织弹力衫或与其他组织配合形成各种款式的服装。

2. 组织特性与毛衫款式及服用要求结合

在毛衫的组织结构设计时，要将组织特性与毛衫款式及服用要求结合起来。如设计春秋裙装时，款式要求其织物应具有滑糯、悬垂性好的特点，因此可选用纬平针及其他单面组织的织物；设计冬季毛衫服装时，则要求采用保暖性较好的组织，如空气层、毛圈、长毛绒等类组织。

3. 考虑服用场合

在进行毛衫的组织结构设计时，还需要考虑毛衫的服用场合，如用于工作服的毛衫，其织物可多采用基本组织；而用于休闲场合服用的毛衫，其组织可多采用花色组织和肌理风格突出的组织。

4. 组织肌理与毛衫整体风格相协调

毛衫时装化的要求促使在进行毛衫的组织结构设计时，还须将组织肌理与毛衫整体风格协调起来。简洁的服装风格就要选择表面效果比较平面的、花色不明显的组织肌理，相反粗犷的休闲风格则要选择有丰富的立体效果的组织肌理来表现。

以上是组织结构设计所要遵循的原则。但是社会发展到今天，艺术出现了多种形式，尤其是20世纪30年代以后，西方社会出现了后现代主义。后现代主义没有明确的美学主张，他们破坏现代主义建立起来的审美标准，表现形式非常自由，没有特定的风格，随时可以将任何时代、任何艺术形式运用于自己的作品中，同时也不排斥其他的艺术形式，

图3-22　镂空毛衫与荷叶边

图3-23　绞花组织有其独特的肌理效果

图3-24　提花组织主要表现在针织毛衫的图案上

具有包容性。他们可以将各种不相关的事物放在一起，而不用考虑连贯性、审美原则。这种思潮也融入到服装设计领域，设计师们在进行组织结构设计时，可以对组织进行拼凑、随意拉散等破坏性处理，甚至在设计时抛弃服装功能性这一传统的原则，随心所欲。所以组织的肌理设计也可以运用后现代主义的理念进行设计。

当然实用的产品设计还是应该遵循形式美法则，但每种产品的设计又不只是单纯的形式美，它依赖于与产品有关的其他内容。针织毛衫组织结构的设计也是如此，它的形式美是一种依存美，它的形式美设计还必须与毛衫服用功能、组织工艺操作可行性结合起来，才能成为实用的组织结构设计。

（二）组织结构应用技巧

毛衫的组织结构设计是整个毛衫设计的基础，它是根据毛衫的款式和服用要求等来进行设计的。进行毛衫组织结构设计时，必须熟悉各类毛衫织物组织的结构、编织原理及组织特性，并将组织结构与款式、配色及服用要求相结合，才能设计出受大众欢迎的毛衫。

1．常见组织结构设计及应用

毛衫服装的织物组织有：平针、满针罗纹（四平）、罗纹、罗纹半空气层（三平）、罗纹空气层（四平空转）、棉毛、双反面、集圈（胖花、单鱼鳞、双鱼鳞）、提花、抽条、夹条、绞花、波纹（扳花）、架空、挑花、添纱、毛圈、长毛绒以及综合花型等各类组织。下面着重介绍几种常见组织结构的设计及应用。

（1）纬平针组织：是最常见、最简单的组织，通过纱线和色彩的变化即可获得丰富的效果。纬平针组织在市场上的毛衫设计中应用很广泛，即使没有过多变化，也平实简洁。在后期的制作工艺中，装饰手段也非常重要。常见的有镶边、刺绣、加蕾丝，或者在领口、袖口、下摆、门襟等部位增加装饰效果，还可以用水钻、珠片等小的装饰品对简洁的针织毛衫进行增色。同时平针也经常和其他的组织组合运用，比如平针和罗纹、平针和绞花、平针和挑孔等，变化丰富，应用广泛，易于被广大消费者接受。

正反针组合产生的变化也很多。例如可以根据意匠图作具象的图案；也可作大块面的组合，充分利用正针凹反针凸的特点，形成另一种风格。平针组织在正反针床上作规律变化，四隔四针交替排列于正反针床，编织四行作一次正反织针的变换。图案的大小可根据具体设计风格变化，应用于毛衫上，简单中透出几分俏皮，为广大青年消费者所喜爱。

平针的卷边效果明显，可以利用这一缺陷，将卷边运用于毛衫的领口、袖口、底边，自然活泼。合理利用针织物的卷边性来设计针织毛衫，在毛衫上形成花型或与其他组织结构搭配组合，将会产生独特的外观效果。

（2）罗纹组织：罗纹组织由于产生了条状效果而具有丰富的变化。常见的满针罗纹、1+1罗纹、2+2罗纹由于具有良好的收缩性，常用于领口、袖口、下摆等部位，具有良好的保型性；应用于衣身，贴体修身，具有拉长效果，但不适宜很瘦的人穿着。宽窄不同的罗纹组合，产生活泼跳跃的节奏感；不同方向的线条相互穿插组合，韵律感很强。

罗纹的收缩性能，运用在毛衫造型方面，也有很好的效果。例如，腰部编织较宽的罗纹组织将整个毛衫的外形变得更时尚，女性穿着甜美；还可用于袖口、裤口，根据设计合理选择罗纹长度。罗纹在女装、男装中的应用都非常广泛。罗纹的线感以及简洁的款式设计，可以充分体现男子的刚劲挺拔、豪爽开朗。还可以采用贴体型、半贴体型以及直筒型等，贴体型毛衫的线条矫健有力、直筒型毛衫的线条明快大方、半贴体型则介于两者之间。无论线条采用哪种组合，都要注意以衬托男子的体型和气质为目的，切忌繁琐和花哨。

（3）网眼组织：网眼组织与女性化风格总有扯不开的联系。网眼和其他组织如平针、罗纹的组合运用，既体现了多样化的风格，同时保型性又有了很大的改善；碎点镂空与罗纹组织的间隔应用，配以罗纹大翻领，更能衬托出女性的成熟妩媚。

根据挑孔的方法不同以及方向多变，使得韵律感很强，变化也很丰富。加上异色线条、镂空所导致的线圈受力不均所产生的波纹感表现得更加强烈，使镂空毛衫又多了几分俏丽。网眼组织可根据毛衫的款式要求不同，选择横向编织或纵向编织，市场上也多见横向编织的挑孔毛衫。将其反面作为正面使用，而且在挑孔的同时，结合集圈组织，备受当今时尚青年的喜爱。将网眼扇贝边运用在针织毛衫的袖口或底边（图3-22），更增添女性精致柔美的气质。结合喇叭袖设计，又形成了另一种非常古典的风格。

（4）绞花组织：通过相邻线圈的相互移位而形成的绞花组织，其独特的肌理效果，一直受到设计师的青睐。同方向位移可产生旋转扭曲的效果，不同方向扭曲，根据方法的不同，效果也很多样，丰富有趣。绞花结构常用于衣身、袖子等明显部位。将绞花组织相邻的线圈设计为反针，绞花的立体感将更强，花型也更清晰。近几年，田园风格、温馨风格流行。用粗毛线配合绞花织出的原始粗犷的效果，将这一风格演绎得淋漓尽致。阿兰花即使只是菱形图案，也可千变万化，局部造型图案比全身同一图案更显个性。如衣身局部的阿兰花，在菱形中间运用网眼或正反针，根据设计风格灵活运用，大大丰富了阿兰花的表达语言。

根据选择纱线粗细的不同，以及移位线圈数目的差别，绞花所产生的效果也不一样。纱线越粗，位移线圈数目越多，绞花扭曲的效果就越强烈，风格效果越突出。绞花组织常和平针、罗纹这类组织搭配使用，效果亦很强烈，市场上也很多见。以素色毛线编织的宽松款式，衣身采用平针、罗纹及绞花的组合（图3-23），共同谱写出休闲的风格。

（5）提花组织：提花是针织毛衫中表现花色图案效果的重要组织，它的立体感和清晰感是印花面料所无法比拟的，也为设计师设计个性十足的服装提供了取之不尽的灵感来源。市场见到的花色图案毛衫也多为提花织物。

在设计提花图案时，要充分考虑针织工艺与设计效果。单面提花织物由于在背面产生浮线，容易钩挂物体，故不宜在袖口等处运用，同时其横向延伸性较小，织物一般比较厚实，难以表达轻薄效果；双面提花织物，则背面不存在长浮线问题，即使有也是被夹在正、反面线圈之间。复杂的提花图案不可避免地会提高毛衫的整体价位。对称是设计针织服装款式中不容忽视的手法，以视觉惯有的平衡方法，通过色彩和面料间的叠加可以产生丰富的层次感和美感（图3-24）。

2. **流行的组织结构设计**

不同的组织可以形成各种肌理效应，平坦、凹凸、纵横条纹、网孔等丰富多彩的外观，是毛衫不同于其他梭织服装的最大的一个特性，相当于梭织中对于面料的再造手段，为毛衫设计提供了极大的空间。织物组织风格与毛衫整体风格相结合是最基本的要点，当然也可以充分利用对比的效果。组织的某些物理机械特性，如平针的卷边可起到装饰作用；罗纹的条纹效应和不同罗纹组织之间的疏密效果，在设计中起到视觉引导的作用，塑造出一种流线动感的风格。花样组织的一些使用手法，如较密的钩花组织表现出奢华、浪漫的风格，较密的平针组织则通常塑造出有质感、硬挺的感觉；细密元宝针能做出轻盈飘逸的荷叶边，复杂和漂亮的卷边结构花型与其他质地面料混合，能创造出简洁明快、优雅质朴，适应时代的风格。

对于组织结构的设计，往往是两种或几种基本组织的混合搭配，变化丰富，效果往往出人意料。如今新式纱线层出不穷，电脑横机又为复杂花型的开发提供了有力的技术支持。花型设计师只有在熟悉各类毛衫织物组织的结构、编织原理及组织特性的基础上，迎合当季的流行趋势，将这些元素巧妙结合运用，才能设计出深受消费者喜爱的新式花型（图3-25~图3-32）。

图3-25 线圈偏移及抽针形成的特殊外观

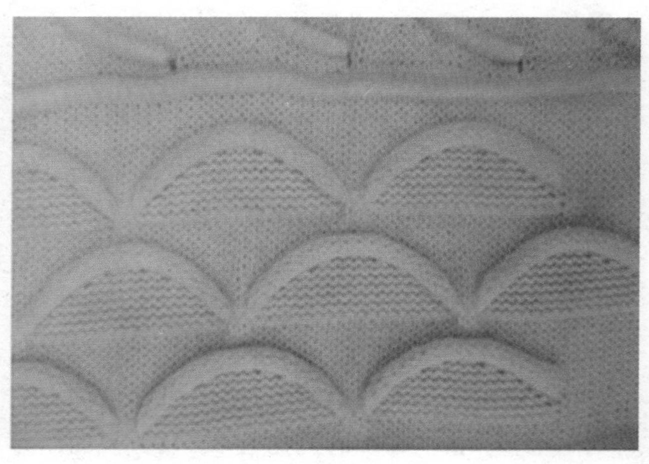

图3-26 开口凸条，利用平针组织的卷边性，形成有韵律感的凹凸效果

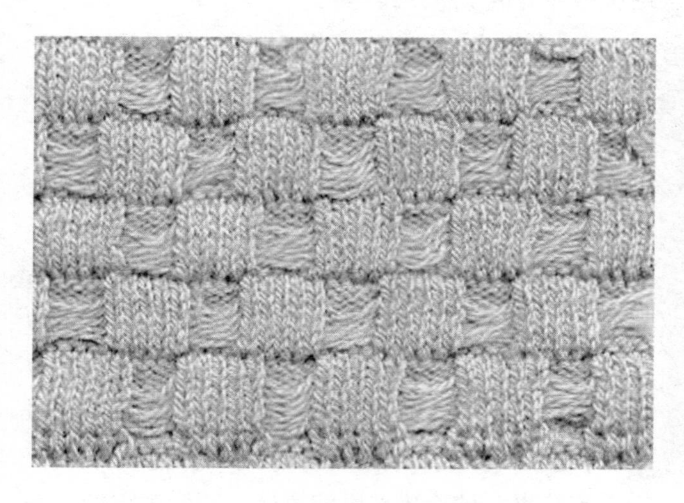

图3-27 平针正反面交替编织及浮线的运用形成有规律的图案

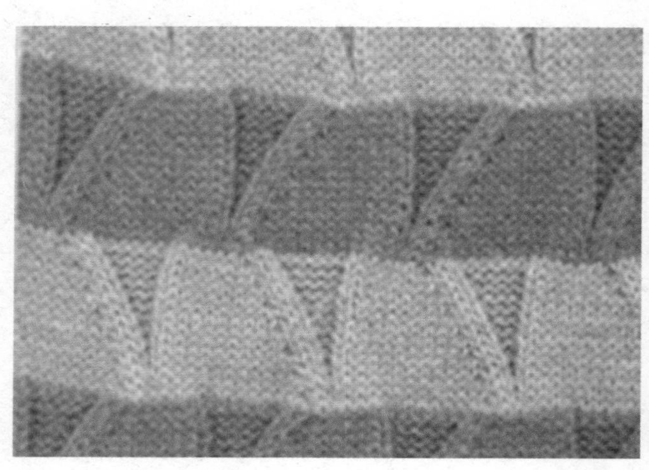

图3-28 线圈偏移及有规律的反针运用形成树叶状图案

图3-29 抽针浮线形成通透效果，结合扳针产生曲折线感效应，使织物简单中充满节奏

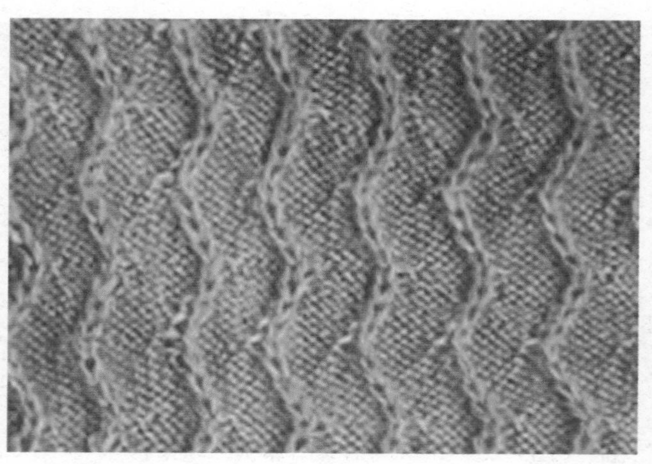

图3-30 反针组织作底，突出的正针做偏移效果，具有流水线感

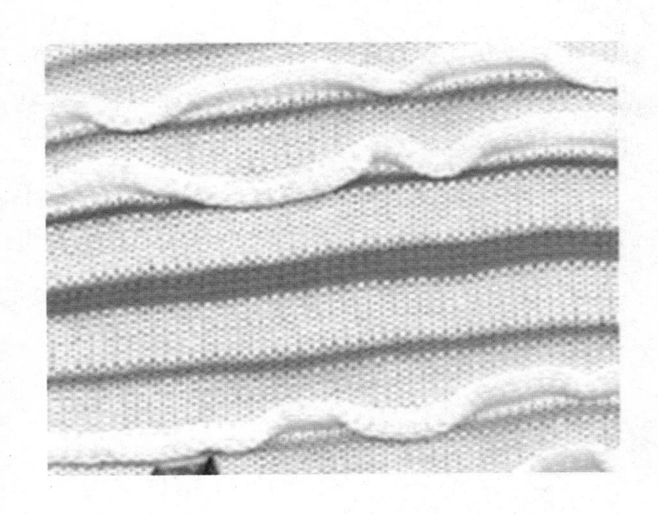

图3-31　利用平针的卷边效果结合宽窄不一的彩色横条，充满了趣味性

图3-32　不同纱线的运用，使浮线颇具羽毛状外观

第三节　造型

服装造型是指服装在形状上的结构关系和穿上的存在方式。包括外部造型和内部造型，也称整体造型和局部造型。点、线、面、体，是一切造型的基本要素。

针织毛衫相对于其他针织服装和梭织服装而言，它有很大的特殊性。在设计方法、设计元素、工艺设计方面，都有其独自的一个体系。这些特殊性决定了其造型的变化多样。

一、针织毛衫的外轮廓造型设计

廓型，又称轮廓线或造型线（silhouette），意思是侧影、轮廓，是服装抽象的整体外形。服装的外轮廓是指穿上服装后整个人体的外在形状。它是服装造型的基础，它摒弃了各局部的细节、具体结构，充分显示了服装的效果。轮廓线必须适应人的体型，并在此基础上用几何形体的概括和形与形的增减与夸张，最大限度地开辟服装款式变化的新领域。服装造型的总体印象是由服装的外轮廓决定的，它进入视觉的速度和强度高于服装的局部细节。服装的造型是由轮廓线、结构线、零部件线及装饰线所构成，其中以轮廓线为服装的根本造型。针织毛衫的外轮廓不仅表现了服装的造型风格，也是表达人体美的重要手段。

针织毛衫的造型，就是借助于人体基础以外的空间，利用面料特性和制作工艺手段，塑造一个以人体和面料共同构成的立体的服装形象。

（一）针织毛衫廓型的分类

针织毛衫廓型基本以字母型和物态型表示法最为多见，它们具有简单明了、易识易记的优点。另外，还有几何型、体态型等表示法，但相对用得较少。

1. **字母型**

以字母命名服装廓型是法国服装设计大师迪奥首次推出的。从服装史中可以看出，轮廓线的变化是丰富多彩、千姿百态的，但归纳起来无非是H型、A型、T型、X型等，而且都已成为当前时装设计的典范。其他廓型都是在这些廓型的基础上演变或综合它的特点进行设计的。这里将目前较为常用的廓型分述如下：

（1）H型：也称矩形、箱型或桶型，整体呈长方形，是顺着自然体型的廓型，通过放宽腰围，强调左右肩，从肩端处直线下垂至衣摆，给人以轻松、随和、舒适自由的感觉。H型服装具有修长、简约、宽松、舒适的特点。

在针织毛衫中，H型的廓型是最常见的，通常采用四平组织来体现宽松随意的休闲风格（图3–33）。

（2）A型：也称正三角外形，主要是通过修饰肩部，夸张下摆线形成的，由于A型的外轮廓线从直线变成斜线而增加了长度，进而达到高度上的夸张，是一般女性喜闻乐见的，具有活泼、潇洒、流动感强和充满青春活力的造型风格。如大衣、无袖连衣裙、婚纱类服装等。

在针织毛衫中，A型廓型深受女士喜爱，它不需要裁片，利用针织毛衫所特有的组织结构，即可形成自然的A型外轮廓（图3–34）。

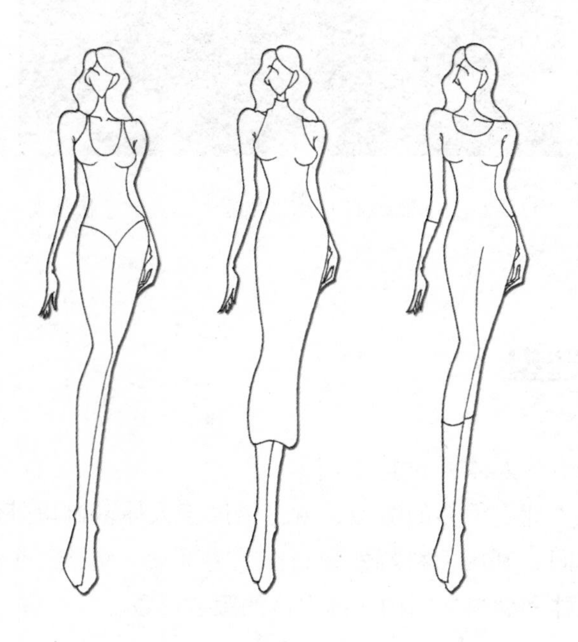

图3–33　H型

图3–34　A型

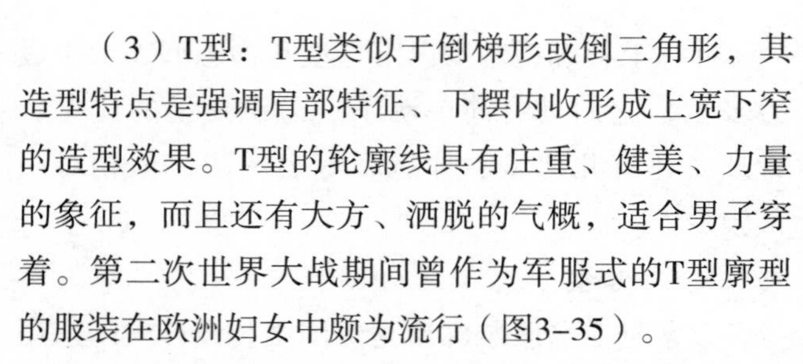

（3）T型：T型类似于倒梯形或倒三角形，其造型特点是强调肩部特征、下摆内收形成上宽下窄的造型效果。T型的轮廓线具有庄重、健美、力量的象征，而且还有大方、洒脱的气概，适合男子穿着。第二次世界大战期间曾作为军服式的T型廓型的服装在欧洲妇女中颇为流行（图3–35）。

中性的T型廓型近两年在毛衫中较为流行，特别是在休闲女装毛衫中较常见，简单的款式、硬朗的结构，在中性中又不失女性的妩媚。

（4）X型：X型廓型的线条是最具女性特征的线条，其造型特点是根据人的体型，塑造稍宽的肩部、收紧的腰部、自然的臀形。X型线条的服装具有柔和、优美、女人味浓的性格特征。在淑女风格的服装中这种造型用得比较多，在针织毛衫中比较合体的紧身毛衣是典型的例子，特别是细坑条的针织毛衣（图3–36）。

毛衫结构的变化含整体结构变化和局部结构变化。整体结构的变化也是基础造型的变化，以H、A、T、X这几种基础的字母造型为核心，可以变化出千姿百态的造型来。

2. 几何型

轮廓线必须符合人的体型，在此基础上用几何形体来进行概括，并加以增减与夸张的手法来开辟针织毛衫款式变化的新领域。服装是以人体为基准的立体物，是以人体为基准的空间造型，因此必然要随着人体四肢、肩位、胸位、腰位的宽窄、长短等变化而变化，即受人体基本形的制约。就设计师而言，由于对人体的观察角度不同，对廓型的构思也不同。从几何型的角度说，它可以概括为圆柱体、正圆锥体和倒圆锥体等。在此基础上，还可以运用以上形体的组合、套合、重合、增减、方圆体的转换组合等现代立体构成的基本方法来变化服装

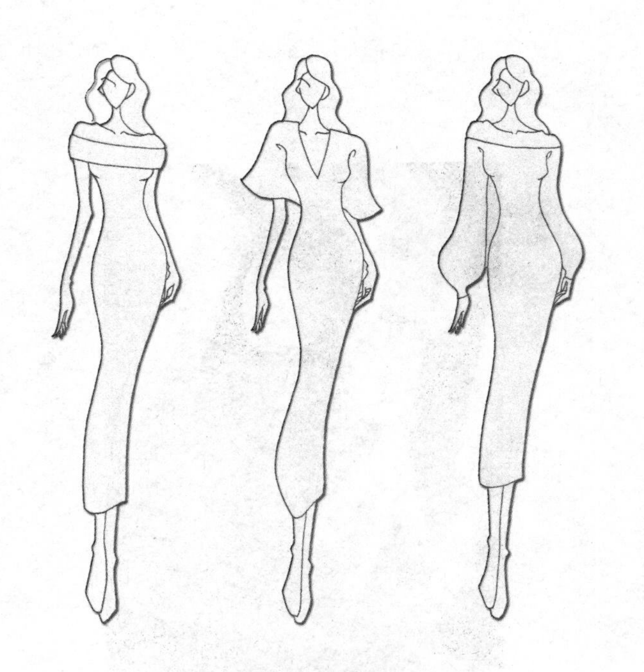

图3-35　T型

图3-36　X型

立体的基本形（图3-37）。

3. **物态型**

剪影的效果应该不难想象，我们可以利用剪影的方法变成平面的形式，再通过联想法把服装外形想象成某个物态形式。服装设计师，必须具备丰富的想象力和独特的创造力。我们在设计一件毛衣时可以先把它的外轮廓抽象为腰鼓型、火炬型、喇叭形、郁金香型等， 再进行深入的细部设计。这里将目前较为常见的物态型服装外轮廓造型分述如下：

（1）腰鼓型：形状似竖立起来的腰鼓，中间膨胀，两头较小。此廓型多为隆起式的连衣裙。1990年流行的蚕茧式的设计，即属此种廓型。

（2）火炬型：主要通过上衣、下装的搭配来体现，宽而短的上衣与窄裙相配，就是这一廓型。在设计时，要求肩线自然，裙摆要紧束收拢才能达到较好的效果。

（3）喇叭形：廓型整体呈上紧、下松的喇叭裙状，裙摆可大幅地展开。其特点在于裙摆的处理，上身和腰线不甚强调，显得自然潇洒。

（4）郁金香型：整体的装饰造型像一枝含苞欲放的郁金香，流行的一步裙就是这一廓型的典型款式。

（5）葫芦型：由两条对称的曲线构成，有上大下小和上小下大两种形式。适用于女性服装，我国民族服装中的旗袍就是采用这种廓型。

（6）鹅蛋形：圆润的肩膀向下慢慢收窄，形成椭圆形的轮廓。由于廓型呈外弧线，有一种膨胀和扩张的感觉。

（二）针织毛衫廓型的变化规律

任何毛衫造型都有一个正视或侧视的外轮廓，这个外轮廓是我们预测和研究服装流行趋势经常提到的“廓型”。虽然针织毛衫外轮廓造型变化丰富多彩，千姿百态，但是其变化也是有规律可循的。

毛衫的造型往往是根据面料的性能、材质和表面的风格来确定的，面料的作用在造型中具有绝对的主导地位，决定着毛衫的外轮廓造型。其主要原因是，面料的性质决定着服装款式、色彩风格，针织面料的风格和组织更适于简洁完整的结构形式。

针织面料因其内部的线圈结构，使其具有良好的伸缩性、柔软性、多孔性、防皱性，使得针织毛衫穿着时没有束缚感，有些还可以形成符合体型的轮廓，即具有合体性和舒适感。又由于针织物的防

图3-37 圆柱体廓型

皱和多孔、松软性质，为设计师设计宽松轮廓带来颇多灵感。服装廓型以简洁、直观、明确的形象特征，反映着服装造型的体态特点。审美心理学告诉我们，越是简单的图形，越具有醒目的视觉效应。因此，以廓型的方式反映服装造型的特色，也最合理、最简便。

1. 造型的简洁性

（1）针织服装中外轮廓线的形式，大多是直线、斜线或简单的曲线。往往在机织服装中必须采用曲线的部位，针织服装只需直线或斜线就能够达到相似的效果。

（2）从面料的性能上来说，针织服装不适宜采用过多的分割，一般不存在结构功能的分割线，因而服装的廓型就无法改变，多为H型、O型。

2. 造型的宽松性

针织物的松软、多孔的特性决定了针织毛衫的宽松外轮廓造型，穿着舒适、随意，可搭配性强。

3. 造型的统一性

当整体廓型确定下来，进行结构设计时，首先应注意内轮廓的造型风格应与外轮廓相呼应；其次内轮廓各局部之间的造型要相互关联，不能各自为政，造成视觉效果混乱。例如，尖角下摆与圆口袋、飘逸的裙摆与僵硬的袖子等，令人产生不协调的感觉（图3-38）。

图3-38 领口与下摆的造型相统一

4. 造型的可转换性

针织毛衫的基本廓型可概括为A型、H型、X型、O型等，在此基础上我们可以运用现代平面构成的原理，运用组合、套合、重合，运用方圆与曲、直线的变化和渐变转换、增减形变化等改变服装的外形。

总的说来，尽管服装外形变化较多，但它必须通过人的穿着才能形成它的形态。从服装史中可以看出，轮廓线的变化是丰富多彩的、千姿百态的，但归纳起来无非是两大类，即直线型和曲线型。直线型有H型、A型、T型、V型等，曲线型有X型、S型等，而且都已经成为当前时装设计的典范。其他廓型都是在这些廓型的基础上演变或综合它的特点进行设计的。

二、针织毛衫的内部造型设计

（一）针织毛衫的分割线设计

分割是针织服装内部造型布局的重要手法，其目的是使衣服便于开启和穿脱，同时使部位与部位、部位与整体之间产生间隔与节奏感，在保证符合比例美的前提下，增强服装的层次感和立体感，增强装饰效果，使衣服更加适体美观。

针织服装的分割线是具有结构与装饰双重性质与功能的线条。它通过比例剪割、抽裥收缩、翻折叠合、分层组合等工艺处理方法，达到各种不同的艺术效果。一般常见的分割种类有纵向分割、横向分割、斜向分割、交叉分割、弧线分割、自由分割等。

1. 纵向分割

纵向分割是指在平面上作一条竖向分割线，引导人们的视线作纵向移动，从而给人以增高感，同时平面上的宽度感也有所收缩，这是服装分割中最常见的线条之一。纵向分割具有修长、挺拔、崇高感和男性风格，在女式毛衫上则有亭亭玉立的感觉。多用于正式场合，同时因纵向分割具有高度感，最适合于矮胖体型的人选用。纵向分割线一般用于结构线、装饰线、装饰结构线和褶裥线，适合于直筒式、帐篷式、公主线型和收腰式的毛衫。

2. 横向分割

横向分割是指在平面上作一条水平分割线，引导人们的视线作横向移动，从而使平面有增宽感，也是服装分割中较常见的线条。横向分割具有宽阔、平稳、柔和感和女性风韵。在男式毛衫上则有雄健、稳重的效果。在女式毛衫设计中，横向分割线不仅可作腰节线，还可作装饰线，并加滚边、嵌条、缀花、蕾丝、荷叶边、缉明线或用色块镶拼等工艺手法，取得活泼、可爱的艺术效果。突出表现横向分割线的艺术视觉效果，使针织服装在外观上协调一致。

3.斜向分割

斜向分割的斜线倾斜程度是决定分割效果的关键。一般可在胸、肩、臀、衣领、衣袖、裙摆等部位作斜向线的分割。斜向分割线具有轻快、活泼、动静结合的特点。斜向分割可呈对称式或非对称式，具有活跃、轻盈、力度感和动感效果。运用斜线的不同斜度可创造出不同的外观效果，接近垂直线的斜向分割具有增高感，适用于矮胖者的服装分割；接近水平线的斜向分割具有增宽感，适用于高瘦者的服装分割；45° 角的斜向分割既有轻快活泼感，又能掩盖体形的不足，具有胖人显瘦而瘦人显胖的效果。

4. 交叉分割

交叉分割是指服装上的两条或两条以上的线相交，把服装分割成3个或以上的几何图形的线条。交叉分割线的艺术效果是一种视觉上的综合效果，它好比人的动作姿态所造成的各种各样的美感，给人以无穷的艺术魅力和无限的想象力。交叉分割的应用效果多种多样，既有活泼感又有稳重感，要灵活运用。

5. 弧线分割

弧线分割是通过弯曲线条的规则或不规则的表现形式，把服装分割成若干几何图形的线条。弧线分割具有柔软、丰盈、温柔感和女性风韵，多用于女式毛衫设计，能产生优雅别致的效果。

6. 自由分割

自由分割是不受纵、横、斜、弧分割类型的影响，可以自由的分割划分，并达到多种分割的自由统一的效果。自由分割包括波状线、螺旋线等较活泼、自由、富于变化的分割线。自由分割具有洒脱、自如、奔放感和多变性。它强调个性，突出风格，是多种分割线的综合运用，可以自由选择配置分割的比例和形式，通过连接、转换使服装造型更丰富多彩，但要注意遵循形式美法则，避免造成比例失调或线条混乱。

（二）针织毛衫的结构线设计

服装结构线，是构成服装组织结构和部位规格的基本线条，是服装各部件有机组合完整配备的机构成分的统称。结构线在服装上表现为各种缝合线、省缝线、肩缝线、袖窿线、褶裥线等，既是衣服裁片的连接线，又是其分割线。它往往与人的形体结构相呼应，与服装的形状直接关联。

针对针织毛衫的特殊性，与机织等其他服装相比其结构线相对来说要少一些，有些甚至没有，但这些结构线也起着非常重要的作用。针织毛衫中的省道线、褶裥线虽然外形都不同，但在构成服装时的作用是相同的，就是使服装各部件结构合理、形态美观，达到适应、美化人体的效果。

（三）针织毛衫的装饰线设计

毛衫的装饰线是指对针织服装造型起到艺术点缀及修饰美化功能的线条。按其属性可分为艺术性造型装饰线和工艺性造型装饰线。前者表现为服装款式上具有装饰功能的竖线、横线、斜线、曲线、折线、交叉线、放射线、螺旋线等，还有配色线、凹凸线、光影线、图案线、抽象线等；后者表现为毛衫款式上具体的覆肩线、镶嵌线、拼接线、车缝线或手缝明线以及抽裥线、叠裥线、花边线、拉链装饰线等。装饰线虽然与结构线、分割线紧密相关，但在本质上是不相同的，它是充分体现艺术点缀及修饰美化功能的线条，从而增添了服装造型的整体美感，特别在当今时装上应用很广泛。

在针织服装的构成设计中，既要重视服装的前半身又要注意后半身及侧面的布局，避免造成后半身单调乏味，前后失调。服装前后半身的造型，既要有主次变化，又要协调呼应。服装后半身的造型布局要根据人体的肩、背、腰、臀、腿等部位的特征，服从整体造型。而侧面造型，是表现服装立体感的重要部位。

三、针织毛衫的局部造型设计

就服装的整体而言，是一个统一的可独立品味的对象。但任何一个整体，均由许多局部而组成，局部是依附于整体而存在的。整体和局部都有各自的独立性。在针织服装设计中，服装造型是包含人体在内所组成的一个整体，其中，衣领、衣袖、口袋、下摆（衣摆、裙摆、裤摆）、门襟、开衩以及服饰配件（如领带、腰带、纽扣、鞋、帽等）等的局部变化组成了服装局部的变化，同时也影响着整体的风格变化。局部造型在产生服装外轮廓造型的基础上，运用美学形式法则，对服装某些局部进行适当的造型设计处理，使其与整体造型协调统一。

（一）领型设计

1. 领的分类

针织服装，特别是实用类的针织服装款式造型如何，衣领起着决定性的作用，“以衣领为首”。可见，领型在服装造型中的地位。衣领在结构上可分为领口和领子两个部分。领口是衣身部分空出脖颈的那个口子，裁剪上称为领窝。各种形状的无领衣服实际上是领窝的变化。而在领窝（或领口）上的独立于衣身之外的部分，通常称为领子。衣领的构成因素主要是领口的形状、领角的高度和翻折线的形态、领面轮廓线的形状以及领尖的修饰等。由于衣领的形状、大小、高低、翻折等的不同，形成了各具特色的针织服装款式（图3–39、图3–40）。

针织服装衣领的式样繁多，造型千变万化，分类和名称说法不一。

按领子的高度可分为：高、中、低领；

按幅度可分为：大、中、小及无领；

按形状可分为：方、圆、不规则领；

按穿法可分为：开门、关门、开关领；

按结构则可分为：挖领、装领两大类。

挖领包括无领和在领窝加装不翻的领边而形成的领型。装领则是在针织服装的领口部位添置各种形状的领子，其主要分为开领和关领。

2. 领型与人体的关系

领型的设计要结合人体的体型、脸型、颈部的长短和粗细、肩部造型、胸部造型等各方面。通过领型设计，对人体造型做到扬长避短，使瘦弱者变得匀称丰满，使颈部过长或过短者向正常体型靠拢，使人体各部分协调美观。

在设计过程中，人的颈部有长有短，一般领口的设计要根据颈部的具体情况而定。颈部较长的，领窝应开得高一点，以升高的领子掩盖颈的部分面积，进而减弱颈部的长感，如立领、关门领，或在领口关门处设计装饰物以及缩短头颈的延伸部位等。颈短的则与此相反，领型可设计成坦领、驳领、无领或前开领尽量开低，增加颈部的延伸感。对于颈前倾者，根据正中心线，领口也要前移，不

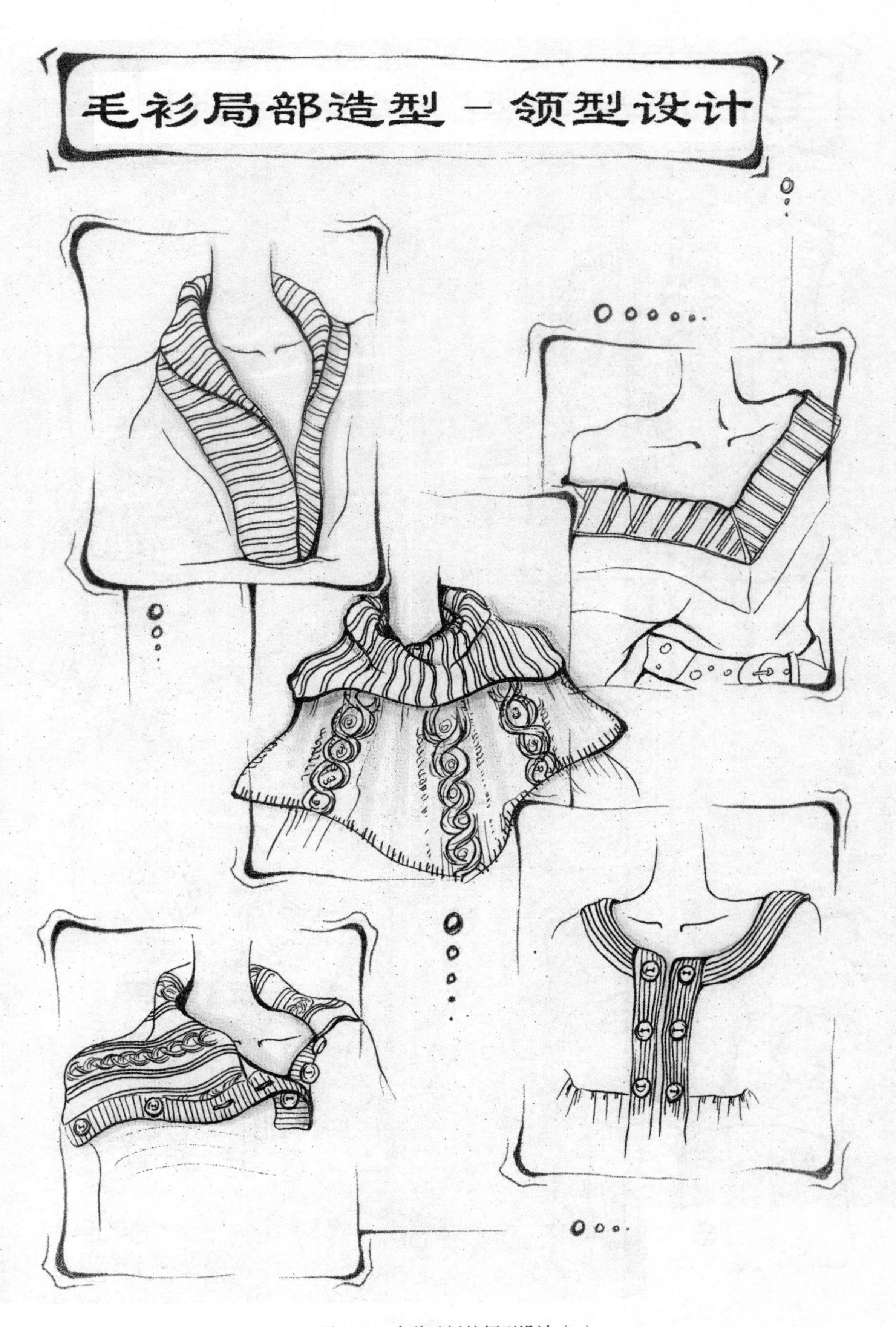

图3-39　多种毛衫的领型设计（1）

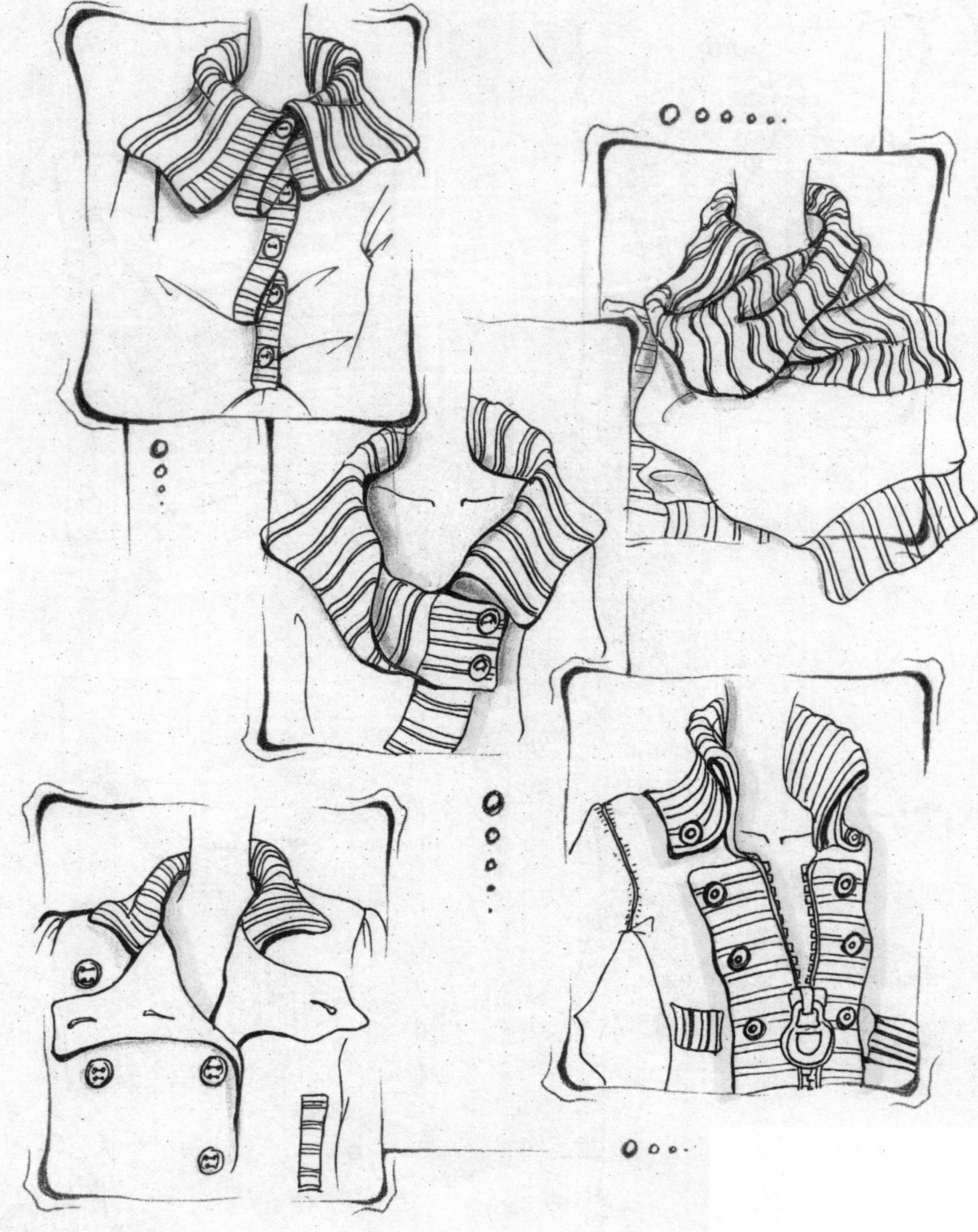

图3-40　多种毛衫的领型设计（2）

然的话，后背会翘起来。对于运动服开领口时，要适当后移，前领窝开高，后领窝开低，衣服就不会前翘。

衣领的设计还需要考虑其他方面的因素。例如，肩宽的人，领宽也要相应设计得宽一些，以减少小肩部裸露面；肩窄的人，领宽也要窄一些，使小肩与领宽通过宽度的对比显得匀称，或者用荷叶边的装饰手段加宽小肩宽度造成视觉上的错觉；大V领能使圆脸的人显瘦和变得有精神；胸围大、偏胖者的领型设计要求简洁，领宽和驳口宽度要适中，过宽或过窄都会使人显得更胖，领宽和驳口宽一般为前胸宽的1/2左右；偏瘦者，可采用双搭门或荷叶领，领型和门襟装饰可以设计得丰富多彩一些，使穿着者显得丰满健壮一些；而简洁的罗纹翻领，则是适合大多数人的设计（图3–41）。

图3–41　简洁的罗纹翻领

衣领的设计，还要充分考虑面料的色彩，并加以适当的装饰，如花边、打褶、滚边、重叠等。衣领设计要符合流行趋势，紧贴国际潮流，适应针织服装的风格，根据多样统一的原则处理好主次关系，使服装整体设计具有鲜明的特色和风格。

（二）袖型设计

针织服装的袖型与领型一样，在设计中占有重要的地位，对服装效果的影响很大。因此，我们在设计袖型时，必须考虑款式造型和人体特点，并将两者的设计有效地结合起来，才能设计出适宜的袖型。

袖子是包裹肩和手臂的服装部位，与领子一样也是针织服装款式变化的重要部位，它既可调节寒暑又有装饰的功能，更富有机能性和活动性。由于袖子穿在身上随时都需要活动，因此它的造型除了静态美之外，更需要动态美，即是在活动中的一种自由舒适的美感。袖子由袖山、袖身和袖口三部分组成。袖型的变化主要由袖山、袖身和袖口的造型变化再配合多变的拼接缝纫方法而构成。衣袖的造型，随着袖山、袖身、袖口等因素的变化而变化，其中包括：袖窿位置、形状、宽窄（深浅）的变化；袖山高低、肥瘦、横向分节、纵向分节、抽褶的变化；袖口大小、宽窄、形状、袖底边的曲直斜、开门方式、开门位置、开门长短、边缘装饰及卷袖的变化。其中最关键的一点是要把握住袖型的变化规律。一般情况下，袖子的长短、肥瘦都呈周期性变化，只有把握其周期性变化的规律，才能设计出流行的袖型，国际上袖型变化的周期一般为5年左右，近来又有周期缩短的趋势（图3–42、图3–43）。

1. **按袖子的形状分**

按袖子的形状可分为8大类：

（1）普通衬衫袖：裁剪时为独幅一片式袖。

（2）铃形袖：像铃的造型一样，上小下大，也称为喇叭袖（图3–44）。

（3）灯笼袖：袖山与袖口两端收束，中间蓬松。

（4）泡泡袖：袖山蓬松隆起，下端袖口一般不收。

（5）西装袖：袖山深比衬衫袖高得多，分大小两片式袖子进行裁剪。

（6）中式袖：袖子和大身相连，大身无肩

图3-42　多种毛衫的袖型设计（1）

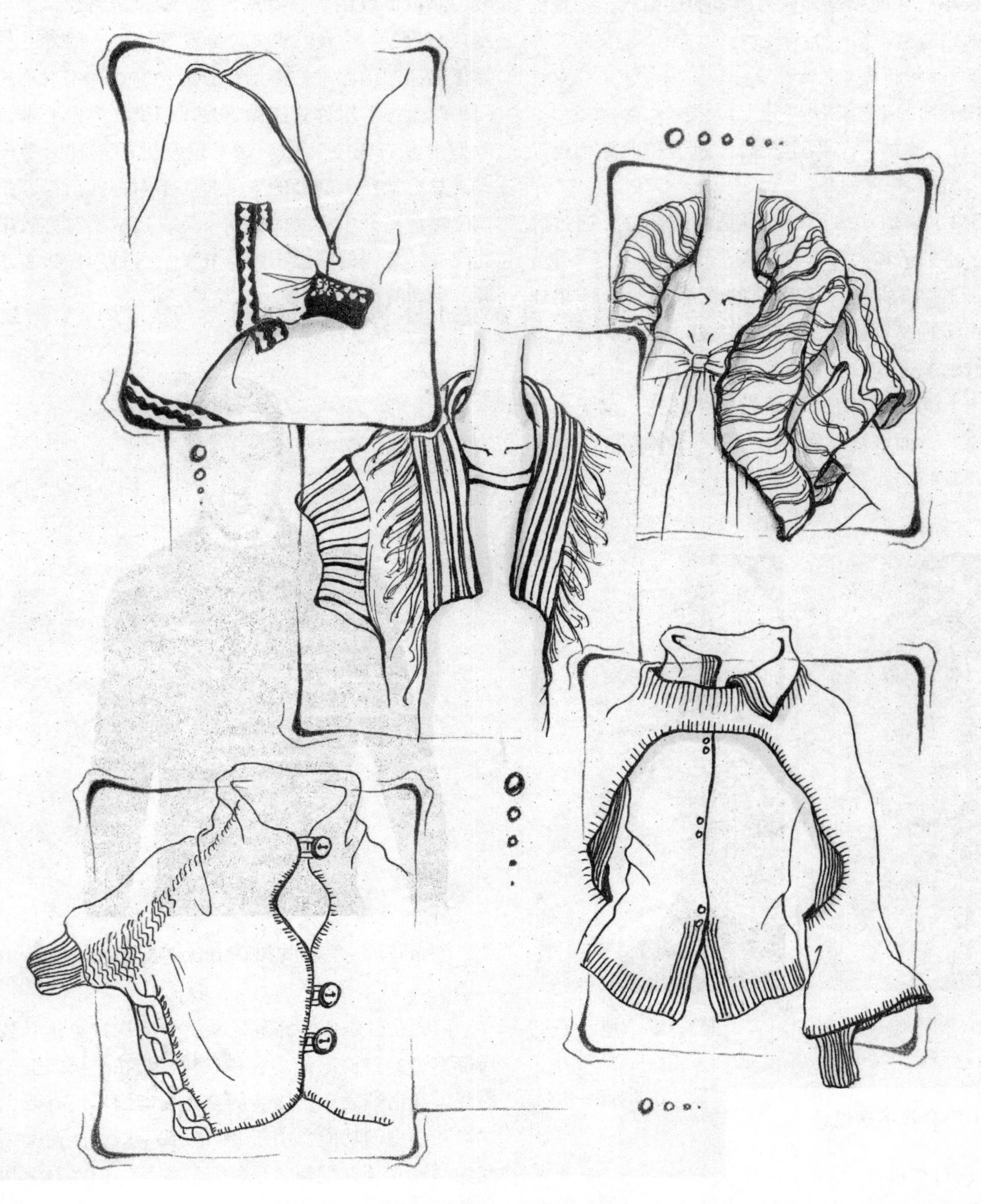

图3-43　多种毛衫的袖型设计（2）

斜，袖中线和肩水平。

（7）连袖式：大身有分割，袖中线和小肩斜角线圆顺相连。

（8）无袖式：将大身袖窿作为出手口，或是略放长小肩和前胸宽，成为极短的连袖式，外观仍是无袖式造型。

2. **按绱袖的工艺方法分**

按绱袖的工艺方法可分为4大类：

（1）连袖：又称连衣袖，袖子和大身相连，不需要装袖。

（2）装袖：袖子和大身是两个部分，通过装袖工艺将袖子和大身连为一体。

（3）插肩袖：插肩袖的肩部与袖子是相连的，由于袖窿开得较深直至领线处，因此，整个肩部即被袖子覆盖。

（4）无袖：肩部以下无延续部分，也不另外再装衣片，而以袖窿作为袖口的一种袖型，又称肩袖（图3-45）。

图3-44 喇叭袖立体效果强

图3-45 无袖

（三）门襟和下摆设计

1. **门襟设计**

门襟主要用于针织服装中的男、女、童装开衫的搭门处，即可扣纽扣、装拉链又起到了装饰作用。门襟在长短上可分为通开襟和半开襟。通开襟是门襟直开至底边，半开襟一般为套头衫。门襟的形式较多，主要呈条带状，门襟所用的织物组织一般为满针罗纹的直路针或2+2罗纹的横路针，也可用1+1罗纹、畦编、波纹、提花等组织。门襟的种类很多，归纳起来按造型可分为对称式和不对称式门襟两大类。对称式门襟，是以门襟线为中心轴，造型上左右完全对称。这是最常见的一种门襟形式，具有端庄、娴静的平衡美。不对称式门襟，是指门襟线离开中心线而偏向一侧，造成不对称效果的门襟，又叫偏门襟（图3-46）。这种门襟具有活泼、生动的均衡美。

图3-46 男装中采用偏门襟显得生动、活泼

门襟是针织服装布局的重要分割线，也是服装局部造型的重要部位。它和衣领、纽扣、搭襻互相衬托，和谐地表现出服装的整体美。门襟还有改变领口和领型的功能，由于开口方式不同，能使圆领变尖领、立领变翻领、平领变驳领等。门襟与纽扣的不同配置，使服装产生严肃端庄、稳健潇洒、轻

盈活泼的不同效果。针织服装的门襟必须按照服装的款式、组织结构、服用要求等进行合理有效的设计，在设计中既要考虑门襟的平整、挺括、不易变形等要素，又要注意其装饰效果，以穿脱方便、布局合理、美观舒适为原则。

2. **下摆设计**

针织服装的底边亦称为下摆，它的变化直接影响到服装廓型的变化（图3-47、图3-48），而下摆线（底边线）是服装造型布局的重要横分割线，在节律中常常表达一种间隙或停顿。其造型通常有A型、H型、O型等类型。针织服装的造型设计应与服装的整个外轮廓造型协调起来，并服从于外轮廓造型。下摆的形式有直边、折边、包边三种，直边式下摆是直接编织而形成的，通常采用各类罗纹组织和双层平针组织来形成；折边式下摆是将底边外的织物折叠成双层或3层，然后缝合而成；包边式下摆是将底边用另外的织物进行包边而形成的。

针织服装中裙装的下摆是服装基本面和体的比较特殊的造型内容。它是空间和动态的总和，具有明显的造型特征。按其形状可分为宽摆、窄摆、波浪摆、张口摆、收口摆、圆摆、半圆摆、扇形摆等。按其工艺装饰特征可分为叠裥摆、环形波浪摆、花边装饰摆、开衩摆、缀花摆等。裙摆的设计往往可成为裙的艺术视觉中心，产生优美的动态感。

（四）口袋设计

在服装上，口袋具有存物和装饰的作用，口袋设计是针织服装设计领域中的一个重要组成部分，是时装潮流发展的重要特征。各具形态的口袋造型设计美化了服装款式，增添了各种情趣，也提高了服装的实用性，同时又借助于口袋位置、形态的变化，使服装具有新奇感。在口袋的设计中，要注意口袋在服装整体中的比例、位置、大小和风格的统一，也就是说，袋型要服从整体和各部分的需要，成为服装的装饰成分，起到画龙点睛的作用。

服装口袋造型无论如何变化，按服装制作工艺归纳起来仅分为三大类：插袋、挖袋、贴袋。

在口袋造型设计中，须根据功能与审美的要求，结合服装的领边、门襟边、下摆边、袖口边和整体造型进行构思，同时要运用形式美的法则，从而做到均衡、相称、统一、协调一致（图3-49、图3-50）。

各种袋型的设计，要便于人手和手臂的活动；衣袋位置的设置，要有利于手的插入角度和高度，既便于伸缩自如地放、取物品，也能让手得到舒适地休息。袋口的方向、口袋的大小和袋位的高低要符合功能性和形式美的要求。不同服装品种对衣袋造型有不同的功能要求。一般情况下，男装强调实用性强一些，女装则强调装饰性强一些。

由于针织面料的特殊性，一般毛衣、内衣、薄的针织衫等都不加口袋；而针织外衣、运动服、旅游服等则可以根据上述的基本原理去设计。现代服装的衣袋的实用性在降低的同时，其装饰性却在不断增加。衣袋的装饰手法很多，有挑、补、绣、缉线、绗缝、抽褶、镶边、搭襻、装拉链、袋中袋、袋叠袋等（图3-51）。

（五）装饰设计

在针织毛衫中装饰设计的运用也很重要，还可以加上镶、嵌、贴等工艺装饰手法，运用于针织毛衫衣片的接缝处，如领口、袖口、门襟、下摆等边缘处，以增加实用性和装饰性的结合。除此之外，在后期工艺中还可以用水钻、珠片、绒线球等外加的装饰物对简洁的针织毛衫进行增色，针织毛衫时尚化的路线也更加明显（图3-52、图3-53）。

针织毛衫的装饰手段有：纽扣、拉链、抽带、镶边、刺绣、珠饰、钩花、流苏、贴布绣、开衩等。这些配件的选择和应用要与服装的色彩、款式、服用对象等结合起来，既要有对比，又要有整体协调。

在针织毛衫的设计中，这些设计元素可以单独存在，也可同时运用在一件衣服上。当然，漂亮的帽子和围巾配合丰富的色彩，也很有味道，是装饰的好配件（图3-54）。

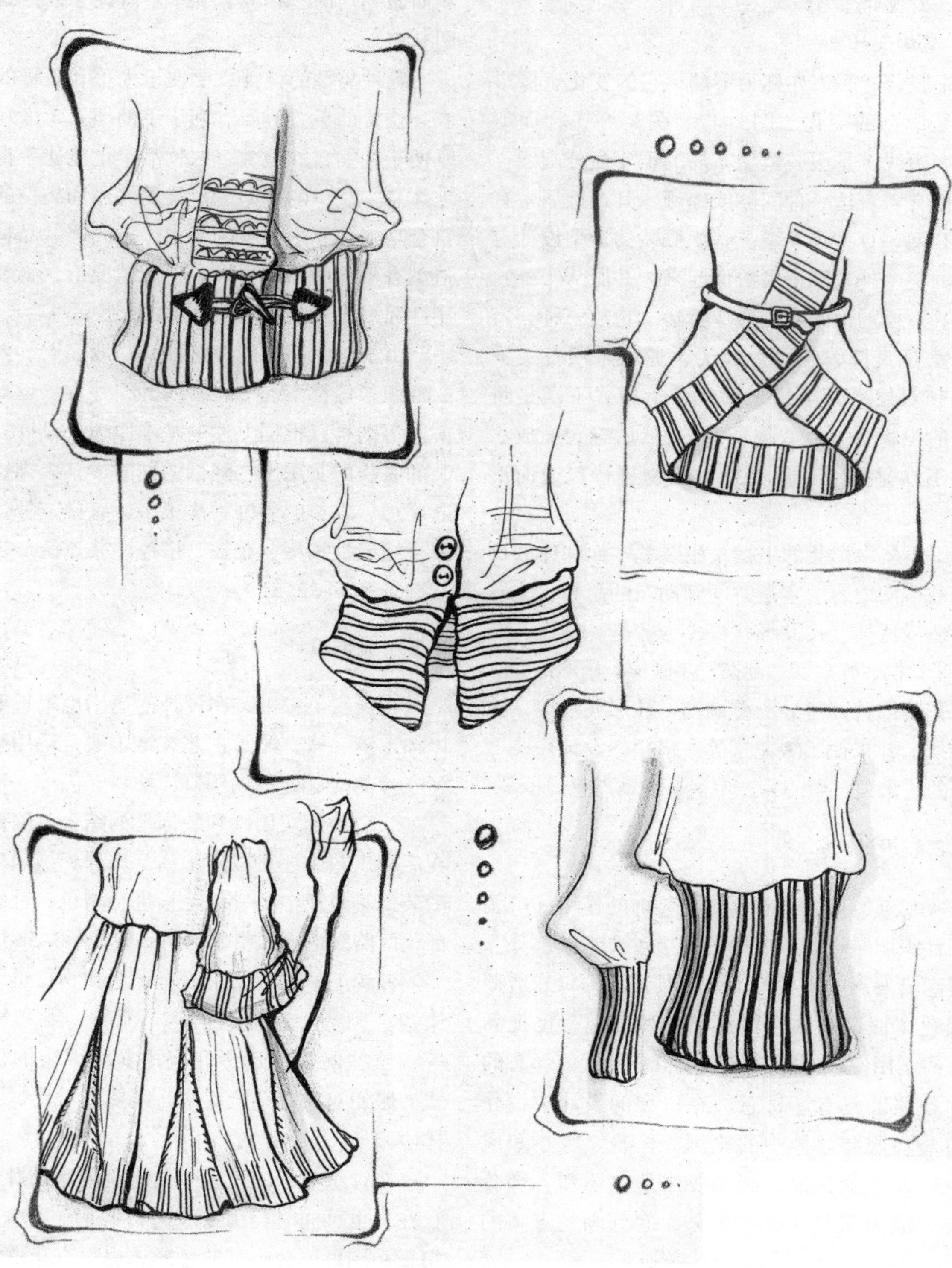

图3-47　多种毛衫的门襟和下摆设计（1）

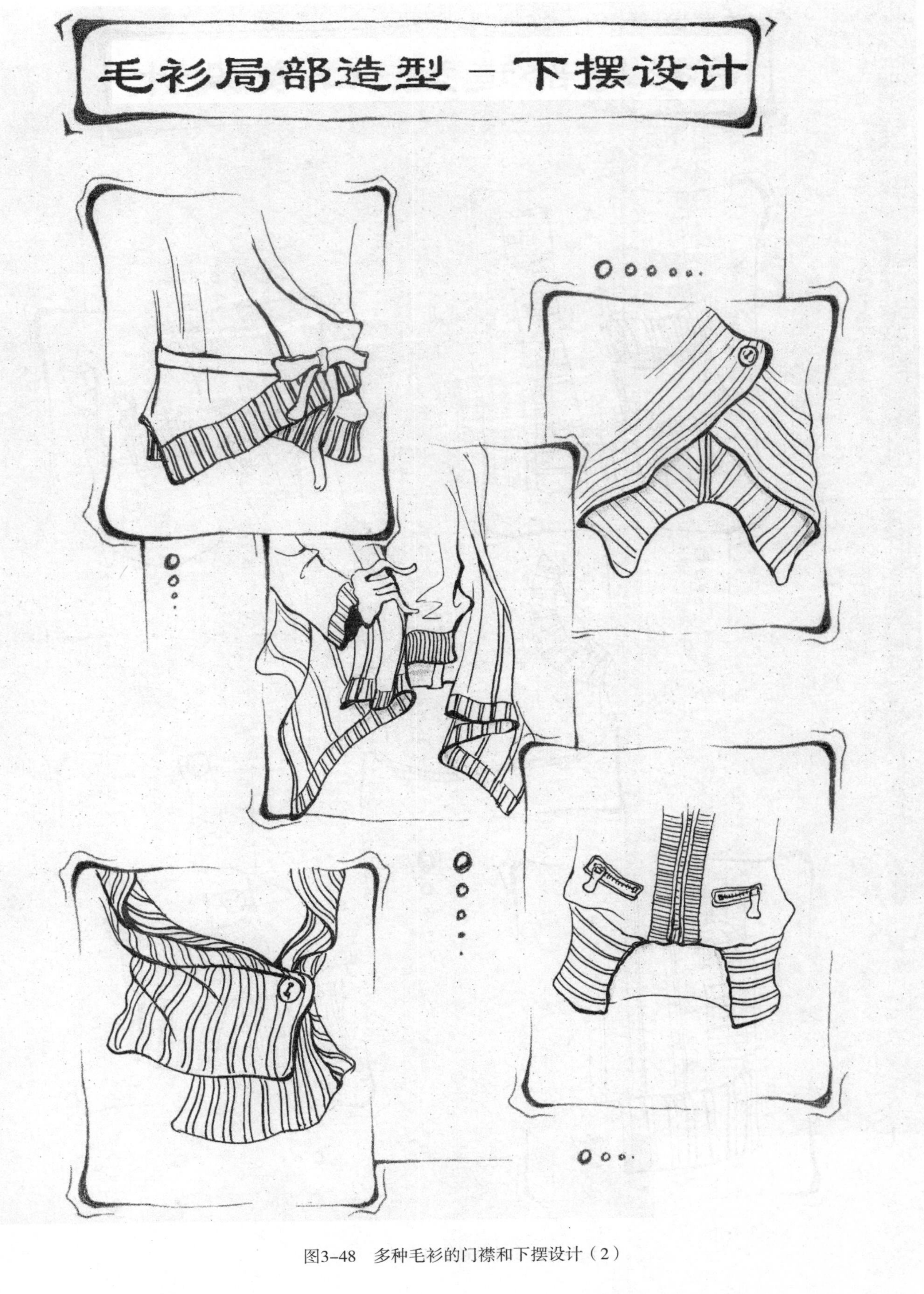

毛衫局部造型－下摆设计

图3-48　多种毛衫的门襟和下摆设计（2）

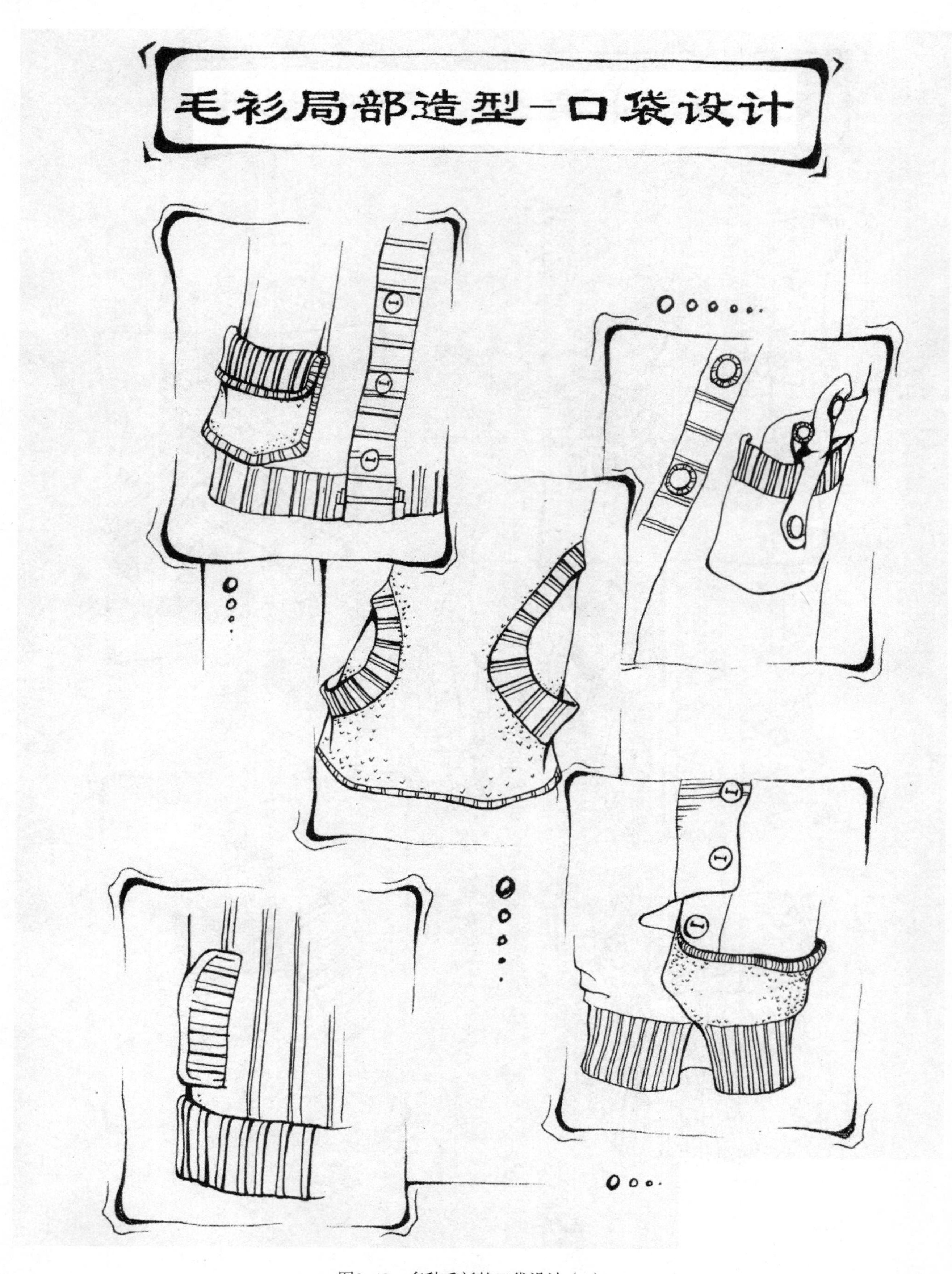

图3-49　多种毛衫的口袋设计（1）

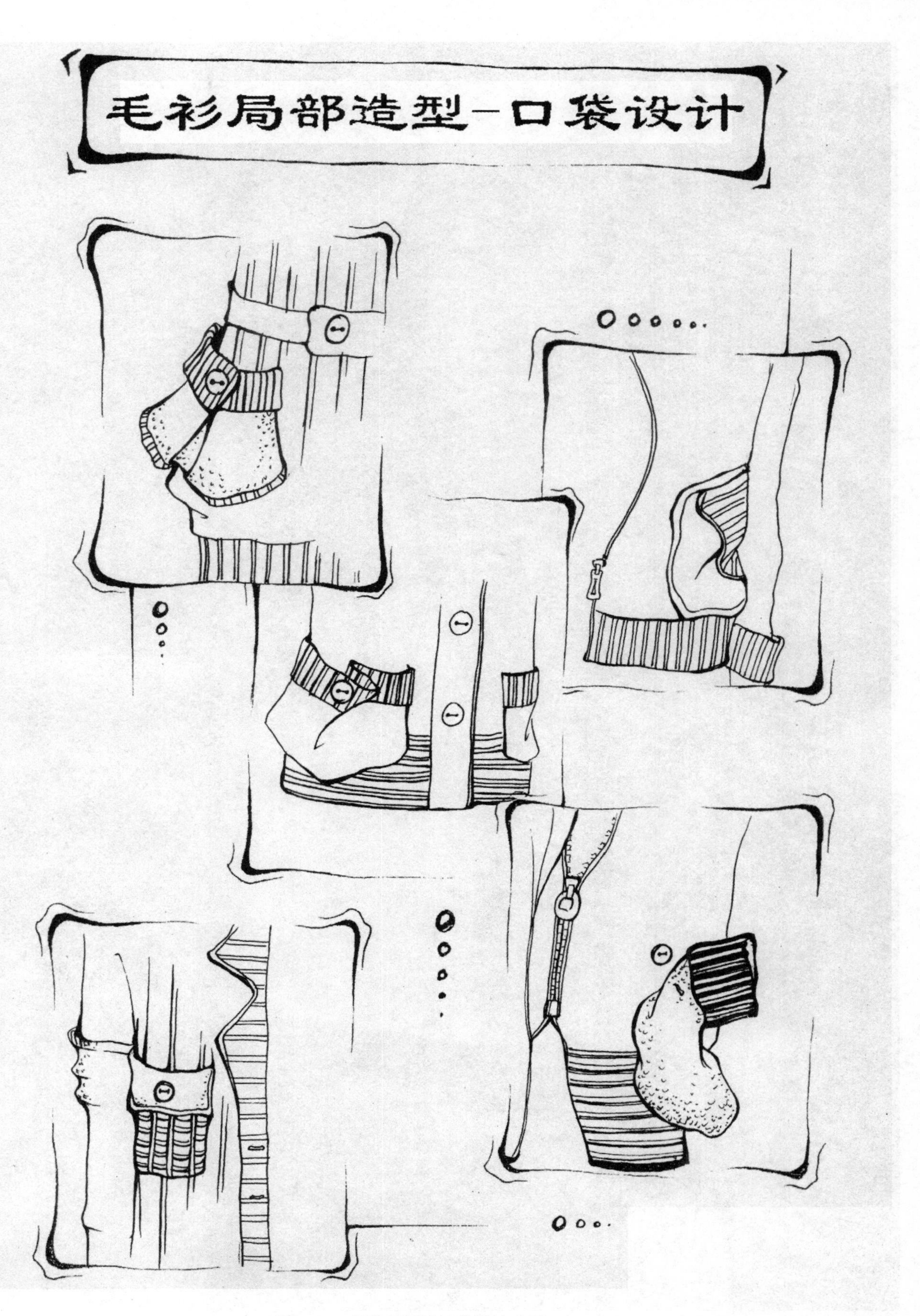

图3-50　多种毛衫的口袋设计（2）

图3-51　开衫中采用这种口袋形式是常见的设计

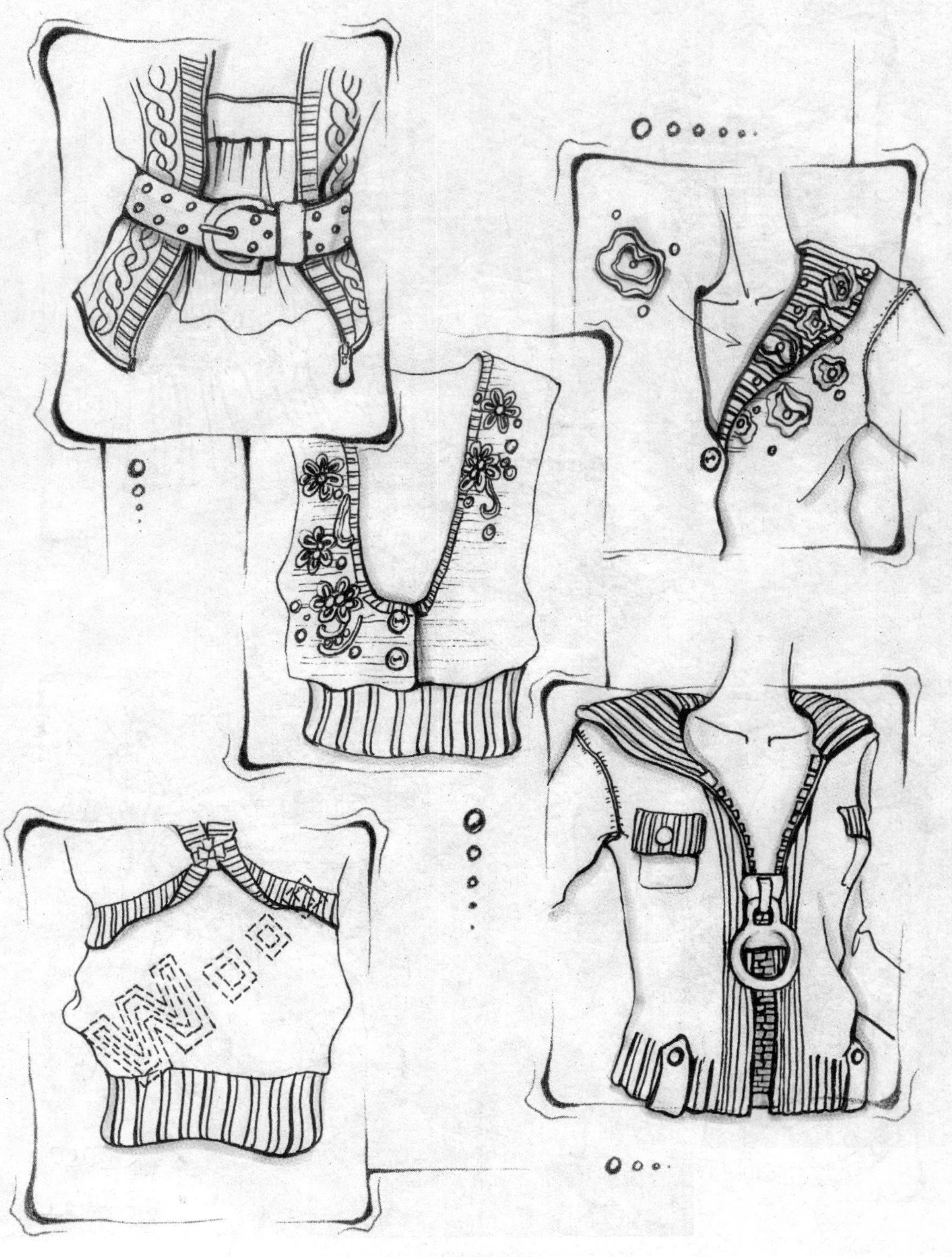

图3-52　多种毛衫的装饰设计（1）

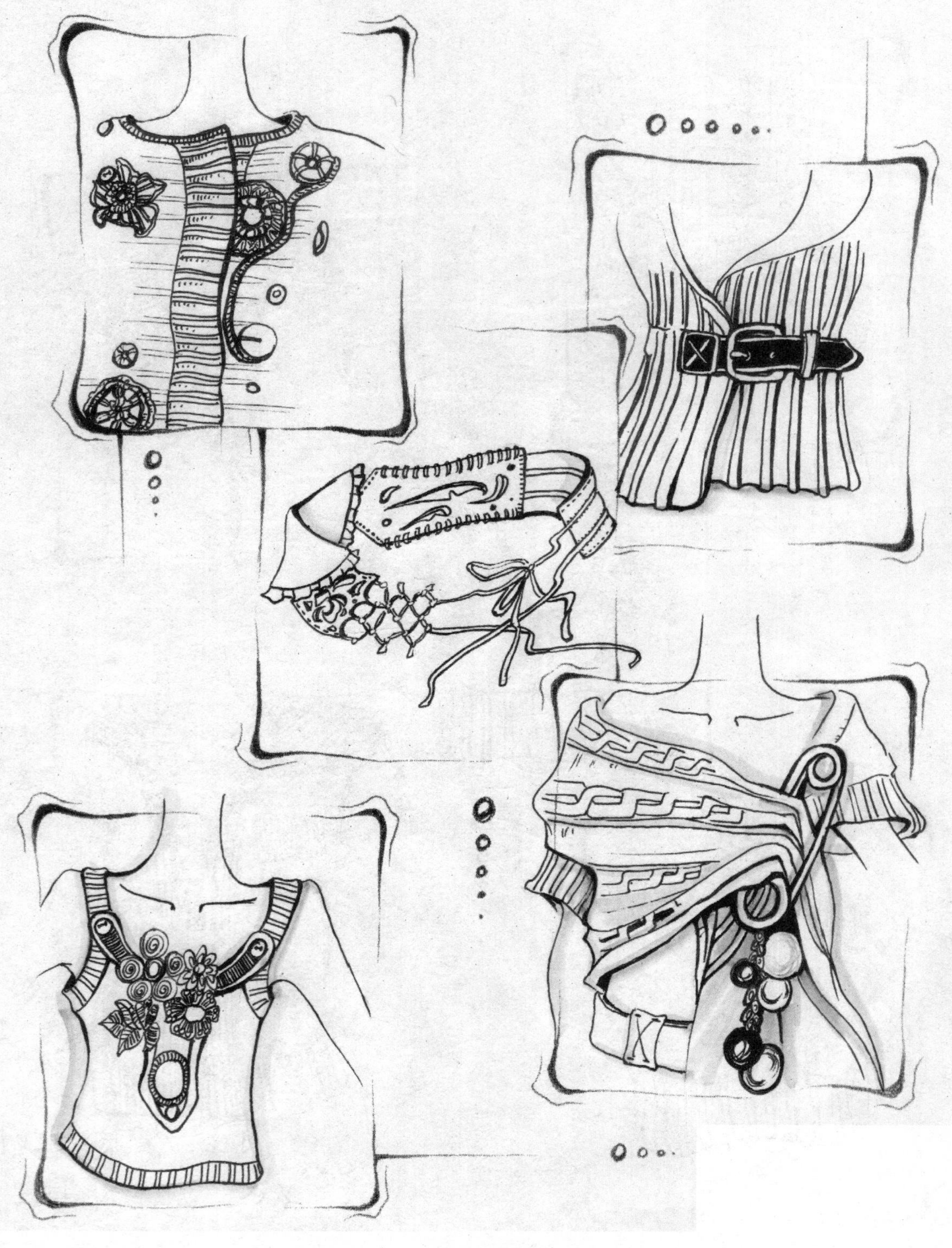

图3-53　多种毛衫的装饰设计（2）

图3-54　色彩丰富的帽子和围巾

四、针织毛衫的整体造型设计

综合以上的设计方法的运用，分别展开女式、男式、儿童的针织毛衫的基本款设计训练，以及T恤、内衣等不同服类的创新款设计拓展（图3-55~图3-64）。

图3-55　女式针织毛衫——基本款

图3-56　女式针织毛衫——创新款

图3-57　男式针织毛衫——基本款

图3-58　男式针织毛衫——创新款

图3-59　儿童针织毛衫——基本款

图3-60 儿童针织毛衫——创新款

图3-61　针织T恤——基本款

图3–62　针织T恤——创新款

图3-63　针织内衣——基本款

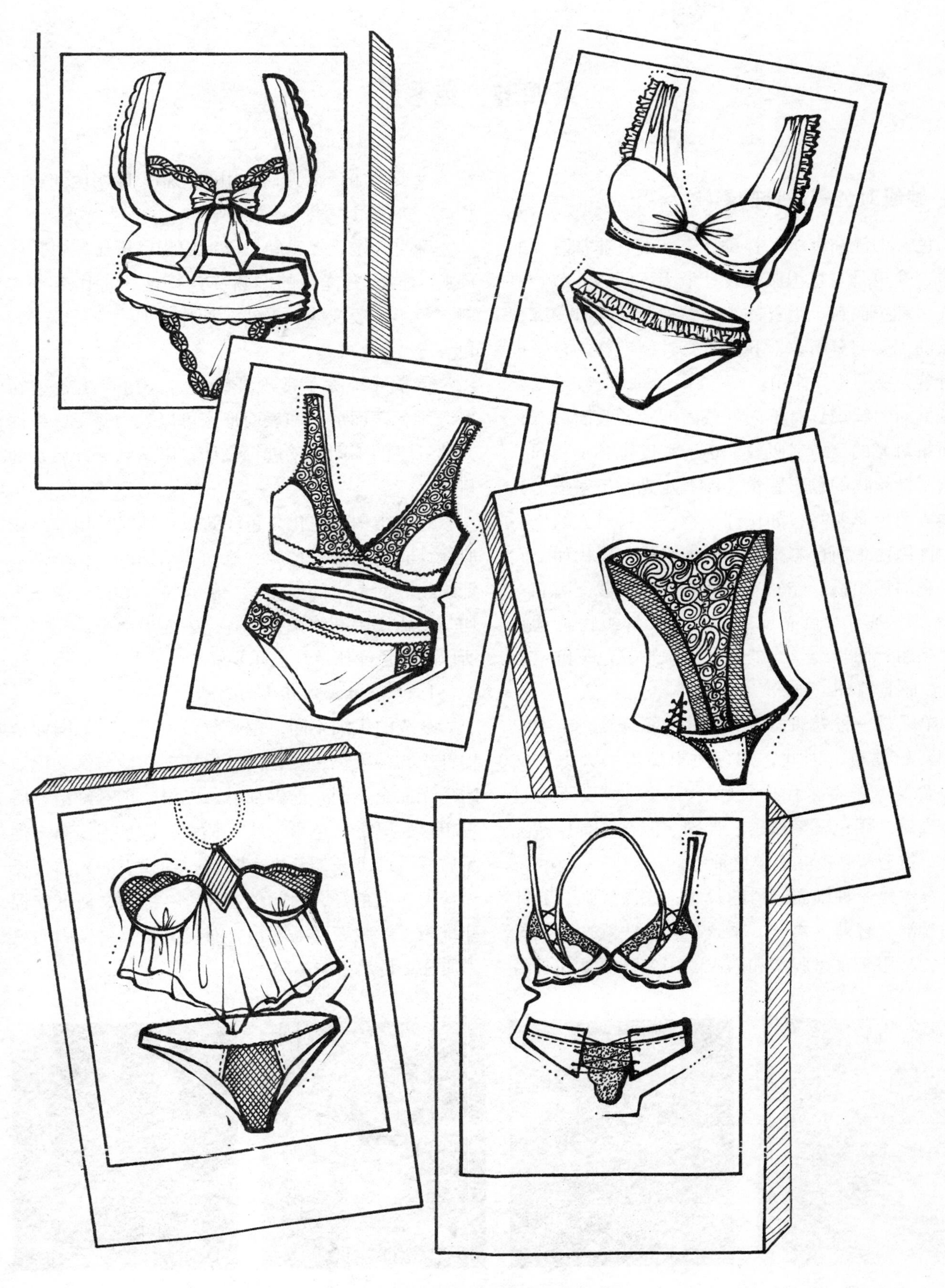

图3-64　针织内衣——创新款

第四节 色彩

一、纱线对色彩设计的影响

色彩设计在针织毛衫设计中，占有非常重要的地位，这也是与机织服装设计最为不同的环节。对纱线、针织面料、毛衫的组织结构及其特有的廓型特点的了解与分析，对我们进行针织毛衫的色彩设计有着重要的指导作用。

不同的纤维具有不同的截面形状和表面形态，其面料对光的反射、吸收、透射程度也各不相同，影响了针织物的色彩感觉。面料对光的反射强，针织物表面色彩明亮，如化纤织物；面料对光的反射弱，针织物表面色彩柔和，如棉织物。再比如，同样色彩的棉织物，经丝光处理后，纤维截面圆润、饱满，增强了对色光反射的能力，针织物感觉鲜艳、亮丽；而未经丝光处理的针织物，色彩鲜艳度低些，感觉淳朴、自然。

羊毛是一种卷曲而带有鳞片的短纤维，羊毛织物相对较厚重，因此，用色力求稳重、大方、文静、含蓄，常常采用中性色，明度、纯度不宜过高。当然，用色要随四季、性别、流行等具体情况而变。仿毛产品也应追求这种色感。

蚕丝是一种细而光滑的长丝，光泽较强，其针织物光滑、轻薄、柔软、精致、轻盈、飘逸，别具风格，常用于夏季服装和内衣。用色既要柔和、高雅，又要艳丽、柔美，所用的色彩一般明度和彩度均高，如嫩黄、浅绿、粉色等。

麻类纤维比较粗硬，其针织物风格比较粗犷、洒脱，但因有优良的湿热交换特性，常作夏季衣料，色彩一般浅淡、自然、素雅，如浅棕色、玉米色等。

化学纤维除了常规纤维外，还生产出各种新型纤维，截面形状和表面形态可以人为赋予，根据天然纤维的不同色感进行设计，以达到化纤仿真的目的。

纱线结构的变化与色泽效果：纱线采用单纱或股线，它的粗细、捻度、捻向等结构的变化会影响针织物表面色光的变化。一般来说，股线由于条干均匀，纱线中纤维排列整齐，表面毛羽少，光洁，所以股线色泽比单纱色泽要好。

1. 纱线粗细对色泽的影响

纱线的粗细不同，色光效果不同。比如同样是棉针织物，染色工艺相同，但高支棉纱与低支棉纱的色光完全不同，前者细腻、光滑，色彩鲜艳；后者粗糙、厚重，色彩暗淡、朴素。这是因为高支棉品质好，纤维长，纤维束整齐，纱线表面光洁，反光均匀，上色好，因此色感纯正、艳丽；而低支棉纤维短，纱线表面毛羽多，对光呈漫反射，因而色彩质朴、自然（图3–65）。

图3–65 不同粗细的纱线对色泽的影响

2. 纱线质感对色泽的影响

质地和质感不同的纱线，色彩视觉效果也千变万化。如有光丝、黏胶丝可给人流光溢彩的效果，各种花式纱线也有着丰富的表现力，花式纱线的色调多以鲜艳色为主，由清新的青柠绿到鲜艳的蓝绿，由蜜瓜的橙黄色到鲜红色和桃红色等，采用花式纱线的混色效果与粒状肌理营造出异域情调与女性魅力（图3-66）。

3. 纱线捻度对色泽的影响

在不影响纱线强力的条件下，捻度应适中。捻度过小，纱线较粗，影响针织物表面的细洁程度，使色泽下降；而由强捻纱织成的织物，由于整理后纱线有退捻的趋势而发生一定程度的扭曲，使针织物表面有轻微的凹凸感，对光线形成漫反射，色泽较差。通常捻度大的纱线色彩光感较强，颜色比较鲜艳，捻度小的纱线色彩质感柔和（图3-67）。

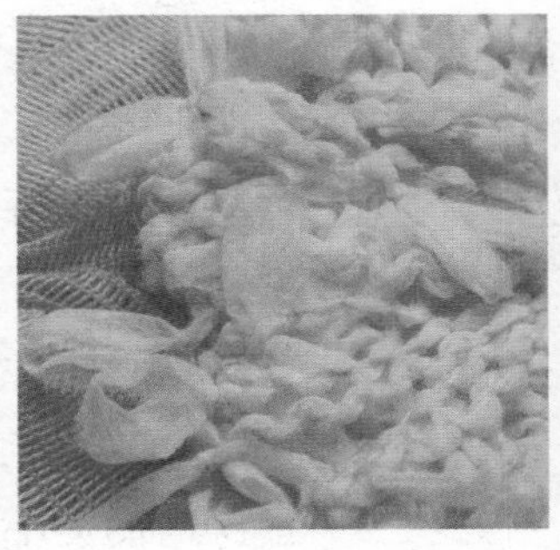
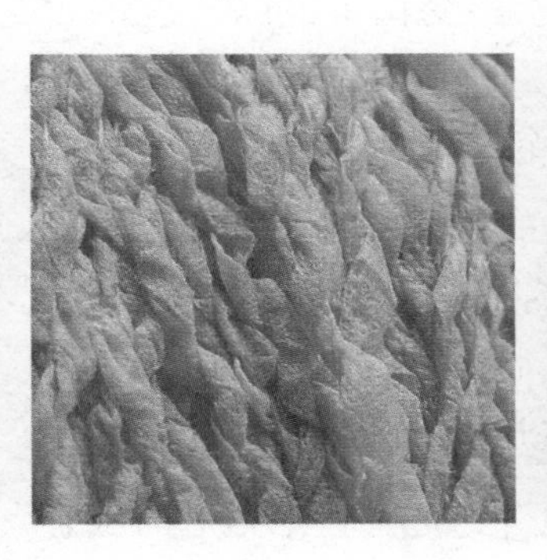
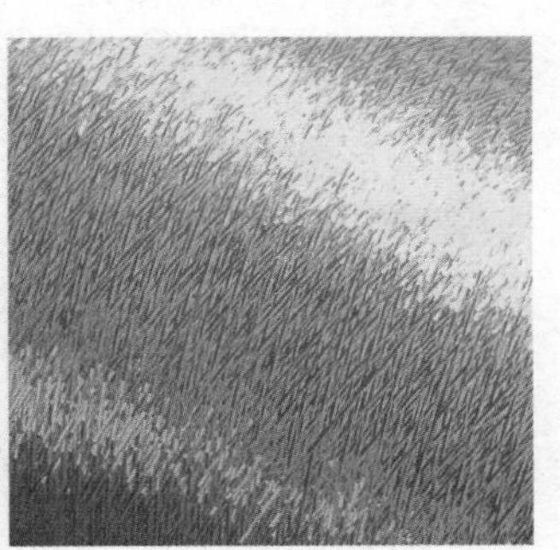

图3-66 不同质感的纱线对色泽的影响

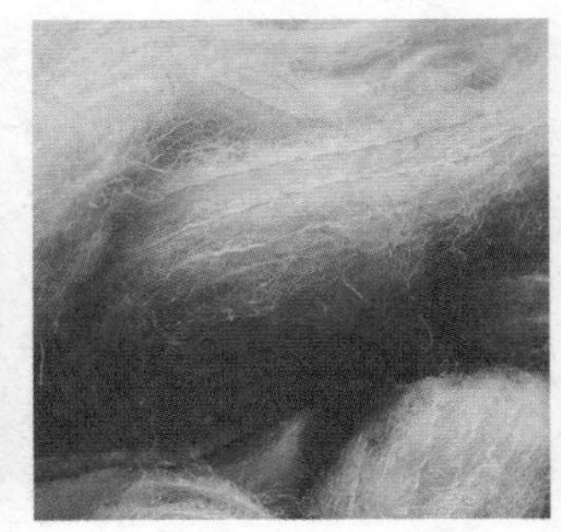
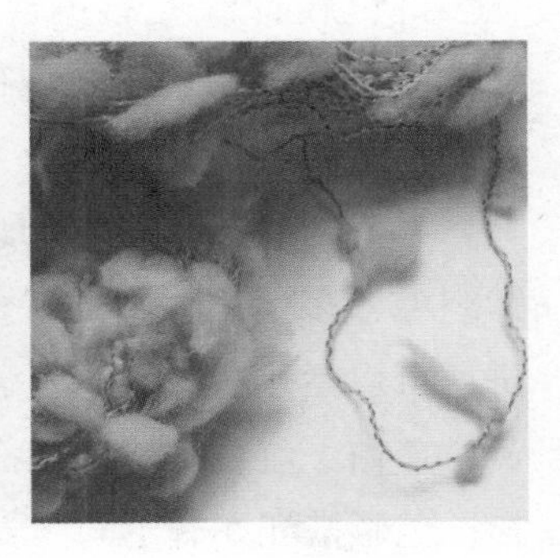

图3-67 不同捻度的纱线对色泽的影响

4. 纱线捻向对色泽的影响

纱线的捻向对色泽也有较大的影响。S捻向与Z捻向的纱线对光线的反射情况不同，利用这种现象，在针织物的组织结构设计时，可将S捻纱与Z捻纱按一定比例相间排列，得到隐条、隐花的针织物。

二、组织结构对色彩设计的影响

组织结构是针织毛衫独具魅力的地方，由于其组织结构与机织物不同，所以色彩设计方法也不同，设计师应充分利用毛衫组织结构的特点，来设计出更有针织服装“味道”的毛衫。通常，我们采用织纹的变化、色彩的变化以及两者结合等方法来丰富使用功能和视觉形态。

1. 织纹对色彩视觉的影响

针织毛衫常用的织纹组织主要有：平针组织、罗纹组织、双罗纹组织、四平空转组织、集圈组织、扳花组织、提花组织、空花组织等。

例如同样是毛针织物，染色工艺相同，色光效果会不同。通常平针、罗纹、四平组织的色光细腻、光滑，色彩鲜艳；而集圈、扳花、空花等组织色光粗糙、厚重，色彩的明度、纯度都要低些，这完全是由于组织结构的不同造成的（图3-68）。

2. 色彩的变化

在平纹毛衫中，如果拼接了不同的颜色和提花，能以色彩和花型的变化打破平纹织物的单调感。若色彩明度、纯度偏高，则有活泼、明快的感觉；若色彩明度、纯度偏低，则有沉静、理性的感觉。如在其中添加一些色彩艳丽、明亮的线条，可起到画龙点睛的作用。色彩变化手段除传统的色纱、花式纱交织方法外，还流行晕染、绞染、镶拼等方法。如在被誉为针织时装代名词的意大利针织品牌米索尼（MISSONI）的服装中，设计师欧塔维奥·米索尼（Ottavio Missoni）利用条纹、斜条纹、人字纹、锯齿状图案、几何图形、圆点、格纹、电波纹等，让针织毛衫看起来像人体上的一幅立体画，而鲜艳多变的色调混合，更是让米索尼的服装充满了强烈的色彩美感（图3-69）。

拼色在针织毛衫中经常用到，运用得恰到好处，能把单调的色彩表现得动感突出，能使鲜亮的色彩略微收敛，能让同色系的各种色彩达到协调统一，或者通过强烈对比的色彩搭配形成跳跃效果。针织毛衫多运用大量的拼色或细条纹的色彩交织，拼色可以运用各种色彩，常见的有黑白、黑红、黑黄、蓝白、红白、棕咖等色彩搭配，不同款式的毛衫，色彩搭配亦有不同。

三、针织毛衫的廓型对色彩设计的影响

色彩设计是针织毛衫设计的基本因素，在我们的设计过程中，或先有廓型的设计构思，然后配合适宜的色彩；或先提出色彩方案再配合相宜的廓型，可见廓型与色彩的关系可谓唇齿相依。针织毛衫与其他服装设计所不同的是，针织面料具有悬垂、柔软、弹性好等特点，所以其廓型设计宜从大处着眼，结合色彩，设计出更适合毛衫廓型的针织服装。

（一）根据针织毛衫廓型的种类进行色彩设计

从服装美学观点出发，针织毛衫外轮廓造型变化可归纳为以下3种类型，即紧身型、宽松型、直身型。

1. 紧身型

弹性是针织毛衫突出的特性，所以紧身型是最有利于发挥毛衫优势的廓型。一般针织物的横向拉伸可达20%左右，如采用弹性纤维并配以适当的组织结构，可生产出弹性极强的面料。由这类针织面料制作的服装适体性特别好，既能充分体现人体的曲线美，又能伸缩自如，适应人体各种运动与活动所需，同时还兼有舒适、透气的优点。不同的紧身款式，应选用不同的色彩来满足需要。

（1）紧身便装：春、秋、夏季的紧身上衣、裤子等，线条简洁、自然、贴体流畅，尽显人体曲线的美感。这类毛衫的色彩多以流行色系为主，清新、自然，配色可时尚大方，富有个性。

（2）紧身运动类毛衫：多用轻薄、柔软、弹性优良的纱线制作运动休闲毛衫，既合身贴体，又能适应人体的多种活动要求，使人体美与造型美融为一体，使穿着者的身材显得更为苗条、修长。紧身运动休闲类的毛衫设计，色彩多为活泼、鲜艳的运动感色彩，如黄色、橙色、蓝色、红色等，并配以黑色、白色等中性色。配色上一般更为醒目、夸张，可加强色彩的分割感。

2. 宽松型

宽松型造型一般由简单的直线、弧线组合成外形线，服装围度配以较大的放松量，使人体三围基本趋于一致，形成宽松的式样。这类廓型能较好地体现针织面料的柔软、悬垂性好的优势。如用针织羊毛编织物、纬编双面提花织物等较厚重的面料制作的大衣、休闲装、运动装等，造型大方、洒脱。一般选用比较轻松、随意、自然、舒适的色彩，并灵活运用拼色、几何抽象纹样等装饰手法。采用轻薄、柔软的针织面料制作的家居服等，常常采用花边、抽褶、绣花等装饰手法，表现出温柔、优雅、轻松的情趣。色彩上也相对柔和，多采用浅色系和粉色系。

3. 直身型

直身型造型是以垂直水平线组成的长方形设

计，是针织服装传统的造型，在针织服装中，这种廓型占有相当的比例。这类造型的针织毛衫一般选用较为密集、延伸性较小的面料或组织结构，如棉毛衫、羊毛衫等。肩线是呈水平稍有倾斜的自然形，腰线可以是直线或稍呈曲线，线条简洁、明快，造型轮廓端庄大方，穿着合体自如、方便舒适。色彩相对宽松型要稳重、简洁，多为常规色系，配色上以块状分布或局部有花式纹样装饰。

（二）根据针织毛衫廓型的风格进行色彩设计

1. 文静端庄的风格

文静端庄的风格以H型居多，简洁合体，轮廓清晰，层次少，对比小，零部件少，排列极具匠心，线条连续、长且稳重，大多与身体直立时的垂直中心线相关联。外形特点为闭合式服装外形，让人先看到整体，平面综合型图案具有文雅、稳重、矜持的风格。在面料方面，可采用羊毛、马海毛等。选用宁静的中性冷色或凝重的低深色调。

2. 活泼可爱的风格

活泼可爱的风格以A型居多，造型夸张，对比强，线条长而挺拔，变化较大。外形特点为闭合式外形，洒脱轻快，能感受到青春的朝气与活力，充满运动感。面料的选择性比较大，可选用奇特、新颖、有光泽的面料。色彩方面可以暖色为基调，以亮度对比大的鲜亮色彩为主，配以少量的含灰色或无彩色。

3. 简洁自然的风格

简洁自然的风格以Y型居多，轮廓清晰而多层次，零部件多，线条柔和、自然、流畅。外形特点为扩展式外形，具有简单、成熟和阳刚的风格。面料多采用柔软、轻薄、挺括的毛料。在色彩上以淡雅柔和、清丽爽洁、明亮的组合。

4. 雍容华贵的风格

雍容华贵的风格以X型居多，上下装比例变化较大，零部件复杂，边缘柔和，装饰较多，对比因素夸大，节奏感强，线条短而不连续，分割线曲折多变。外形特点多为扩展式外形，使人先注意局部，立体外形给人以繁复华贵、高尚不俗的印象。面料使用上以反光材料居多，色彩可采用清晰的暖色、浅色或冷色，与鲜艳色彩搭配组合。

总之，轮廓线不仅体现服装造型风格，还反映时代风貌以及服装流行趋势，而且是服装设计诸多因素中表现人体美的主要因素。由此可知，轮廓线是服装造型的重要手段，对人体的装饰起着重要的作用。针织毛衫的色彩设计要综合考虑毛衫的廓型、服装风格特征、世界服装的潮流等多种因素，如果设计师能选用合适的色彩来与毛衫的款式相得益彰，就会设计出更能赢得市场的毛衫。

四、针织毛衫的配色对设计的影响

形式美作为理论性的美学法则用在针织毛衫的配色中，它强调的是色与色之间的关系，即和谐为美的基本论点。但针织毛衫的配色是一个综合的命题，远不是背上几条形式美法则就能够操作的。针织毛衫的色彩美是通过色与色相互组合的关系体现的，当色与色组合形成特定的色彩环境时，便产生色彩间的相互关系，因而在考虑配色之前，先要对毛衫的整体风格有一个把握，才能做到有的放矢，取得预期的效果。

（一）色相配色

色相配色指用色相不同的颜色相配来取得变化的效果。从色相上来说，可有邻近色相配、类似色相配、对比色相配等；从数量上说，有2色相配、3色相配、多色相配等。配色时，必须以一种色彩作为主调，其他色彩作为辅助色使用。

1. 邻近色相配

邻近色相配是指在色相环上相距40°以内的色相配。由于色相相差小，所以主调性色彩很明确，容易取得调和。这种配色方式含蓄、微妙，但容易造成单调、缺少变化的感觉；并且，如果色相相差太小，会使人感觉模糊不清，产生沉闷感。这时候就应当在纯度和明度上尽量拉大距离，以使整体的活跃气氛增强（图3-70）。

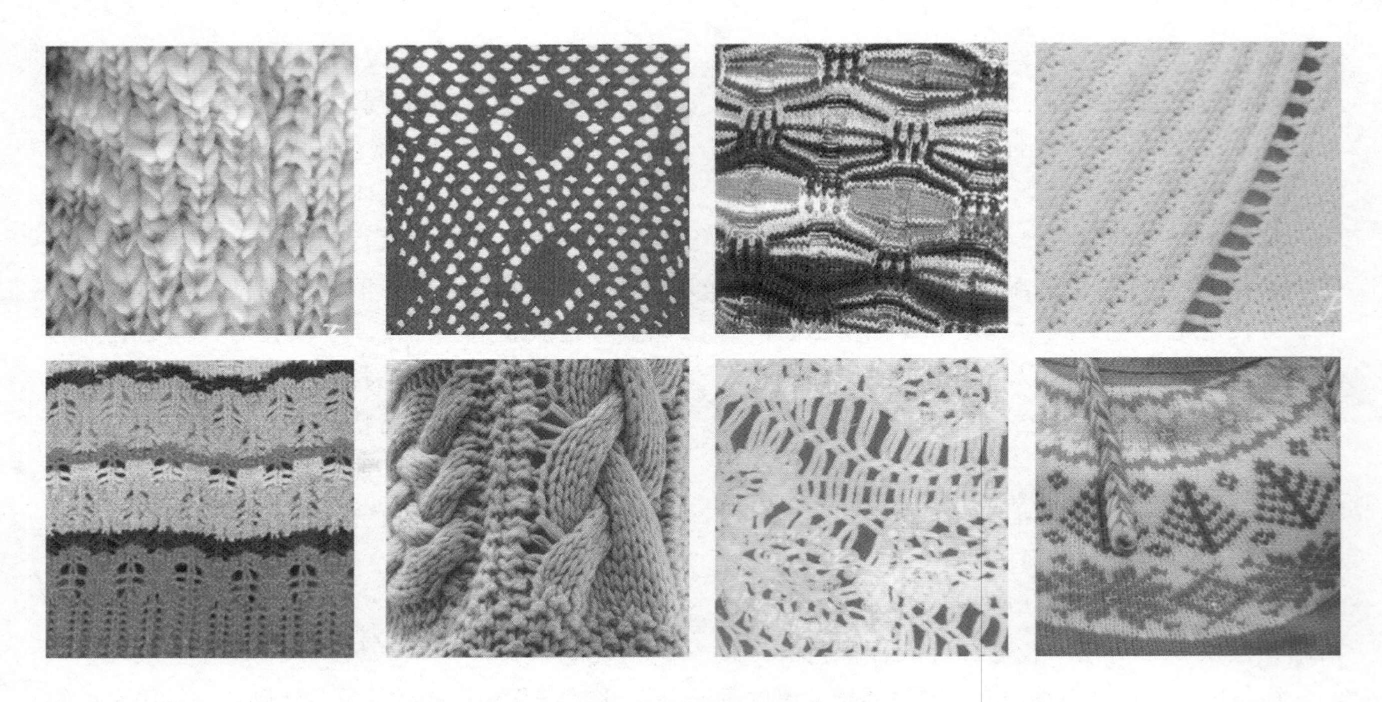

图3-68　不同组织结构的色彩视觉效果

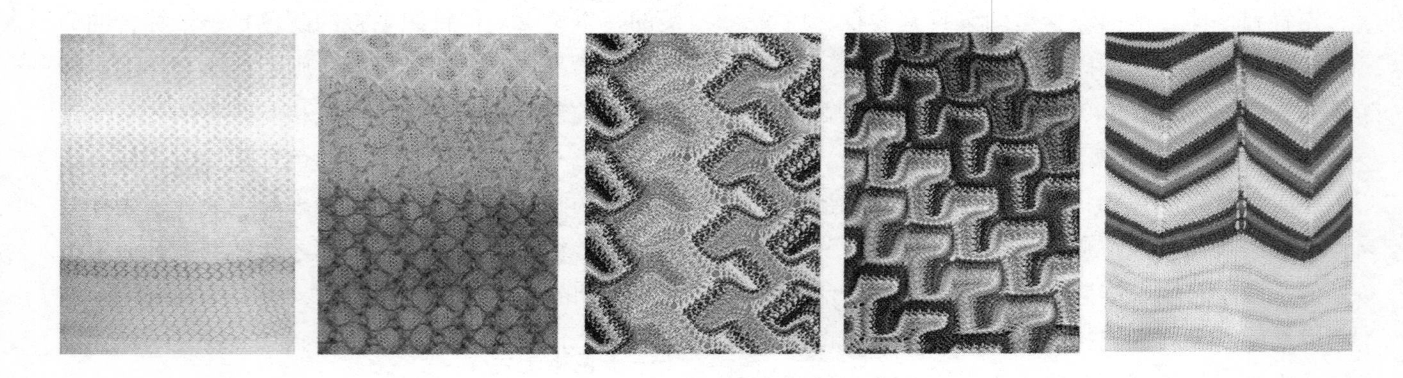

图3-69　米索尼的服装充满了强烈的色彩美感

图3-70　采用邻近色相配的毛衫图案

2. 类似色相配

类似色相配是指色相环上相距40°~70° 的色相配。这个范围内的配色由于色相差适度，所以对比和调和的关系比较容易处理，因而使用较多。譬如绿和黄、绿和蓝、红和紫等都是类似色的色彩关系。使用这种方式配色时，应注意色彩的比例关系，辅助色太强会影响到主色调的表现，显得杂乱；辅助色太弱又会显得缺少变化，整体感觉软弱和缺乏生机。要调整好色相的关系有时候还要同时调整纯度和明度，才能取得最佳的视觉美感（图3-71）。

3. 对比色相配

对比色相配是指色相环上相距70°~180° 的色彩相配。这种配色对比强烈、活泼生动、色彩华丽、富有刺激性。但对比过分强烈会引起色彩之间的冲突，产生不安定、不和谐之感。所以设计时常采用一些手法来降低对比性、增加调和性。譬如拉大比例差，使辅助色只作为点缀而存在；或者降低一方或者双方色彩的纯度；再或者加入第三色，一般以无彩色作为第三色来进行调和。好的对比色相配能产生非常丰富的视觉美感，但同时它对设计师的色彩把握能力的要求也更高（图3-72）。

图3-71　采用类似色相配的毛衫图案

图3-72　采用对比色相配的毛衫图案

（二）明度配色

在配色中，侧重明度方面的变化，而弱化纯度和色相等因素是明度配色的基本原理。对整体气氛起决定作用的，一是调性，指高调、中调或低调；二是明度差，明度差大趋向于对比的关系，明度差小趋向于调和的关系。

1. 高调配色

高调是指主色调采用高明度色。整体色浅而明亮，有轻松、优雅、明快、凉爽等倾向。辅助色与主色调明度差较小时，整体色显得比较温和、柔弱，这时应在色相及纯度方面作一些相应的调整以增加变化；辅助色与主色调明度差较大时，一方面可对过亮的主色调作一些抑制，另一方面也可增加一些活泼的气氛。但应注意，对比过大时会影响整体和谐（图3-73）。

2．中调配色

中调指以中明度色为主面积的配色，即用不太亮也不太暗的中明度色构成主色调。由于主色调明度中等，所以即便是用高明度或低明度色作为配色，也不会单在明度上构成很强的对比。假如需要增加对比，就应该适当地在纯度和色相方面拉开距离。中明度配色适应范围很广，视明度差的大小和色彩纯度的高低而定，它既可能是活泼、兴奋、强烈的风格，也可能是含蓄、平静、凝重的风格。应当注意的是，在色相和纯度相对一致的情况下，切忌明度上拉不开距离，否则会令人感觉沉闷和模糊，在视觉上引起不快（图3-74）。

3．低调配色

低调是指以低明度色为主面积的配色，即用较黑、较暗的色构成主色调。整体上有凝重、深沉、严肃、忧郁的风格。假如配色明度差较大，即用浅亮的色彩进行搭配，会使沉重感有所减轻，并增加一些活跃的气氛，有时会使整体沉闷的调子突然有了生机。但应注意比例协调，以免破坏整体风格。明度差很低的时候，低调配色会显得调和有余，对比不足，这时同样应当在纯度和色相上进行调整。比如高纯度的暗色调服装就会有一种内蕴丰厚的感觉（图3-75）。

（三）纯度配色

在毛衫配色中，注重以色彩的不同纯度来进行搭配，相对弱化色相和明度的相互关系，就是纯度配色。比如：大面积地运用高纯度配色，能使整个色调鲜明、华丽、生动、活泼；反之，大面积地运用低纯度配色，会使整个色调变得朴素、沉静、含蓄而稳重。两者如果配置不好都会产生不好的视觉效果。前者配色不当，会产生动乱、生硬、刺激的效果；后者配色不当，则会产生灰暗、软弱、无力的效果。

色彩的纯度有高、中、低之分，不同的纯度差配色决定了整体效果的不同。一般有高纯度差配色、中纯度差配色、低纯度差配色等。

1.高纯度差配色

高纯度差配色是指高纯色与低纯色的配置。这种配色方法应用非常宽泛，一般不会引起强烈刺激的对比或过分的调和，较容易取得和谐的配色效果。作为低纯色的极端就是无彩色的黑、白、灰。鲜艳的纯色与黑、白、灰的搭配在我们的日常生活中极为常见。几乎任何一种纯色都可以安全地与黑、白、灰配在一起，所以黑、白、灰又被称为万能色，这也是高纯度差配色的典型例子。在使用这种方法时，还应结合明度的因素来考虑，比如低明度的纯色与黑或高明度的纯色与白都有可能产生过弱的视觉效果，所以在设计时应对各种要素作综合调配（图3-76）。

2.中纯度差配色

中纯度差配色一般有两种，即高纯色与中纯色相配或低纯色与中纯色相配。前者整体纯度偏高，同时如果色相差大，会加强对比的效果，应注意把握对比的度；后者整体纯度偏低，如果明度太近，则会显得沉闷和缺乏力度，应注意拉开明度的距离（图3-77）。

3.低纯度差配色

低纯度差配色是指色彩间的纯度差别较小的配色，如同为高纯色、同为中纯色或同为低纯色等。虽然都是低纯度差配色，但三种配色效果各不相同。同为高纯色时，效果刺激、鲜明而强烈；同为中纯色时，效果温和、稳重；同为低纯色时，效果则含蓄、朴素、沉静。由于纯度差太小，拉不开纯度的距离，一般在使用这种配色方法时，都会考虑从色相、明度上设置一些对比的要素，以期得到多样而统一的美学效果（图3-78）。

（注：图3-73～图3-78请见第84、85页。）

第五节　装饰

随着社会的发展，人们的审美水平不断提高，对服装的穿着要求也越来越高。为了满足不同的消费者，服装往往通过不同的装饰手法来丰富其内容。针织毛衫，根据其特性有着特有的装饰方法和手段，如：丰富的组织结构变化、变化多样的纱线、针织以外的装饰物等。毛衫的装饰从其空间造型来说，主要分为平面装饰、半立体装饰和立体装饰三种。平面装饰主要指的是在毛衫面料上本身存在的一些花型或者图案，这一般是由提供面料的制作厂商所设计完成的，一般我们称为面料花型设计。半立体装饰主要指毛衫出现至今，仍然占据主要地位的各种组织结构设计，当然今天的组织结构设计早已超越了从前的单调，随着科学技术的发展，先进的机器设备、材料和工艺，使得各种组织结构都有其独特之处。立体装饰恐怕是如今服装装饰界中最为得宠的了。这种装饰范围十分广泛，我们常见的服装上的各类饰品，诸如毛皮、珍珠、水钻、蕾丝等都是立体装饰，这种装饰设计已经延伸到了服饰配件的领域，但却是毛衫立体装饰中最为自由发挥的一类，让毛衫风格百变。除此之外，毛衫造型中的各种褶皱、荷叶、流苏、抽缩等都属于立体装饰，但也可以归为造型上的装饰。

一、织物组织结构变化产生的装饰

针织毛衫织物的组织结构归纳起来可以分为3种，即原组织、变化组织和花色组织。原组织是所有的毛衫织物组织的基础，如单面的纬平组织，双面的罗纹组织和双反面组织。变化组织是由两个或两个以上的原组织复合而成的，其是在一个原组织的相邻线圈纵行间，配置着另一个或几个原组织，以改变原来组织的结构和性能，如单面的变化纬平针组织、双面的双反面与罗纹交合的组织和棉毛组织等。原组织和变化组织又可称为基本组织。花色组织是以上述组织为基础而派生出来的，它是通过线圈结构的改变，或者另外编入一些色纱以形成具有显著花色效应和不同物理机械性能的花色组织，如提花、纱罗、集圈、毛圈和长毛绒等。针织毛衫织物的外观，有正面和反面之分。线圈圈柱覆盖于线圈圈弧上的一面成为织物的正面。线圈圈弧覆盖于线圈圈柱的一面成为织物的反面。线圈圈柱或线圈圈弧集中分布在织物一面的，称为单面羊毛织物；而分布在织物两面的，称为双面羊毛织物。针织毛衫的许多设计花样都是在编织过程中通过对针织物组织结构的设计来完成的。

针织毛衫的组织结构千变万化，这些不同的组织结构经过不同的组合能形成不同的外观特征，所以组织结构变化所产生的装饰效果是毛衫所特有的。作为一名出色的针织毛衫设计师一定要了解毛衫的基本组织结构，并根据不同的毛衫风格把握好虚与实、疏与密、露与透的关系。如果整件衣服都采用了纬平针、空花、集圈等单一的花色组织，就会显得单调乏味，反之如果在一件衣服上采用两种或两种以上的花色组织，效果就会丰富得多，但也要注意尺度的把握，太多的花色组织又会显得杂乱无章。

（一）平针类组织织物产生的装饰

1. 单面平针织物

单面平针织物两面具有不同的外观，由于反面的弧线比正面的线柱对光线有较大的漫射作用，因而织物的反面较正面阴暗。相比之下单面平针织物的正面显得光洁、平整。这种组织是针织毛衫中最常见的组织，其特点是结构简单、轻薄、柔软。

利用单面平针织物的组织结构产生的装饰针织毛衫的效果：最为常见的是在编织的过程中改变横条纱线的色彩，可以在针织毛衫上出现平行色条的效果；编织的行数可以控制横线条的粗细，等粗的横条效果整齐统一；交叉地编织粗细变化的线条，则可以在毛衫上产生渐变、律动的效果。单面平针织物编织横条从正面看光洁、平整、线条清晰。

2. 双面平针织物

双面平针织物表面光洁，织物性能与单面平针织物组织相同，但比单面平针织物组织厚实，线圈横向无卷边现象，有厚度感，这种织物主要用于外穿毛衫的下摆和袖口边、领边等。

图3-73 采用高调配色的毛衫图案

图3-74 采用中调配色的毛衫图案

图3-75 采用低调配色的毛衫图案

（二）罗纹类组织织物产生的装饰

罗纹组织具有典型的凹凸条纹效应，其两面都有凹凸棱，凸棱是由正面线圈纵行形成，而凹棱则是由反面线圈纵行形成。罗纹类组织的种类很多，它通常可以通过不同的粗细、不同的坑条来丰富视觉效果。简朴的1+1罗纹、2+2罗纹有贴体、修身的效果，可产生纵向凹凸条纹，形成自然的纵向分割线，有拉长身形的视觉效应。不同宽窄的罗纹组合，还能产生活泼、跳动的节奏感。

图3-76　采用高纯度差配色的毛衫图案

图3-77　采用中纯度差配色的毛衫图案

图3-78　采用低纯度差配色的毛衫图案

（三）移圈类组织织物产生的装饰

移圈类组织织物由于线圈移位的方法不同，所产生的花色效应也不同，一般分为挑花和绞花两种。

1. 挑花织物

挑花织物是在纬编基本织物的基础上，根据花型要求，在不同针、不同方向进行线圈移位，构成具有孔眼的花形，因此，挑花织物又称起孔织物。挑花织物有单面和双面两种。

单面挑花组织织物的制作是利用手工或机械转移线圈而织成，由于线圈被移开，织完下一行的时候，移开的部分显现出孔洞的效果。单面挑花组织织物具有轻便、美观、大方、透气性好等特点。挑花工艺还可以形成特殊的漏针效果，就是挑走的针不补上，漏针处形成了长距离的连线效果。

双面挑花组织织物比单面挑花组织织物的花形变化更丰富，其也具有轻便、美观、大方、透气性好等特点。这种组织结构可以用来设计具有女性化特征的服装。在形成孔眼效应的织物中，除挑花织物主要采用移圈为主的方法外，还有采用织针脱套、集圈以及扳花等手段来得到孔眼效应的织物，这种织物叫通化织物。

2. 绞花织物

绞花织物有1+1、2+2、3+3等线圈移位方式，在织物表面形成如“麻花”形状的扭曲的纵行花型。绞花组织分为单面绞花和双面绞花。

绞花组织通过相邻线圈互相移位形成的肌理效果非常独特，移位的线圈数目越多，采用的纱线越粗，其效果越强烈。绞花织物有凹凸感的外观给人以厚实的感觉，利用移圈的斜向移动和互相交叉的基本针法可以组合编织成较大的花型，是一种十分常见的组织结构。适合编织男女针织毛衫外套，有粗犷豪放、充满青春活力的美。另外，在四平抽条织物上，还可以采用手工结扎，即用轧花的方法来模拟绞花移圈的效果。

（四）波纹类组织织物产生的装饰

波纹类组织织物是通过反复左右移动后机床的位置，来得到纵向线条的类似波纹状的凹凸曲折的图案。折线的长度由织物的行数决定，而方向由后机床的移动方向来决定。采用的基本组织不同则可以改变织物的具体外貌。波纹类组织织物具有一定的厚度，变化丰富，常用于针织毛衫领口、袖口的装饰，也可为全身的编织图样。

（五）提花类组织织物产生的装饰

提花组织根据组织结构，可分为单面提花和双面提花两大类。提花组织形成的各种花型，具有逼真、别致、美观大方、织物条纹清晰等优点（图3-79）。

一般来说，一件毛衫都会用到两种以上的花色组织。所以在同一件毛衫上合理地运用不同的组织可以丰富服装的外观效果，装饰性强（图3-80）。

二、添加装饰物产生的装饰

在针织毛衫上添加的装饰物主要分为两大类：一种是以实用为主的装饰物，如拉链、纽扣、别针等。另一种是单纯以装饰为主要目的的装饰物，如单独的钩花装饰等。

拉链、纽扣、别针这些服装辅料一般都以实用性为前提，起到固定和连接的作用，但同时它们也是很好的装饰手法。

纽扣：在针织毛衫设计中，纽扣既具实用性，又有装饰效果。在造型中能起到点缀、平衡和对称的作用，还可以使人们的视线集中。一件平淡无奇的衣服，只要配上几粒新颖别致的纽扣，就能立刻生色增辉（图3-81）。

搭扣、拉链：和纽扣一样以功能性为前提，同时搭扣、拉链也是很好的装饰物。如在一件素色的针织毛衫上加一条装饰拉链，不仅能起到连接衣片的作用，还能对服装的着装效果起到画龙点睛的作用。当拉链作为分割线时，给人以活泼、富有动感的感觉。装拉链的服装具有简洁、方便、随意的特点。

毛线绒球：是针织毛衫特有的装饰物。

三、后加工产生的装饰

毛衫成型以后，我们会根据其风格特征有针对性地再进行装饰加工，最终达到设计师的要求，这种后加工产生的装饰范围比较广，方法和手段也比较丰富。

1. 刺绣

刺绣是在机织物、编织物上，用针和线进行绣、贴、剪、镶、嵌等装饰的一类技术总称。根据所用材质和工艺的不同，刺绣又分为彩绣、白绣、黑绣、金丝绣、暗花绣、网眼布绣、镂空绣、抽纱绣、褶饰绣、饰片绣、绳饰绣、饰带绣、镜饰绣、网绣、六角网眼绣、贴布绣、拼花绣等。不同地区与民族都有其代表性的刺绣工艺，如：欧洲的法国刺绣、英国刺绣、匈牙利刺绣、瑞典刺绣；亚洲的中国刺绣、日本刺绣、克什米尔刺绣等。每一种刺绣都以其鲜明的民族特色著称于世。针织毛衫可运用到的刺绣方法有很多种，如十字绣、辫子绣、平绣、缠绣、缭绣、打子绣、米字绣、套环绣等。刺绣是针织毛衫中常用的一种后加工的装饰手法，主要表现为：与衣身同料同色、同料异色、异料异色的平面刺绣，与机织面料相结合的贴布绣，有填充物的立体刺绣，服装面料以外的珠子、鳞片、绿松石等有特色的刺绣。

2. 贴花

贴花是常与机绣组合使用的一种修饰方法。主要有两种形式：一种是平面的，另一种是立体的。贴花既可用于圆机产品，又可用于横机产品上。其多数被用于童装的装饰，也有少量用于女装上，近年来有的羊绒衫的设计上为了防止肘部提前磨损，在肘部加上一块羊绒机织的面料，既美观又实用。贴花时按照各种花型的形态、颜色或者某种抽象的图案，采用圆机编织物或横机编织物进行不同面积的分块贴布，组合成各种各样的图案，然后用机绣针迹或者手绣在贴花的交接处和图案周围进行锁边，并加以细小部分，如花茎、花蕊等加以点缀。贴花的方法，可按照设计图的需要进行，有的可采用同种织物组织贴花，有的则可采用不同组织结构的平绒、丝绒、丝绸、皮革、人造革等，以产生别具一格的贴花效果。另外，还可在贴花花型的附近以手绣或机绣来给予装饰，以达到更好的花型效果。贴花的特点：远观效果好，色彩鲜明，立体感强，花型变化容易。

3. 抽带和系带

抽带和系带在针织毛衫中的运用大多是实用功能与装饰功能为一体的，常常能通过一条小小的带子营造出你意想不到的多种效果，这就是绳带的神奇所在。

抽带和系带用于装饰女式毛衫，其风格是极具女性化的。用于抽带、系带的材质多数是缎带，缎带不但色彩繁多，而且有许多宽度的选择，还可以把缎带折叠或收缩，抽碎褶固定制成花蕊状，使得绣出来的花栩栩如生，立体感强。有的设计将缎带和起孔织物相结合，将缎带穿入织好的衣片上预留的针孔中，形成一小段一小段缎带穿插其中的外观。还有的设计将缎带分段编入针织毛衫中，留出两头的部分在外，形成穗状的外观，别有新意（图3–82）。

4. 绳饰

在针织毛衫的设计中，有相当一部分的设计师利用绳子作为装饰物的。绳子的材料多种多样，有直接利用毛线编结出来的绳子，有皮革制作出来的绳子，有各种各样的机织装饰绳，手工制作的绳子有编织绳、打结绳，以及用布料制作的绳子。在针织毛衫上作为装饰物的绳子通常具有一定的弹性，最常见的是用线将绳子固定在毛衫的表面，叫做绳绣。利用绳子的弯曲、翻转做出各种图案并将其固定在毛衫的表面，在衣服的滚边和镶边装饰上是常用到的。绳绣在针织服装上的固定方法，有在绳子下面进行固定和垂直固定等。在有连帽设计的针织毛衫上绳子具有收缩帽檐功能和装饰的作用。在针织毛衫的下摆等处有时直接利用本色的毛线编织出细绳，或是皮革裁制成细条状，加以缝合后制作出

图3-79　提花图案在女装毛衫中是重要的装饰手法之一

图3-80　多种组织结构运用在同一件毛衫上形成丰富的装饰效果

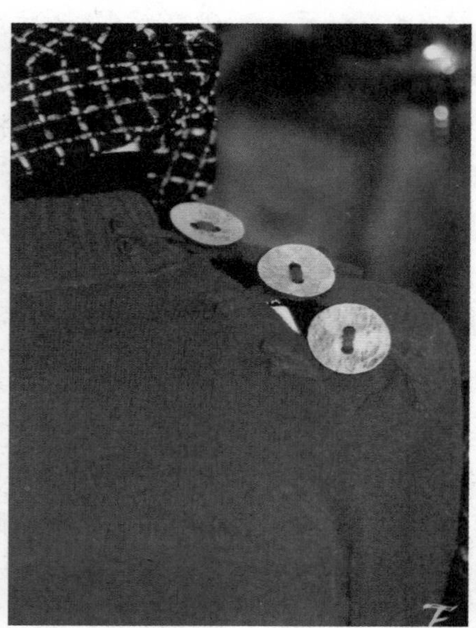

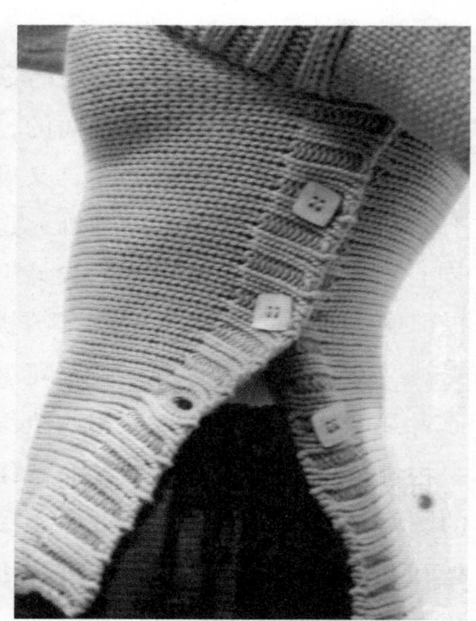

图3-81　不同材质的纽扣，功能与装饰相结合

穗的效果。有的针织毛衫设计是利用绳子对服装进行抽缩而产生褶的装饰效果，或者利用绳子在服装上的相互串联的形态作为装饰。

5. 流苏

流苏在民族风情的毛衫上运用得较多。细细长长的流苏在裙边、袖口、衣角、腰带上运用得特别抢眼。长长的流苏，可把一件平常的毛衫点缀得浪漫动人。

6. 蕾丝

蕾丝俗称花边，是以编、结、缠等手法制成的镂空织物，可分为手工蕾丝和机制蕾丝两类。蕾丝以其优美精致、纤细透明的特点，而被广泛地运用在女式服装上。很多著名品牌对蕾丝的运用都达到了出神入化的地步，如我国女装品牌中的“淑女屋”，通过在服装不同部位添加不同造型的蕾丝，很好地突出了女性的柔美和娇媚，深受女性消费者的青睐。蕾丝的种类很多，其装饰方法可分为局部的贴覆或镂空、整体的裁剪组合和镶边装饰三种。局部的点缀除要突出重点之外，还要与面料的色彩、图案、肌理形成对比，使整体造型新颖别致。大面积地运用蕾丝最能体现含蓄、朦胧之美。但应把握好面料与蕾丝特性的裁剪组合，从而赋予服装以“透”而不“露”的效果。近几年来，蕾丝在针织毛衫上也不可思议地被大量采用，如在袖口、领口、裙边等处都有蕾丝轻柔地绽放。

7. 动物皮毛

动物皮毛具有很强的装饰性和保暖性。毛皮从来都以其优雅、高贵的品质被运用在各类高级时装的设计中。服装上使用的皮毛多种多样，设计师一般按皮毛的长短和特性的不同，在相应的服装款式中加以运用。既可以对皮毛的颜色进行与设计协调的染色加工，也可以直接使用自然色。既可以在领口、袖口进行可脱卸的装饰运用，也可在衣身进行分割镶拼。随着人们生活水平的提高，皮毛服装的舒适性、保暖性和装饰性以其无穷的魅力作为冬季时装的装饰材料而受到消费者和设计师的青睐。

8. 成衣染色

先织成一定款式的白坯服装，然后根据流行色的色彩变化来进行染色，可以真正做到多品种，少批量。在成衣染色中，不但可以染出一种色彩，还可以根据需要调制出色彩的深浅和浓度，分层染色，使服装的色彩产生渐变的效果，而且过渡色自然柔和。还可以结合扎染工艺，对较薄的毛衫进行先扎后染，用来设计比较个性化的服装。

9. 印花

印花针织毛衫的花形变化多，新颖别致，手感柔软，具有提花毛衫难以达到的优越性。针织毛衫的印花主要采用筛网印花，在筛网印花中，又以手工刮版印花为主。其印花的花形变化多，花型大小不受限制，既可将图案印制在衣服的特殊位置，又可印制身袖接缝吻合无间的连续花纹，可得到瑰丽、鲜艳、新颖、别致的花形效果。

10. 手绘

针织毛衫上的手绘图案是毛衫图案装饰中崛起的新秀，手绘图案是具有丰富表现力的独特工艺，可以不受印花的套色限制，也不受毛衫款式的限制，它以精湛的手绘艺术与服装款式巧妙结合。手绘图案有多种风格和表现手法，有的采用国画中的泼墨写意或工笔的画法，有的采用装饰画或油画的技巧，手绘图案通常使用与织物纱线能结合的颜料绘制，绘制时掌握好颜料的干湿度，手绘图案一般需待其自然干燥或烘干后，再用熨斗烫几分钟，使颜料牢固结合在针织毛衫上，使其既不会褪色又不会脱落。手绘毛衫的艺术效果很好，主要用于中高档的针织毛衫设计中。

四、色彩和图案产生的装饰

在针织毛衫的设计中，丰富的色彩和美丽的图案是设计师取之不尽的灵感来源，也是非常讨巧、具有鲜明视觉冲击力的设计手法，有很强的装饰性。下面介绍几种极具代表性的装饰手法。

1. 条纹

在针织毛衫中，条纹可以是抽象的纵条或横

图3-82　缎带所产生的装饰效果

条，也可以用具象事物来表现，像旗帜、腰带、十字或字母，虽然它们都是条纹，却变化丰富，可赋予时装不同的形象和生命。条纹是服装重要造型元素——线的体现，包括横向条纹、纵向条纹、波浪形条纹、锯齿形条纹等，条纹的方向性、运动性以及特有的变化性，使其既能表现动感，又能表现静感，还能传达很好的旋律感和节奏感。而时间感和空间感则是通过条纹的延续性来完成的。在条纹衫中以黑白条纹最为经典。因此，设计师在设计条纹时应花大量时间去考虑条纹结构，以及组成条纹的色彩的量感与色相的组合，使它们看起来有意味（图3-83）。

图3-83　人字纹能传达很好的旋律感和节奏感

2. 菱形格

菱形格也是针织毛衫常用的设计元素。英伦风格的菱形格注重几何造型的处理，在T台上是夺人眼球的视觉创意法宝，是永不褪色的经典。在设计菱形格时，要注重针织时装的底色、菱形格的颜色以及斜十字线的颜色三者之间的空间用色关系的处理，使其产生错落有致的层次感和张扬的力度（图3-84）。

3. 欧普艺术（OP Art）

“OP”是“Optical”的缩写形式，意思是视觉上的光学。“欧普艺术”所指的是利用人类视觉

图3-84　经典的菱形格运用在男装上稳重而有活力

上的错视所绘制而成的绘画艺术。因此欧普艺术又被称为视觉效应艺术或光效应艺术。其特点是利用几何形和色彩对比，造成各种形与色彩的变化，给人以视觉错乱的印象。黑白构图为其典型。最神奇的是，欧普印花图案所产生的视觉错觉只要运用得当，就可以成功达到修饰、雕塑凸凹有致身材的目的。它主要可以分为两大类：黑白和彩色（线条与色块的组合、各种几何形的组合等），有许多设计师把它作为设计的灵感来源。如三宅一生（Issey Miyake）运用面料的褶皱来表现不同的光影效果，米索尼善于运用欧普的不同色彩来表现服装，阿玛尼选用经典的黑白欧普图案通过不同的几何形来体现女性。

第六节　工艺

一、羊毛衫工艺设计原则

羊毛衫的编织工艺设计，是整个毛衫设计的重要环节，编织工艺的正确与否，直接影响毛衫的款式和规格，并与产品的用毛率、劳动生产率、成本和销售有很大的关系。

羊毛衫的编织工艺设计要根据产品的款式、规格尺寸、编织机械、织物组织、密度、回缩率、成衣与染整手段及成品重量要求等诸多因素综合考虑，制订合理的操作工艺和生产流程，以提高羊毛衫产品的质量与产量。羊毛衫编织工艺设计的原则如下。

1. 按照经济价值划分高、中、低档产品设计

羊绒衫、驼毛衫、兔毛衫、羊毛衫等产品的经济价值较高，在编织和缝纫方面的工艺均需考虑精细、讲究，设计要精心。腈纶等化纤衫一般属低档产品，在做工上可以简化，在款式上则可多变。

2. 节约原材料，降低成本

在整个羊毛衫编织工艺设计的过程中，要精心计算，精心排料，减少原材料、辅料的损耗，降低生产成本。

3. 结合生产实际情况制订优化的工艺路线

在制订工艺路线时，必须结合生产的具体情况，根据生产的原材料、设备条件、操作水平以及前、后道工序的衔接等因素，制订出最短、最合理的工艺路线。

4. 提高劳动生产率

编织工艺的设计，必须在确保产品质量的前提下，有利于挡车工的操作，缩短停台时间，减少织疵，以提高劳动生产率。

5. 严格执行中试制度

为保证产品的质量，提高工艺的合理性、经济性和正确性，应在设计、试样以后，经小批量试生产核实并修改工艺，方可批量生产。

综上所述，在进行羊毛衫产品编织工艺设计时，既要保证产品质量，又要考虑节约用料，方便操作，提高生产效率，进而提高羊毛衫产品的经济效益。

二、横机编织羊毛衫的工艺设计

1. 机号与纱线线密度的选定

根据毛衫的组织及原料、纱线的线密度，合理选用编织机器的机号，不仅对织物的弹性和尺寸稳定性、抗起毛、起球等服用性能有极大的关系，而且对提高产品质量有着重大的意义。

目前，横机可分为细机号（机号在8针以上，包括8针）和粗机号（机号在8针以下）两种，常用机号有4、6、9、11针等。机号和纱线线密度、织物组织有密切的关系，机号越高，针距越小，可加工的纱线越细，织物密度也越紧密。

2. 密度的确定与回缩

纱线线密度一定时，羊毛衫产品的稀密程度可用密度来表示，沿线圈横列方向10cm长度内的线圈纵行数称为横密；沿线圈纵行方向10cm范围内的线圈横列数称为纵密。羊毛衫产品的密度又分为下机密度（又称毛密度）和成品密度（又称净密度）两种。成品密度是产品经过松弛收缩后达到的稳定状态，是工艺计算的基础之一，应根据选用的纱线线密度、机号、产品的重量、织物的风格及服用性能等确定最佳密度。合理的密度对比系数不仅可以改善织物的外观，使织物纹路清晰，而且可使织物尺寸稳定性提高。

羊毛衫衣片下机后，要进行回缩，影响编织物回缩率的因素较多，如原料性质及加工方法、织物组织、加工过程张力、染色后整理等。正确选择织物的回缩率，对确保产品的规格和质量尤为重要。

3. 羊毛衫工艺计算

羊毛衫编织工艺计算是羊毛衫产品设计中必须熟练掌握的重要内容。羊毛衫工艺的计算，是以成品密度为基础，根据各部位的规格、尺寸决定所需的针数与转数，同时，考虑在缝制过程中的损耗。

三、羊毛衫的生产工艺流程

羊毛衫生产采用的针织机主要是横机和圆机，毛衫的生产工艺流程如下。

（一）通常毛衫设计工艺流程

设计→定稿（定原料、组织、机型）→络纱→织小样→定密度→编织计算，编织图→编织→衣片（罗纹）→翻针→衣身→收放针→下机→袖片→裁剪→锁边→缝合→缩绒→水洗→特殊装饰→纽扣→整理→成衣。

（二）横机产品生产工艺流程

1. 全成形衣片

原料进厂→原料检验→准备工序（络纱）→横机织造→检验→成衣。

2. 半成形衣片

衣片（手工、机械缝合）→染整（成衫染色、拉绒、缩绒、特种整理等）→修饰工序（绣花、贴花等）→检验→熨烫定形→成品检验、分等级→包装→入库→销售→反馈信息。

（三）圆机产品生产工艺流程

原料进厂→原料检验→准备工序（络纱）→圆

机织造（圆筒坯布）→坯布检验→坯布染色整理、定型→成衣（裁剪、手工与机械缝合）→修饰工序（绣花、贴花等）→检验→熨烫定型→成品检验、分等级→包装→入库→销售→反馈信息。

四、羊毛衫的成衫工艺

成衫工艺是羊毛衫工艺设计中的重要组成部分之一。成衫工艺与服装的款式、品质要求、服用性能以及生产成本等有着密切的关系。

（一）毛衫的成衫染色

一般的羊毛衫产品均用色纱成衫，而成衫染色是先成衫后染色，因此成衫染色产品有其独特的风格。

1. **色泽鲜艳**

成衫染色可减少编织及成衣过程中所产生的色花、色差、色档和油污、杂质等各种疵点。同时，毛衫在染缸的热流中运动，毛纤维受热而开始扩张和拉伸，能顺利地吸收染料分子，可提高毛衫色泽的鲜艳度。

2. **绒面丰满、手感柔软**

未经染色的羊毛，其纤维的鳞片未受损伤，纤维的弹性好，因此成衫染色产品的缩绒效果比色纱产品好，手感柔软，绒面丰满。

3. **生产管理方便**

由于织片均采用本白毛纱，可增加白纱储备量，便于随时翻改品种和调整批量大小，而不必配染对色缝毛。

（二）毛衫的成衫印花

毛衫的成衫印花是指在毛衫上直接印染色彩图案的特殊整理工艺。印花毛衫具有色泽鲜艳、图案逼真且手感柔软的特点，可以根据设计构思进行局部印花和全身印花。

传统的网印工艺在印花后需要烘干、汽蒸才能达到固色要求，而色泽鲜艳度会受到一定影响。如果操作不当还会造成毛衫变黄发焦。近年来发展的常温印花，工艺简单，色泽鲜艳，手感柔软，节约能源，投产快。

（三）毛衫的成衫后整理

随着国内外市场对羊毛衫品种和外观质量的要求愈来愈趋向于高档化、时装化和多样化，除了优化工艺设计外，还需重视羊毛衫的后整理工艺，只有新的后整理工艺才能适应新原料的应用以及消费者“三化”的穿着要求。常用的后整理有：缩绒、拉毛、防起球、防缩、浮雕印花、蒸烫定型等。

1. **成衫的缩绒工艺**

缩绒（毛）是羊毛衫后整理工艺的一项重要内容，主要应用于羊绒、驼毛、羊仔毛等粗纺类毛衫，精纺类毛衫以及某些精纺化纤产品也可以洗涤方式进行“轻缩绒”处理。

羊毛衫（或毛针织坯布）在一定湿热条件下，浸在中性皂液中，经过机械外力（摩擦力）的搓揉作用，使织物表面露出一层均匀的绒毛，并取得外观丰满、手感柔软、保暖而富有弹性的效果。这个加工工艺过程称缩绒（毛）整理。

对羊毛衫进行缩绒处理有较高的要求，缩绒工艺合理，处理得好，毛衫在表面产生绒茸，给人以美观、柔和的感觉。反之，则会出现两种情况，一是缩绒不充分，毛衫达不到丰满、柔软的目的；二是缩绒过度，毛衫产生毡缩，直到毡并。毡并是不可逆的，毡并后，经、纬向显著收缩，织物变厚，弹性消失，手感发硬、板结，毛衫品质完全被破坏。

2. **成衫的拉毛工艺**

拉毛又称拉绒，是用机械外力将针织物表面的纤维拉出，产生一层绒毛外观，可使织物手感柔软、外观丰满、厚实、保暖性增强。

拉毛可在织物正面或反面进行。拉毛与缩绒的区别在于：前者只在织物表面起毛，而后者则是在织物两面和内部都起绒；前者对织物的组织有损伤，而后者不损伤织物的组织。拉毛工艺既可以用在纯毛毛衫上，也可以用在混纺与腈纶等毛衫上。

目前，拉毛多用在不具有缩绒特性的腈纶产品

（衫、裤、裙、围巾、帽子等）上，以此来扩大其花色品种。坯布一般采用钢针拉绒机，其与针织内衣绒布拉绒基本相同。横机生产的毛衫产品一般进行整衫拉绒，为了不使纤维损伤过多和简化工艺流程，通常不采用钢针拉毛机，而以刺果拉毛机来做干态拉毛。

3. 成衫的特种整理

羊毛衫的特种整理是新型的后整理工艺，主要是为了适应新原料以及消费者的穿着要求和洗涤要求而产生的。当前国际上大致有：防起球、防缩、防蛀、防霉、防污、阻燃等特种整理，目前主要用于提高外观质量的防起球整理和适应家庭洗衣机发展的防缩整理。

4. 成衫的蒸烫定型

羊毛衫后整理的最后一道工序就是蒸烫定型，蒸烫定型的目的是为了使羊毛衫能具有持久、稳定的标准规格，表面齐整，使织物既柔软又富有弹性和一定的身骨，并富有光泽感。

羊毛衫的蒸烫定型，主要是在一定的热、湿条件下，纤维分子的结构发生改变，冷却后在新的位置上固定下来。同时，在热、湿条件下，毛纱的内应力消除，形成了松弛收缩，在这时加以适当的压力（张力），使角朊大分子中的氢键断裂、伸长，在新的位置上牢固结合。因此，加热、给湿、加压、冷却就成了羊毛衫蒸烫定型工艺制订时的4个必要条件。

课后练习

思考练习

1.针织服装设计的基本要素有哪些？

2.针织服装的局部设计包括哪几方面？

案例分析

请以当季商场中某品牌针织衫为分析对象，对其进行以上要素解构与分析，并整合为书面报告。

实训项目

针织毛衫的局部设计素材整理：领型、袖型、下摆、门襟、装饰。

应用理论与训练——

针织服装的设计表达

课程名称： 针织服装的设计表达

课程内容： 针织毛衫设计表达的特点

针织毛衫设计表达的技法

系列毛衫设计表达的技巧

上课时数： 12课时

训练目的： 了解针织服装表达的特点，掌握针织服装设计表达的技法与技巧。

教学要求： 了解针织服装设计表达的内容，表达技法和技巧，让学生能用技法和技巧来表达针织服装。

课前准备： 时装画技法

第四章　针织服装的设计表达

第一节　针织毛衫设计表达的特点

针织服装设计表达所采用的设计效果图及时装画是一种特殊的绘画形式，它不同于一般的人物绘画。其主要目的是表达针织服装设计而非表现刻画的人物。它是站在服装的角度，运用绘画技巧，综合性地表现人与服装的搭配关系，以点、线、面、体、空间、色彩、质地等来充分表现服装设计意图的绘画形式，是在充分表达了设计意图的基础上，再进一步将艺术的表现力、感染力注入其中从而达到其表现目的的特殊画种。所有的手段都是为了更好地表达出针织服装独特的魅力。

首先让我们来了解一下什么是时装画，什么是服装效果图。时装画是以时装为表现主体，展示人体着装后的效果、气氛，并具有一定艺术性、工艺技术性的一种特殊形式的画种。而服装效果图，是对时装设计产品较为具体的预视，它将所设计的时装，按照设计构思，形象、生动、真实地绘制出来。两者都是服装设计的基础，是衔接服装设计师与工艺师、消费者的桥梁。时装画较服装效果图更具有绘画性及感染力，也更加夸张写意、传神入化地表现设计师的情感及意图。而服装效果图则相对的要写实，更加具体化、细节化。但是，无论是时装画还是服装效果图都要以所设计的服装为主体，为了区别于一般梭织服装，我们选择针织服装中最有设计特点的针织毛衫来介绍。就针织毛衫来说，其表现特征主要有以下几个方面。

一、突出主体，注重细节

服装效果图顾名思义主体是服装，如果是设计一件毛衣，那下装（裤子、裙子）和配饰可以简略，重点突出毛衣。服装效果图的主要目的是为了指导制作，因此针织毛衫的效果图，细节表现要放在首要地位。具体来说，一些局部的组织结构、袖子和衣身的收针花、领口、袖口、下摆的罗纹等，必须清楚地、按比例地表达。这些细部对毛衫的工艺设计都有很重要的指导作用。

二、结构清晰，色彩鲜明

针织毛衫与其他服装的重要区别之一是色彩丰富，颜色鲜艳，这是由于它本身的纱线的特性所决定的，所以在画图时要特别突出这点。一般来说，我们在画针织毛衫的效果图时，应用色明确单纯、清爽饱和，视觉效果明朗化。

为了表现设计主题及渲染服装的着装氛围，在构图上要复杂而且多变，同时结构要清晰明了。结构清晰的针织效果图能够很好地集中他人的注意力，使之将重点放在服装设计的表现之上。

三、构图简洁，画面完整，有较强的艺术感染力

由于时装画及服装效果图以表现服装设计意图为目的，不以人物的内心刻画及渲染为主，所以将着眼点放在了针织服装与人物的关系之上。因此单纯简洁的构图形式是时装画及服装效果图最重要的

特征之一。

根据针织毛衫的设计主题来设计构图，一般在画面组合上会出现几个人或双人的组合形式，也有单人的形式，并且会运用一定的场景、道具等来衬托人物及服装而达到强烈的表现目的。如果是秋冬装毛衫，那么就会选择一些温暖的场景，人物和背景融合在一起使画面完整，但要注意的是背景不要太花，不然会喧宾夺主（图4–1）。

第二节　针织毛衫设计表达的分类及作用

根据不同的需求和目的，设计表达的形式各不相同。就设计程序而言，设计师所作的设计图种类分为：草图、工艺意匠图、设计效果图、款式图及插图或招贴画。对于一般的针织服装设计师来说，应该掌握的是草图、工艺意匠图、设计效果图、款式图。

一、草图

草图是记录设计思想，将瞬间而过的设计灵感加以形象化的简易图。由于草图简便易行、省事省力，因此在设计的过程中从收集资料到设计的最终完成，自始至终设计师都离不开草图。设计师用草图记录可用资料、凝固瞬间即逝的设计灵感；借助草图勾画初步设想、推敲设计方案等。一般来说，草图只用单色线条完成（图4–2），也有用彩色笔绘制草图来完成工作的。

在设计过程中，设计师要绘制大量的草图以便用于挑选。设计师将自己头脑中涌现出来的大量设计想法，以草图的形式表现在纸面上，经过深思熟虑的加工后再固定下来，形成最终想要的设计形式。鉴于以上原因，草图的画法会因人而异，自我成章。

二、工艺意匠图

工艺意匠图包含两个方面的意思：其一是指为表现设计概念而作的意匠图。这是指在每一季推出新概念、新企划之前，在决定具体的造型时所作的传达设计概念的时装画，也就是说是写意性的、没有具体细节及内容的在发布之前所作的时装画。其二是指为了实现设计意图、完成设计效果而作的工艺意匠图（图4–3）。

工艺意匠图是指表现针织工艺结构及针法的十分具体的工艺图。这种图会因不同的单位或场合，根据具体的生产条件及生产水平来加以绘制。有些单位或部门由设计师亲自绘制完成，有些单位或部门由设计师画出大体的意匠图再委托工艺师根据具体情况精心绘制完成（图4–4）。

三、设计效果图

设计效果图是为表现设计构思而绘制的正式图。设计效果图应该造型优美、色彩和谐、比例严谨、结构清晰，材料质感明朗准确，并经过反复推敲、完整搭配后形成最终的全面表现设计的正式效果图。设计图在服装公司的产品开发中，作为公司的产品样本，多用于打样指导及生产加工的范本，是设计师表达设计意图的专业语言，是设计师必须牢牢掌握的专业技能。

四、款式图

款式图主要是表现针织服装实际款式结构的线描图。款式图为了表现服装结构又分为正、反、侧三种。正面款式图主要充分地表现服装的领型、肩与袖的结构关系、前门襟的造型、腰身及整体造型；反面款式图主要表现服装后背的造型及后背的其他设计变化；而侧面款式图则主要表现衣身前后的造型关系，交代前后结构的转折关系以及衣身的穿着。款式图可以是彩色的，也可以是黑白的、不上色的。款式图是加工生产过程中重要的示意图，也是设计效果图重要的补充部分，由于款式图十分具体地表现了设计的细节，所以是不容忽视的一部分。在有些服装企业中有时设计人员会省略设计效果图，但无论如何不能缺少服装款式图。

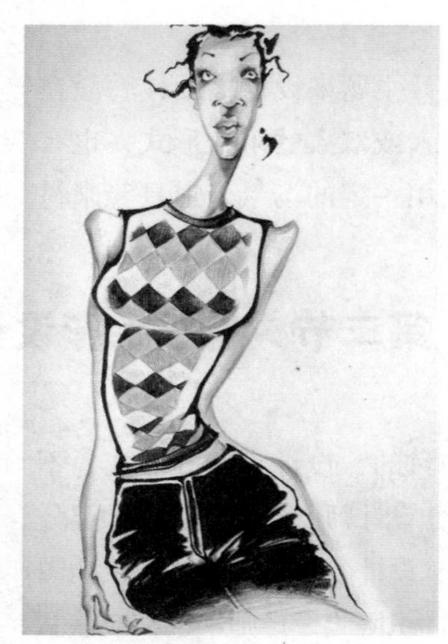
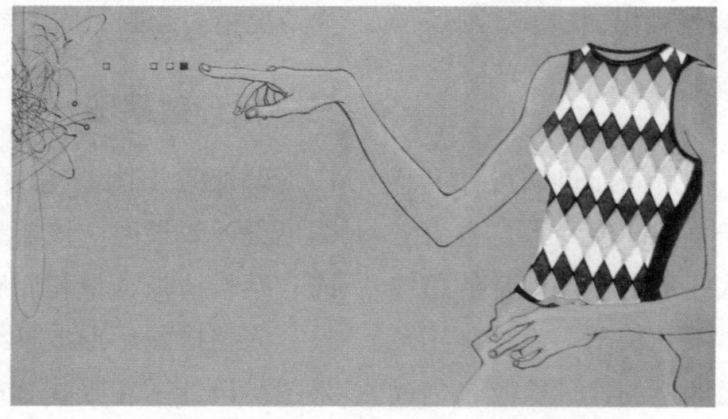

图4-1　通过不同的设计手法表达同一款针织毛衫，目标相同——突出主体，画面上毛衫是主角

图4-2　单色线条草图

图4-3　工艺意匠图（1）

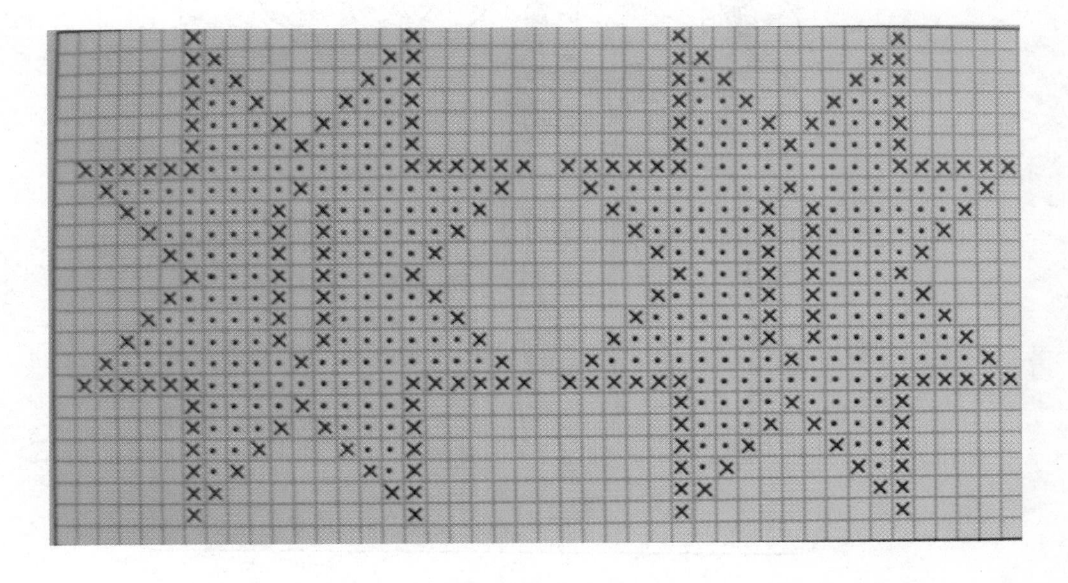

图4-4　工艺意匠图（2）

第三节　针织毛衫设计表达的技法

针织毛衫设计的表达技法很多，不同的设计师有不同的表达手法，不同的服装、不同的组织结构也有不同的表达方式。对于针织毛衫设计来说，基本的表达技法有以下几种。

一、钢笔画技法

这里所指的钢笔也包括针管笔，通过不同型号的笔来表现针织毛衫的款式图、结构图。这种技法的特点是笔触均匀，线条清晰，而且使用方便。特别是勾画一些细节部分很方便，同时也是表现钩针织物的理想选择。由于这种技法颜色比较单一，所以我们可以通过实线、虚线、点三者交叉使用，使画面有虚实感，同时也可以产生黑、白、灰不同的色调（图4–5、图4–6）。

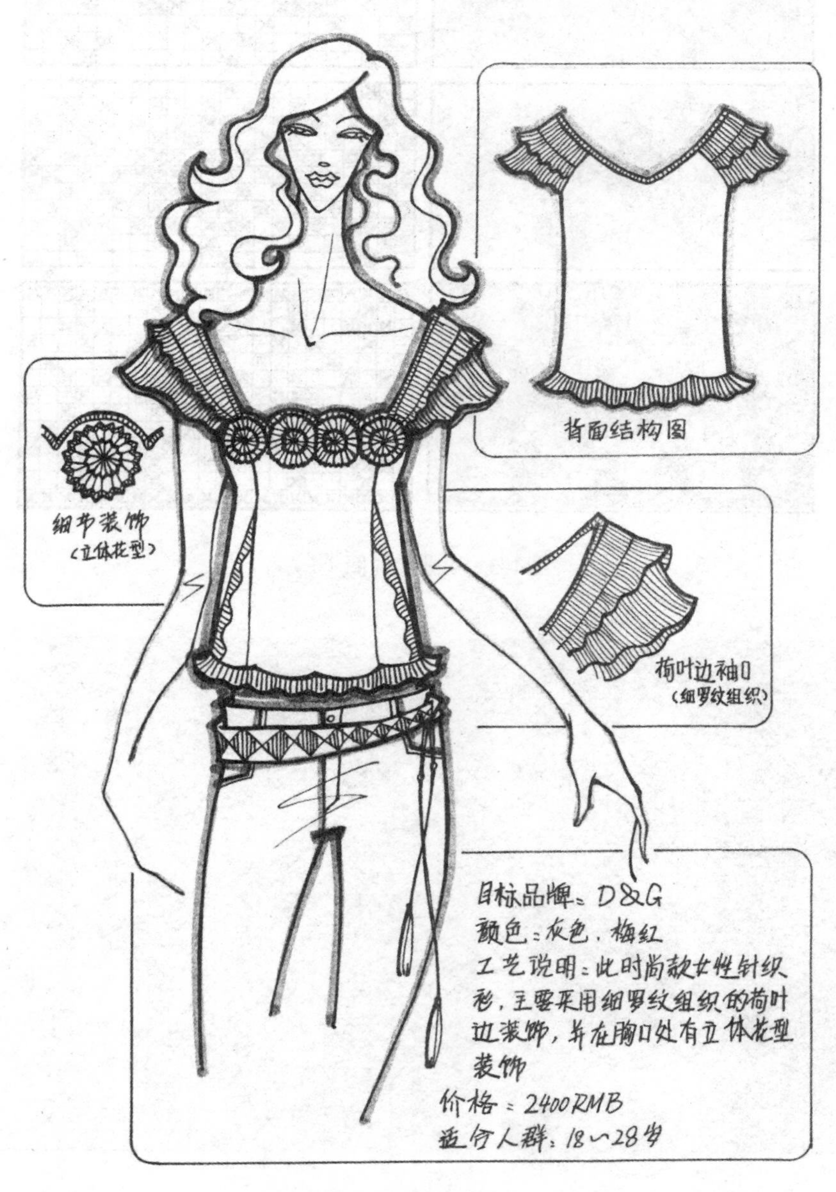

图4–5　钢笔画（1）

图4-6　钢笔画（2）

二、彩铅画技法

用彩铅作图对纸张的要求较高，要选用表面粗糙的纸，这样才出效果，而表面光滑的纸不易上色。这种方法先用彩笔勾勒出服装的基本轮廓及大概的针法结构，再用其他工具描绘细节、施加明暗，平涂与勾线相结合。彩铅加油画棒适合描绘粗犷的针织外套及花纹交织针织服装（图4-7）。

图4-7 彩铅画

三、水粉画技法

水粉是表现针织毛衫最方便、最常用的表达手法，效果层次也更为丰富。水粉画利用水粉色厚重浓艳的色彩效果，或进行平涂渲染，或点缀勾勒，以表现针织外套及其他花纹交织的针织服装。另外，水粉颜料具有很强的遮盖力，即使画坏了也能够及时修改，而且即可厚涂又可薄绘，能够很好地表现厚质感或特殊质感的针织效果，同时那丰富多变的装饰效果又具有极强感染力和表现力（图4-8）。

在使用水粉画技法时，通常有三种表达方式：

（1）明暗表现法：通过类似于素描的明暗关系，用色彩来表现服装的美感。

（2）平涂勾线法：这是表现针织毛衫，最方便、表现力最强的画法。用色彩均匀的平涂，再用钢笔或毛笔进行勾线。

（3）平涂留白法：在用色彩填色时，故意把

图4-8 水粉画

一些衣纹、褶皱留白，再进行细部纹理组织的刻画，效果简洁干净。

四、水彩画技法

水彩画技法是一种较为写实的手法，根据水彩颜料特点可以分为湿画法和干画法两种，如果两种方法结合在一起使用，更能达到良好的表现效果。利用水彩色透明晶莹的色彩特点，用平涂、晕染的方法绘制出针织内衣及平纹毛衫细腻柔滑的材质效果。另外，在作图时，要注意水彩的掌握，以免使画面看起来很脏（图4–9）。

图4–9 水彩画

五、色粉画技法

色粉画技法在针织毛衫的设计图中被广泛运用，色粉笔特别能表现毛衣柔软、蓬松的风格。同时可以选择一些不同颜色、不同材质的纸张（如彩色卡纸等）配合色粉笔作图，效果更为明显。完成效果图时，千万要记住喷一层胶，这样才不易掉色（图4–10）。

图4–10 色粉画

六、麦克笔画技法

麦克笔也叫记号笔，使用方便，笔调干净利落。麦克笔有油性麦克笔和水性麦克笔两种，笔头的形状也有尖头和斧头两种。当绘制针织毛衫效果图时，一般采用水性麦克笔，其颜色透明，使用方便。特别是在绘制一些条纹毛衫、拼色毛衫时，能够发挥其长处，获得理想的效果。针织毛衫中常见的菱形格、千鸟格图案，麦克笔也能表现得淋漓尽致。

七、剪贴画技法

这是一种很有趣味性的绘图方法，利用各种图片、画报等材料，来表现针织服装的质感，有时常常会有意想不到的效果。因此可以找一些组织结构直接贴到服装上，还可以找一些类似感觉的图片进行不同的组合再粘贴。剪贴画技法通常会和其他手法相结合使用，如先贴后用钢笔、彩铅勾线或者留白（图4–11）。

八、电脑画技法

时代在进步，社会在发展，电脑已经是各行各业必不可少的工具。在服装设计中，还可以借助一些电脑平面设计的软件，如Photoshop、CorelDRAW、Illustrator等，可表现出手绘所不能达到的效果，同时也节约了大量时间（图4–12）。

电脑画技法基本上分为三种：

（1）直接在电脑里，完全用鼠标作图。

（2）先勾勒出外轮廓，再扫描入电脑，进行填色加工处理。

（3）用一些现成的图或者照片，在电脑中进行颜色、款式等修改，变成另外一款设计，也可以直接找一些特殊的组织结构图进行面料填充。

针织服装的设计不仅可以通过以上的方法来表达，还可尝试一些非常规的表达方法，两种或多种方法相结合必能寻找到自己的设计风格。

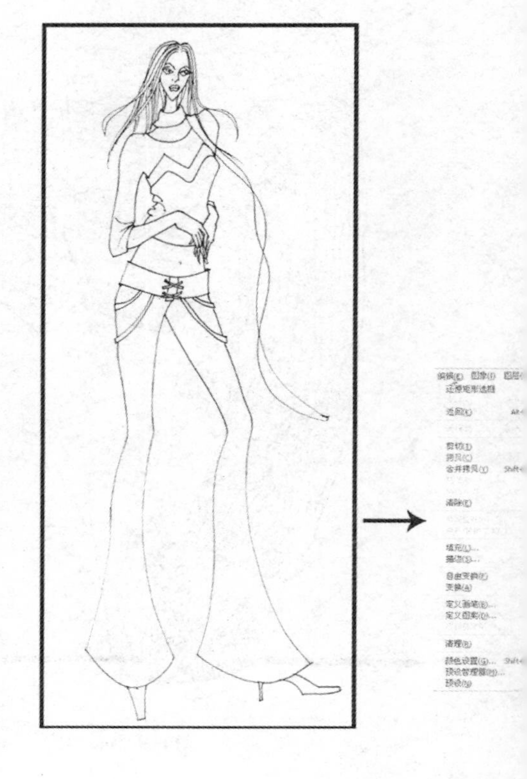

图4-11 剪贴画

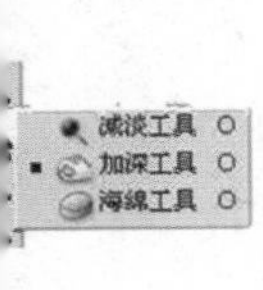

图4-12 电脑画

第四节　系列毛衫设计表达的技巧

一、系列设计的概念

系列的原意并不复杂，系即系统、联系的意思，列即排列、行列的意思，两者组合在一起，意指那些既相互关联又富有变化的成组成群的事物。服装系列设计的关联性，往往以群组中各款服装具有某种共同要素的形式来体现。这些形式要素包括基本廓型或局部细节、面料色彩或材质肌理、结构形态或披挂方式、图案纹样或文字标志、装饰附件或装饰工艺等，它们单个或多个在系列中反复出现，从而形成系列的某种内在联系，使系列具有整体的“族感”。

同一系列的服装，必然具有某种共同要素，而这种共同要素在系列中又必须做大小、长短、正反、疏密、强弱等形式上的变化，使个体款式互不雷同，达到系列设计个性化的效果，从而产生视觉心理感应上的连续性和情趣性。由此可见，所谓系列服装就是具有某种同一要素而又富有变化的成组配套的服装群组。

二、系列设计的原则

系列设计的原则，简单地说就是如何求取最佳的设计期望值，这一期望值涉及系列的群体关联和个体变异所具有的统一与变化的美感。在评判某一系列设计是否统一感太强（结果造成单调感）或变化太大（从而丧失内在逻辑联系）时，这条原则给出了一条可遵循的准则。

在系列服装设计中，总是由一个款式（我们常称为基本型）发生一系列的变化，但在变化的每个款式中都能识别出原来的基本型，这种特殊的变换形式被称为某一基本型的发展。由基本型发生一连串的变化，它们之间却保持着紧密的联系，我们称其为系列感。换言之，它们都是从同一母体中产生的，都属于同一血缘，因而有着家族的类似和“性格”上的统一与和谐。

评价某个系列设计的好坏时，可以从几个方面入手：

（1）整个系列的服装是否完整；

（2）系列中的每件款式变化是否丰富；

（3）每一款中加入的元素是否恰当；

（4）整体色彩是否和谐。

掌握了以上这些标准，并能灵活理解和运用，就能设计出优秀的系列服装。

三、针织毛衫系列设计的表现

优秀的系列设计，关键在于灵感的独特、构思的巧妙、外在形式的相互呼应，因为只有这样才能使服装系列既有鲜明的个性特征，又能体现出系列设计所应具备的功能和特点，从而达到更高的艺术效果。

针织毛衫的系列设计有许多划分方法，大致有以下几种表现。

（一）有主题理念的系列设计

服装系列设计必须要有主题，设计时若没有主题，就不会有清晰的目的和目标，服装系列也就不会有鲜明的个性与特色。因此，在服装系列设计工作中，选择并提出设计主题是非常重要的，可以说，具体设计的第一步是从设定设计主题开始的。

设计主题的选择，可以有多种不同的角度，如有的设计师以地域文化、民族风格作为设计主题的灵感来源；有的设计师则在服装历史的文化中寻找主题形象；也有的设计师把艺术作品、建筑雕刻、太空探索、生态平衡等作为设计的主题。但一般而言，主题的设定必须能够抓住人们的消费心理和时代脉搏，能表达出明确的设计思想和设计理念。

例1　主题：Friendship

设计说明：没有事情是永恒的，梦想不断在变化，潮流来了又去了，只有友谊永不过时。友谊，在久久的仰视中有一片暖意，也静穆如钟地在心头升起，请迎着它轻轻的、轻轻地说出你心中的期待（图4–13）。

本系列灵感来源于永恒的友谊，整个系列重在表达一种美好愉快的协调氛围，因此选用了相互呼应的米、棕、灰三色为主色调，通过大小变化及装饰位置不同，形成这一系列来迎合主题。

例2　主题：夏天的恋爱

设计说明：爱情就像阳光总是在夏天这个季节降临，经过一个冬天的沉睡，在春天醒来，在夏天达到最活跃的状态。动人的爱情总是发生在夏天不是吗？为什么夏天是盛产恋爱的季节呢？因为这是个浪漫的季节，就连空气中都充满了浪漫的因子。只有在夏天，灼热的爱火与清凉的空气交融，才能构成浪漫唯美的组合（图4–14）。

这一系列毛衫设计打破了传统的思维定律，结合泳装的元素，打造毛衫在夏季的时尚。清新的白色、绿色和彩色营造甜美的感觉。白色钩花、线球的不规则应用与彩色绣花的搭配让服装轻巧出位，分别从颜色和质感两方面形成强烈的对比。主要运用平针、钩花、绣花等工艺。

（二）有色彩主调的系列设计

色彩对针织毛衫的系列设计尤为重要，在现代服装系列设计形式的流变过程中，色彩的选择必须与主题理念相吻合，使设计出来的服装产生有机的关联而非概念的分离，让人一看立刻就能理解主题色彩中所推崇的生活方式和所标榜的精神状态，唯有如此，才能使系列设计取得成功。

从视觉心理学的角度而言，色彩对人们的视觉感知具有突出作用，它可以在人们联想的基础上表达特定的情感。1967年，意大利服装设计师瓦伦蒂诺推出“白色的组合与搭配”的纯白系列服装，开创了服装以色彩为系列设计的先河。随着色彩应用的普及和流行色研究的开展，服装设计中着重于显示流行色信息及其应用示范的系列设计日益增多。

例1　主题：蓝色的海底世界

设计说明：蓝色的海洋，充满了神秘，代表了活力、代表了时尚、代表了……此系列以蓝色为主色调，粉蓝色为辅色调，与黄色相搭配，一组时尚活泼的女孩即出现在你的面前，给人带来了大海宽广和浪漫的气息（图4–15）。

例2　主题：乐活假期

设计说明：设计灵感来源于假期出门时随手捡到的美丽的雨花石（图4–16）。

此系列服装采用针织和不同面料的组合表现出了雨花石特有的花纹和肌理，色彩清新自然，给人感觉宁静而又向上，体现了一种现代人所向往的生活状态——乐活。

（三）强调面料质地的系列设计

在科技进步的现代社会中，服装的原材料日趋繁多，科学技术的进步开发出了越来越多的新面料，仅展现织物表面不同肌理的就有起绒、起皱、起泡、拉毛、水洗、石磨和显纹等多种视觉效果的面料。在针织毛衫系列设计中，不同组织结构的面料对比、毛线与其他材质面料的对比应用相映成趣，可以使毛衫产生丰富的效果。

例1　主题：冰酷精灵

设计说明：灵感来源于冰山滑雪运动，采用高科技的面料与粗纺毛线相结合，强调粗针毛线冬天暖暖的感觉。其本身服装的构造及其功能性都借鉴于滑雪运动服，色彩鲜艳，在领口、帽檐、衣领处加以毛皮的点缀，突出其活泼、俏皮的特点（图4–17）。

例2　主题：花样假日

设计说明：花样少女的假日，有花一样的美。本系列突破传统毛针织物，加入雪纺纱面料，使穿着更具动感和活力，以灰色搭配强烈视觉的红

图4-13 Friendship主题

图4-14 夏天的恋爱主题

图4-15　蓝色的海底世界主题

图4-16　乐活假期主题

色，赋予女孩热烈奔放又不乏妩媚的时尚色彩（图4–18）。

面料上利用针织组织结构的变化来进行创意设计。细节处主要是不同的领型工艺、不同色彩的毛球质感，以及雪纺纱表层的串珠效果等，力求体现手工艺术的魅力和精髓。整个系列是时尚与个性创意并存，带你走进花样的假日。

（四）强调基本廓型的系列设计

廓型是指服装造型的整体外轮廓，也就是服装的大效果。服装基本廓型最能体现服装的主题与风格，因此有的设计师在进行设计时干脆以廓型代替设计理念。

确定与设计主题理念相协调的基本廓型，对下一步的设计工作至为关键。从款式构思的角度来看，虽然有些人确实会从某个具体的样式、板型开始考虑，但多数时候，设计师最初考虑的不是服装的具体款式如何，而是整体的轮廓造型。从整体出发，再进入具体的细节设计，这样比较容易产生新的设计形象。

例1　主题：花都

设计说明：灵感来源于盛开的花朵，故取名为“花都”。以花的元素为设计主题，夸张艺术的造型是此设计的重点，运用粗细不同的纱线以及特殊的工艺力求达到强烈的视觉效果，让人耳目一新（图4–19）。

例2　主题：“剪”爱

设计说明：灵感来源于民间的窗花剪纸，窗花不仅烘托了喜庆的节日气氛，也成为我国春节喜庆活动的一项重要内容。而且窗花能给人带来美的享受，集装饰性、欣赏性和实用性为一体。

此系列毛衫设计以窗花剪纸为主要设计元素，巧妙地运用外轮廓造型和细部的装饰部位，通过运用提花、空花等组织结构来表现设计意图，局部用毛线包裹的纽扣作为装饰（图4–20、图4–21）。

例3　主题：本能

设计说明：本系列设计灵感来源于建筑与女性。建筑的空间感很强，它的空间来自于庞大的体积和坚硬的材料。如何用柔软的材料，不进行填充衬垫，利用面料或材料本身固有的特质去塑造立体的、有建筑空间的形态是本系列的主要特点（图4–22）。

本系列设计实验性地对毛针织面料进行空间塑造，对针织服装进行廓型、局部、组织结构及纱线的设计。丰富的空间变化带来丰富的针织造型变化，展现出毛针织类服装的包容性与多样性。与此同时，也利用这些造型优化的女性身体比例，表现出女性如同针织面料一般“柔软却又有很强可塑性”的特点。

图4-17　冰酷精灵主题

图4-18 花样假日主题

图4-19　花都主题

图4-20　“剪”爱主题（1）

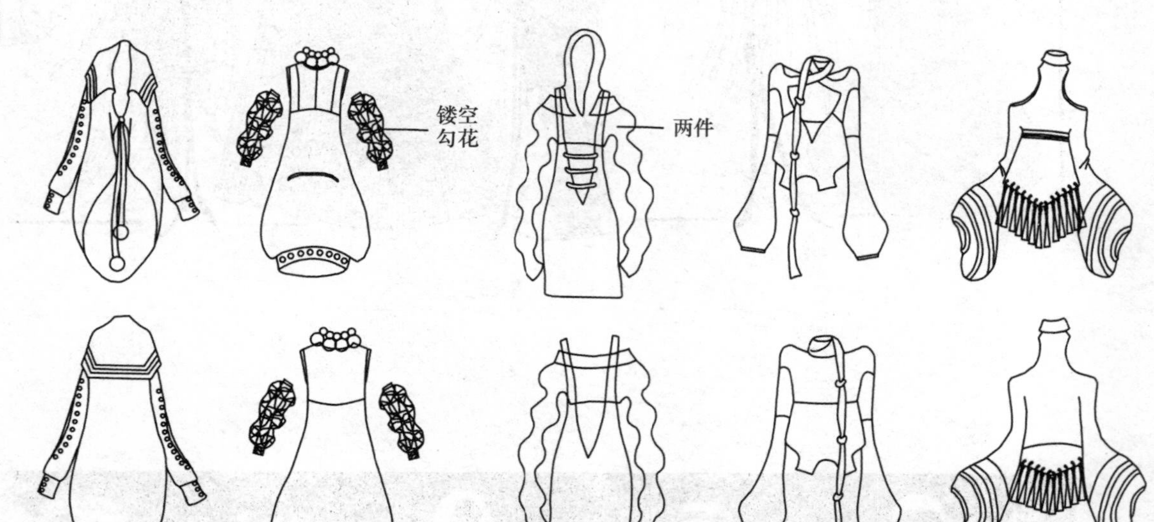

图4-21 "剪"爱主题（2）

图4-22　本能主题

课后练习

思考练习

1.针织服装设计表达的特点有哪几个方面?

2.针织服装设计表达的技法包括哪几类?

案例分析

“系列设计的原则，简单地说就是如何求取最佳的设计期望值，这一期望值涉及系列的群体关联和个体变异所具有的统一与变化的美感。”请选择一系列针织毛衫的设计表达，分析其群体关联和个体变异的优劣。

实训项目

1.用3种不同的技法绘出3款毛衫。

2.选择最合适的表现技法，画出一系列针织毛衫。

应用理论与训练——

针织服装的计算机辅助设计

课程名称： 针织服装的计算机辅助设计

课程内容： 针织服装CAD的作用

针织服装CAD的总体功能

针织服装设计CAD方法

上课时数： 8课时

训练目的： 向学生解释针织服装的计算机辅助设计的特征，引导他们了解针织服装设计CAD方法，掌握针织服装设计CAD方法的基本手段。

教学要求： 1.使学生了解针织服装CAD的作用。

2.使学生了解针织服装设计CAD方法。

3.使学生掌握针织服装设计CAD方法的基本手段。

课前准备： Photoshop等计算机软件应用。

第五章　针织服装的计算机辅助设计

第一节　针织服装 CAD的作用

针织服装CAD就是利用计算机技术，主要通过人机交互手段在屏幕上设计针织服装款式和工艺，作用体现在下列几个方面。

一、提高针织服装的设计质量

计算机内可存贮大量针织服装款式、组织结构和花形图案，并提供成千上万种颜色可使选择，同时它所具有的面料组织、花纹图案的设计、款式和色彩的组合、修改调用的快速、彩色画面的输入输出等功能，大大丰富了设计师的想象力和创造力。必要时还可与用户一起随时进行选择和修改，并可直接在屏幕上给模特试穿设计的服装，预览服装穿着效果。

二、缩短针织服装的设计周期

由于计算机的快速反应能力，用传统方式设计一个款式需要几小时甚至几天，而用计算机设计可缩短至几十分钟甚至几分钟。如衣片放码（推板）用手工方式要花大量的时间和精力，而应用CAD技术可在几分钟内完成放码操作，而且精度很高。

三、获得较高的经济效益

由于大量款式和衣片图形可存贮在计算机内或移动硬盘上，因此可大为减少甚至取消大量衣片纸样的存放，取代纸样库房，且提高查询、检索的效率，便于管理。

四、减轻劳动强度

应用计算机来设计绘制服装效果图将会大大减轻设计师的手工劳动，而且对设计人员的人工实操水平的要求也可相对降低，因为有些技能可由计算机来完成。如服装CAD系统与计算机辅助制造（CAM）、柔性加工线（FMS）、生产管理（PMS）、经营管理（BMS）、质量管理（QMS）等系统结合起来，可使针织服装设计、制造、生产、管理和经营等结为一体，成为一个便于管理的高效率、现代化的服装生产企业。

第二节　针织服装 CAD 的总体功能

到目前为止，计算机的应用已进入从针织服装设计到制作的大部分工序，并渗透服装工业的设计、制造、销售等部门。

针织服装CAD是建立在交互式计算机图形学基础上的，设计师可通过计算机来开发、分析、修改他的设计。目前，服装 CAD技术已覆盖了服装设计的三个部分，即款式设计、结构设计和工艺设计。其中市场上已产品化的系统有款式设计、样片设计、放码、排料等，同时在销售部门还有自动量体系统和试衣系统等。以下是服装CAD系统的总体功能结构框图（图5-1）。

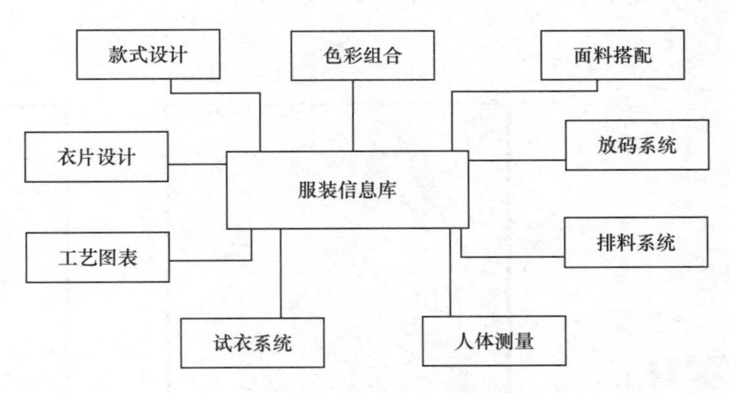

图5-1　服装CAD系统的总体功能

第三节　针织服装设计CAD方法

目前可用于针织服装设计的计算机软件很多，不同的软件其功能和操作方法不尽相同，可以简单地将其分为专业型和通用型两类。专业型设计软件操作比较方便，专业性强，但软件的投资也较大；通用型设计软件是指目前较流行的图形图像设计系统，如 CorelDRAW、Photoshop、Point、PaintShop Pro等，这些软件专业性虽差一些，但如果使用得好，掌握其设计技巧，一样可以实现专业型软件的设计效果。下面我们简单地看一看两者操作的不同之处。

一、通用型设计软件

CorelDRAW和Photoshop两个通用的平面设计软件，在目前的平面设计领域中属顶级软件，软件中所提供的各种绘图功能、颜色功能、图层功能、纹理编辑、填充功能、图像编辑修改功能等，可以把设计师的灵感实现得淋漓尽致。在资金不足的情况下，选择这两个软件进行服装效果图的设计，不失为一种较好的选择。

下面以一个简单的效果图制作为例，介绍计算机针织服装效果图的设计技巧与方法。

利用计算机进行针织服装效果图的设计，大致步骤如下：获取人物造型线图稿→组织结构设计→人物造型→色彩→组织面料填充→效果图后期修饰处理→文件存储→打印。

（一）获取人物造型线图稿

人物造型是针织服装效果图设计与制作的基础，是设计的第一步工作，后续的色彩面料填充都须在此基础上进行，获取人物造型的方法有多种：可以在Photoshop中，用鼠标选择画笔工具，直接在新建文件空白处绘制；也可以在Photoshop中打开一个时装图片，用选择工具抠去背景色后，选择“滤镜（Filter）\ 风格化（Stylize）\ 描边效果（Find Edges）”命令，进行效果图滤镜处理，获取人物造型。但最快捷、最方便、最常用的方法是用速写稿获取人物造型。

用速写稿获取人物造型的步骤：

（1）首先在白色绘图纸上，用绘图笔按照创意和效果图的人体比例绘制出人物造型线图稿。

（2）用数码相机或扫描仪把速写稿扫描到计算机中（扫描过程中用灰度模式扫描），如果绘图纸不是纯白色或表面不平整，扫描后的人物图像会有一些杂灰色，可按照下面（3）、（4）两步进行修改。

（3）用Photoshop下拉菜单中“Image（图像）\ Adjust（调整）\ Curves（曲线）”命令中的吸管工具，点取扫描后图像画面中的杂灰色，去除画面杂灰色、个别污点和多余线条，可以选择橡皮工具擦除（图5-2）。

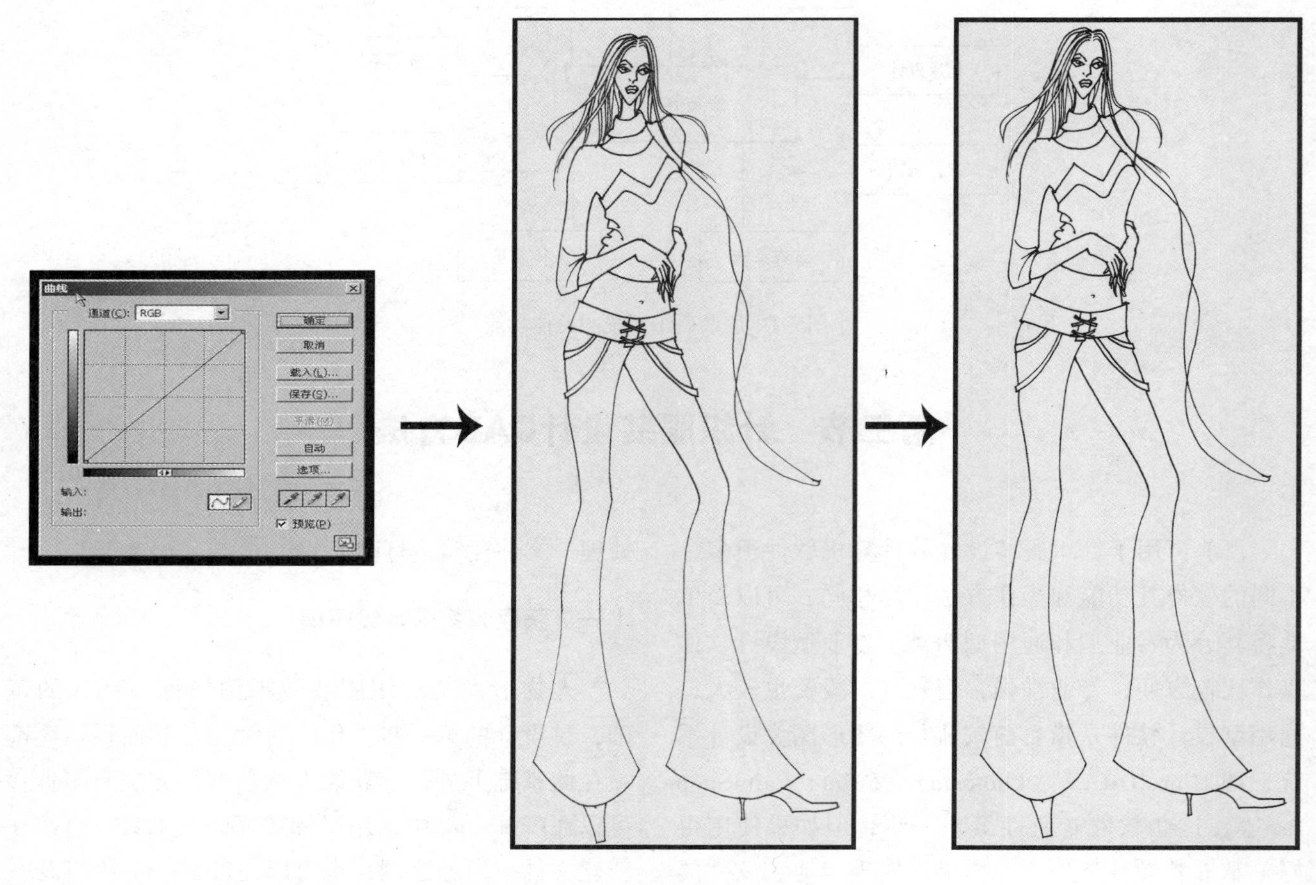

图5-2　去除画面杂色

（4）选择下拉菜单“Image \ Adjust \ Brightness / Contrast（亮度 / 反差）”命令，在弹出的对话框中适当地调整参数，加强图像亮度和对比度。

（5）然后将整个图像选择、拷贝至剪贴板，再粘贴回来，这样线稿图像将变成一个新的图层（Layer），然后用选择工具+Delete键将图层中的背景色抠除（图5-3），使其表现为透明状（关闭背景层后，除线条外其余皆呈灰色的方格），这样处理的目的是为了将线图稿和背景层分开，将来能够在线图稿中填充颜色和服装面料，而在背景层中填充背景图像或色彩，增加效果图的艺术表现。

（6）最后将图像由灰度模式Grayscale转换为RGB模式，存储（文件格式选择PSD，以保留图层）作为下面着色、填充面料的基础图使用。

（二）服装面料的设计与编辑

服装效果图设计中所需要的各种面料，可以用扫描仪将面料扫入计算机中，适当地调整面料色相、亮度、对比度后作为设计素材使用；也可以在计算机中运用Photoshop和CorelDRAW软件所提供的纹理或图案编辑功能进行自行设计。

1.在Photoshop中编辑服装面料

关键操作：定义图案（Edit\Define Pattern），图案填充[Fill]。

具体方法：

（1）首先打开一个或多个素材图像。

（2）用矩形选择工具在素材图像上选择一块小图像或用拷贝、粘贴的方法，选择不同素材图像

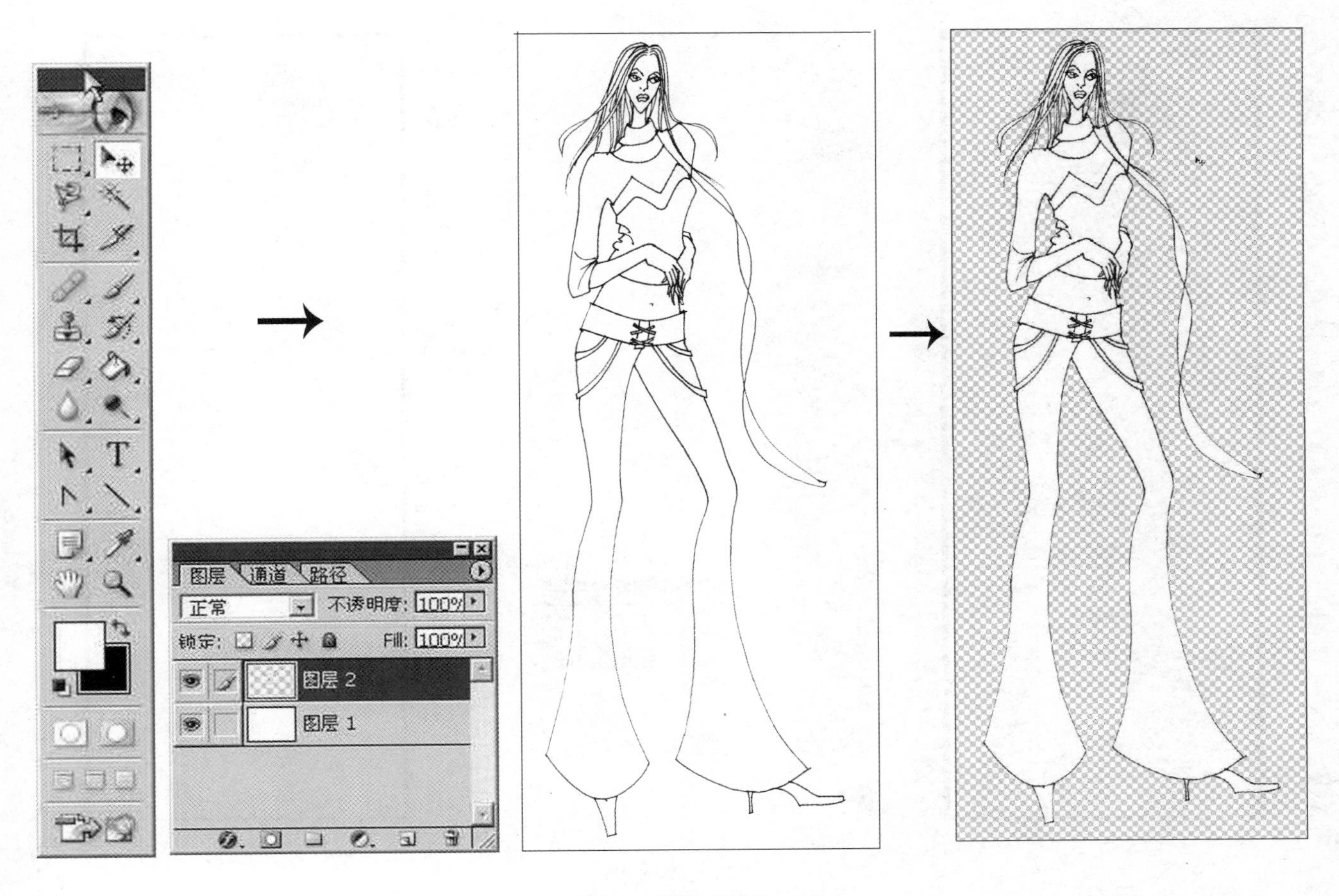

图5-3 抠除背景色

上的内容，而后组成一个新的图像，也可以建立一个新文件，用绘图工具绘制一个图案。

（3）用矩形选择工具选择后，选择“Edit \ Define \ Pattern（定义图案）”命令，将矩形选择区内的内容定义成图案。

（4）建立一个新文件，选择“Edit（编辑）\ Fill（填充）”命令（图5-4），出现对话框后，将对话框中的填充内容Contents选成Pattern（图案）填充，按“确定”键后，一个四方连续的图案（准服装面料）即可形成，如需要加入纹理，可将新形成的四方连续图像，略加模糊后，选择“Filter（滤镜）\ Texture \ Texturizer（纹理）”命令进行纹理滤镜处理，使得四方连续图案添加纹理效果，从而更接近服装面料（图5-5）。

2.在CorelDRAW中编辑服装面料

关键操作：使用填充工具中的图样填充和纹理填充工具，在打开的对话框中调节各参数和项目。

具体方法：

（1）打开CorelDRAW软件，在页面上用矩形工具，绘制一矩形轮廓，以备图样或纹理填充之用。

（2）选择工具箱中的填充工具包中的“图样填充工具”或“底纹填充工具”，打开对话框后，选择、设置对话框中的各项目和各项参数。

图样填充工具对话框的设置：在图样填充工具对话框中，可以选择填充的类型（双色、全图或位图填充），选择使用系统中自带的部分图样，设置图样的颜色、大小、倾斜、旋转等参数，也可以编辑或载入新的图样样式。设置完毕，点击“确定”按钮，页面中矩形轮廓线将填入四方连续的图样。一块准服装面料即可形成，然后选择“文件 \ 导出”命令，将“准服装面料”转换成在Photoshop中可以打开的位图，如需要增加纹理，可以参照上述在Photoshop 中设计面料的方法，使用滤镜进行加工处理。

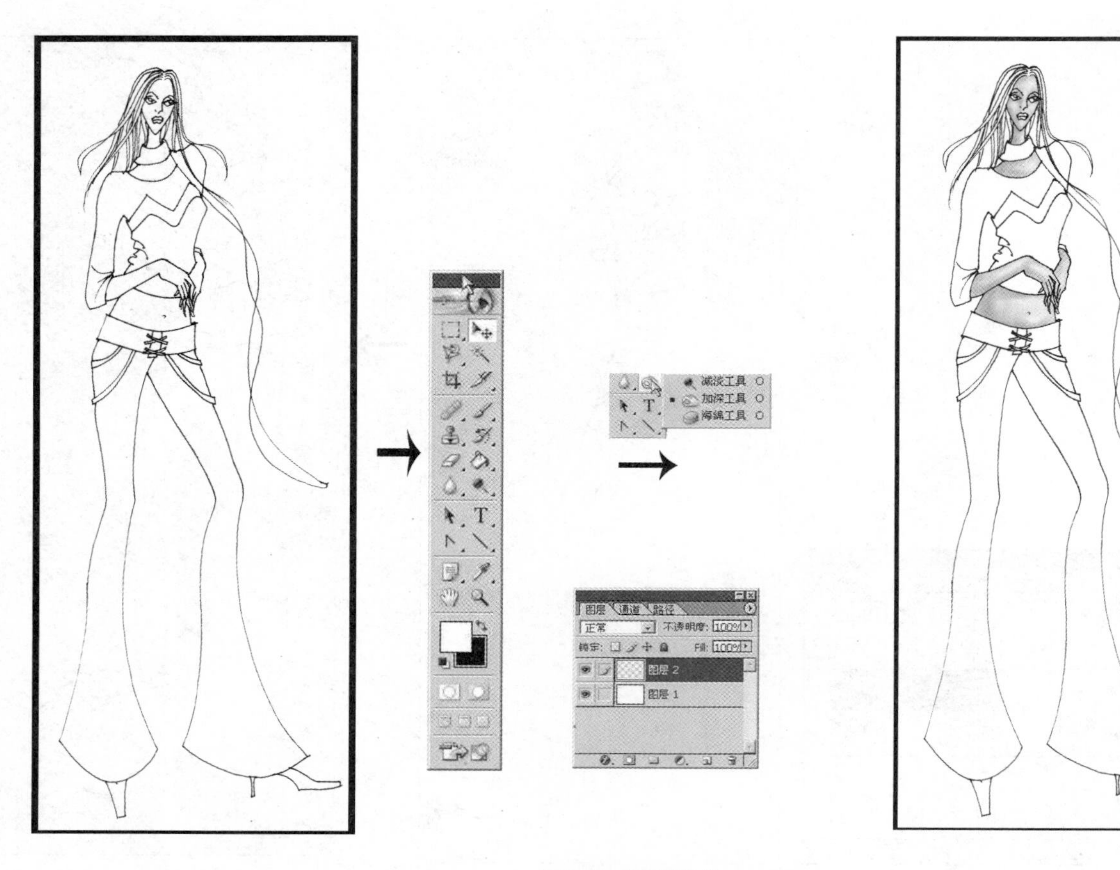

图5-4 图案填充

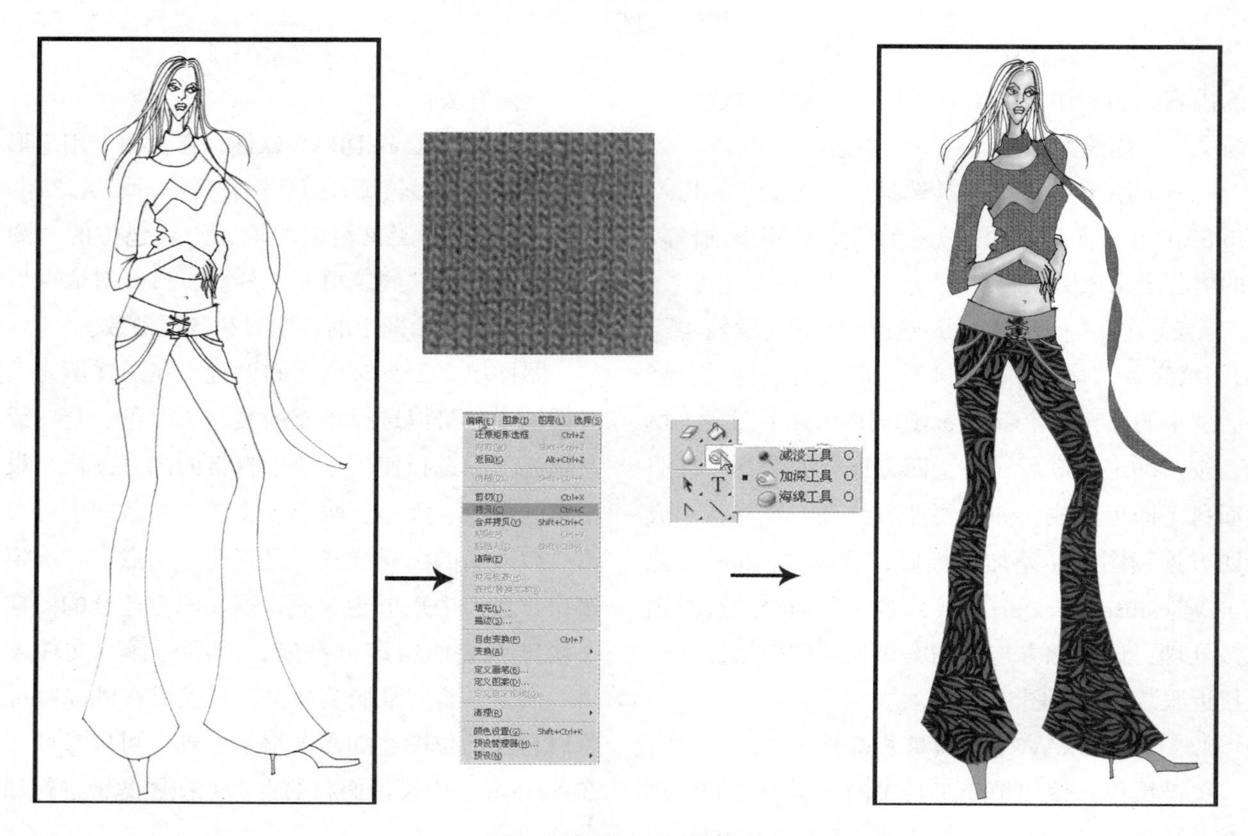

图5-5 四方连续图像填充

底纹填充工具对话框的设置：在底纹填充工具对话框中，系统提供了大量的底纹样式，设计师可以根据需要选择适合的底纹样式并对其颜色、大小、倾斜、旋转等参数进行修改，进行个性化编辑设计。设置完毕，点击“确定”按钮，页面中矩形轮廓线将填入四方连续的底纹。一块“准服装面料”即可形成，然后选择“文件 \ 导出”命令，将“准服装面料”转换成在Photoshop中可以打开的位图，如需要增加纹理，可以参照上述在Photoshop中设计面料的方法，使用滤镜进行加工处理。

（三）电脑服装效果图设计技巧

1. 效果图中的皮肤表现方法

首先用Photoshop中的选择工具，选取欲着色的“皮肤裸露”部位，然后设置前景色和背景色（一般前景色为肉皮色，背景色为白色），选择“渐变工具”或“喷笔工具”，对选择区域进行渐变着色，使皮肤能够表现出色调的变化，最后选择加亮、变暗、去饱和工具，对着色进行进一步的处理，使皮肤效果更加逼真（图5–6）。

图5–6　效果图中皮肤的表现

2. 服装面料的表现方法

首先用选择工具选取欲赋予面料的部位，然后打开事先编辑好的服装面料文件，用选择工具选择大小适当的范围，将选择的面料拷贝到剪贴板上，选择“Edit\Paster Into”命令，将剪贴板上的服装面料置入选择区。如果面料纹理方向需要调整，可选择“Edit\Transform \ Scale”或“Rotate”命令进行大小、旋转调整，符合要求后，确定完成，再选择“加亮、变暗、去饱和”工具，对填充的“面料”进行效果处理。使衣裙部位能够呈现出明暗色调的变化，使整个效果图有一种立体感。

需要注意的是，在电脑服装效果图的设计过程中，每个部位的颜色填充或服装面料填充，最好设置成独立的图层，以便进行后期的修改，等后期修改完成后，整个效果图没有任何问题后，再合并图层。

3. 画面的后期处理

整个人物造型肤色和服装面料填充完毕，还需要对画面做细部的处理，比如：效果图局部颜色、明暗度调整、增加背景效果等。

Photoshop中所提供的各种绘图工具、图像调整命令（lmage \ Adjust \ …）足以满足效果图后期处理的需要。如需要增加背景效果，需将背景层设为工作层，然后在背景层填充所需要的背景图像或用绘图工具进行必要的绘制。如需要增加“动感笔刷”效果，可在背景层用大一点的画笔简单绘制2~3条斜线，再选择动态模糊滤镜（调节倾斜角度和模糊量）进行动态模糊处理，“动感背景”效果即可形成。如要效果图增加一些层次感，还可加些文字做简单的装饰（图5–7）。

效果图后期修改完成后，选择适当的图文格式将效果图存储或打印出来。针织服装效果图的设计工作即完成。

二、专业型设计软件

与通用型设计软件相比，专业型设计软件功能更多，操作更方便，专业性更强。用于服装设计的专业软件现在有很多，各个软件都有其各自的优势和特点，可用于针织服装设计的也有不少，下面通

图5-7　添加背景等画面的后期处理

过几个例子来了解一下它们的操作情况。

（一）法国力克设计系统

力克设计系统是国内品牌服装企业应用较多的设计系统，特别是它的针织专家设计系统还是很有特色。

在色彩选择上可以自己调色，也可直接选用颜色库中的色彩,还可利用光谱测色仪挑选潘通（PANTONE）颜色。

在此基础上，可以对设计的花形图案进行配色组合，很方便地把花形图案循环并填入设计好的款式中。一个方案不满意，力克系统可以在你选定的色彩中，很快组合出新的、不同的色彩组合方案。

组织结构是针织服装，特别是针织毛衫独具魅力的地方。力克系统在这方面表现相当不错，包括有针目效果及针法符号（图5-8），而图5-9所示则是其不同组织结构的表现。系统提供了不同针织结构的组织以供选择（图5-10）。

工艺设计方面，该系统提供了专业的工艺单制

针目效果

针法符号

								+	+	+	+	Λ	Λ	Λ	Λ								
								+	+	+	+	Λ	Λ	Λ	Λ								
								+	+	+	+	Λ	Λ	Λ	Λ								
								+	+	+	+	Λ	Λ	Λ	Λ								
								+	+	+	+	Λ	Λ	Λ	Λ								
								+	+	+	+	Λ	Λ	Λ	Λ								
								+	+	+	+	Λ	Λ	Λ	Λ								
								+	+	+	+	Λ	Λ	Λ	Λ								
								+	+	+	+	Λ	Λ	Λ	Λ								
								+	+	+	+	Λ	Λ	Λ	Λ								
								+	+	+	+	Λ	Λ	Λ	Λ								
								+	+	+	+	Λ	Λ	Λ	Λ								
								+	+	+	+	Λ	Λ	Λ	Λ								
								+	+	+	+	Λ	Λ	Λ	Λ								
								+	+	+	+	Λ	Λ	Λ	Λ								
								+	+	+	+	Λ	Λ	Λ	Λ								
								+	+	+	+	Λ	Λ	Λ	Λ								
								+	+	+	+	Λ	Λ	Λ	Λ								
								+	+	+	+	Λ	Λ	Λ	Λ								
								+	+	+	+	Λ	Λ	Λ	Λ								

针法符号能有效地显示针织物的结构

图5-8　针目效果及针法符号

集圈(Tuck Stitch-延伸针)

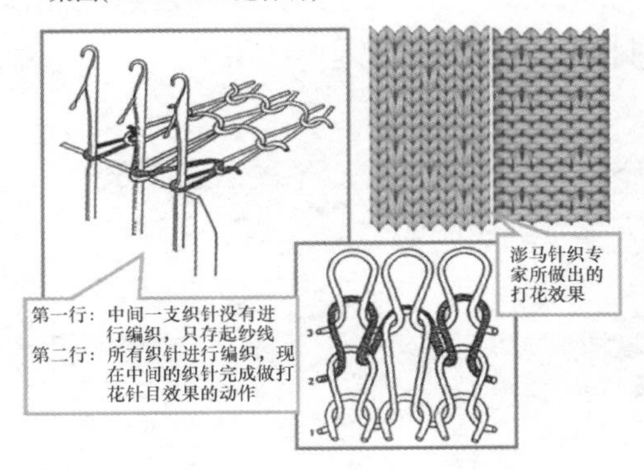

搬花(Transfer Stitch)

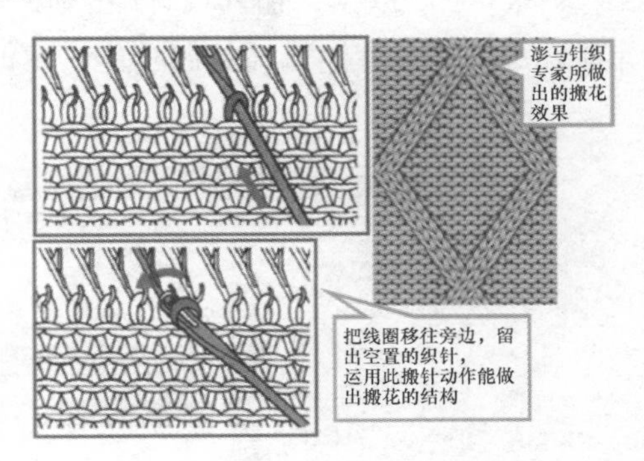

绞花(Cable)

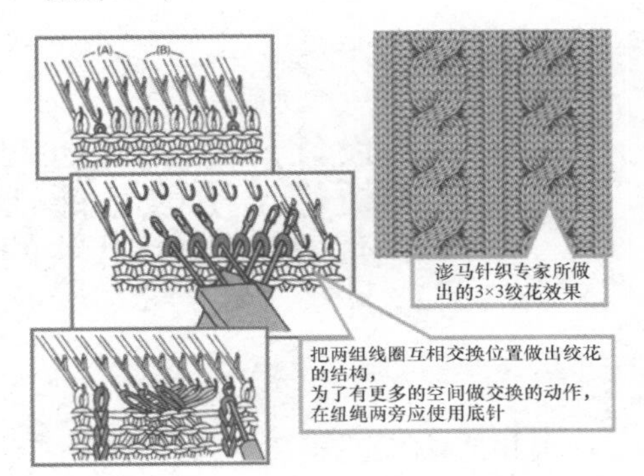

空花(Lace Stitch)

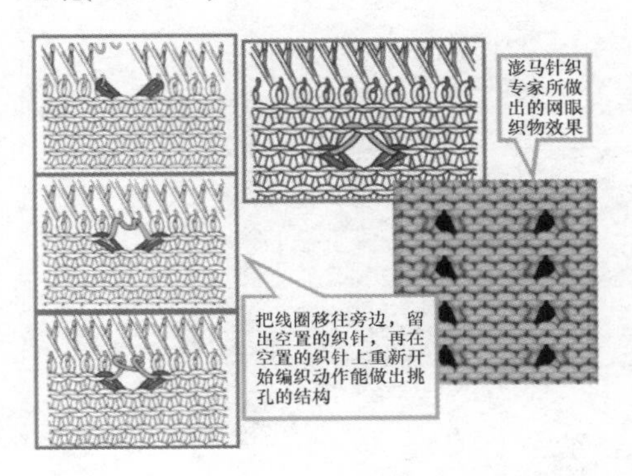

图5-9　不同组织结构的表现

针织结构库—绞花

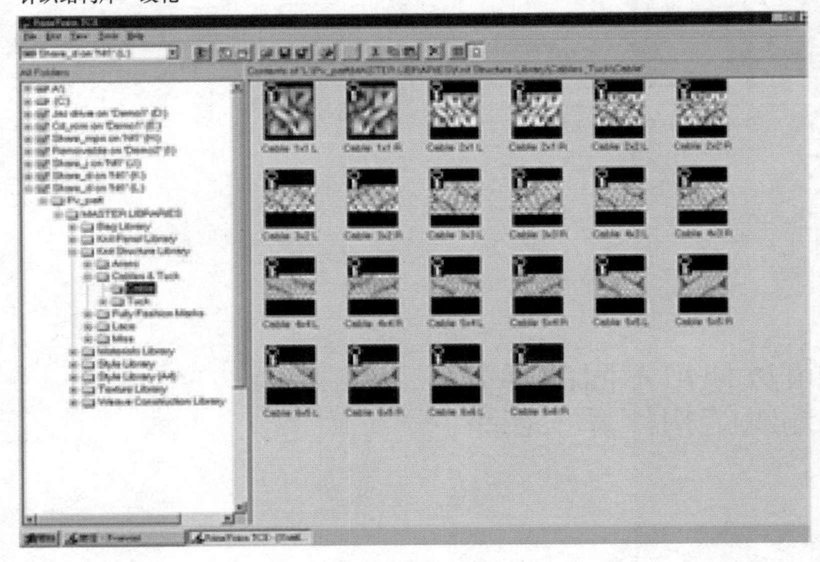

图5-10　不同针织结构的组织以供选择

作功能。程序是自己设计或直接从库中选取合适的模板，输入款式 /生产数据，输入设计/生产附件的数据，所有款式都能够使用自动放码功能，更改工艺，即可方便地完成大致的工艺单制作（图5-11~图5-15）。翻译功能助你与海外买家沟通及生产资料传送（图5-16）。

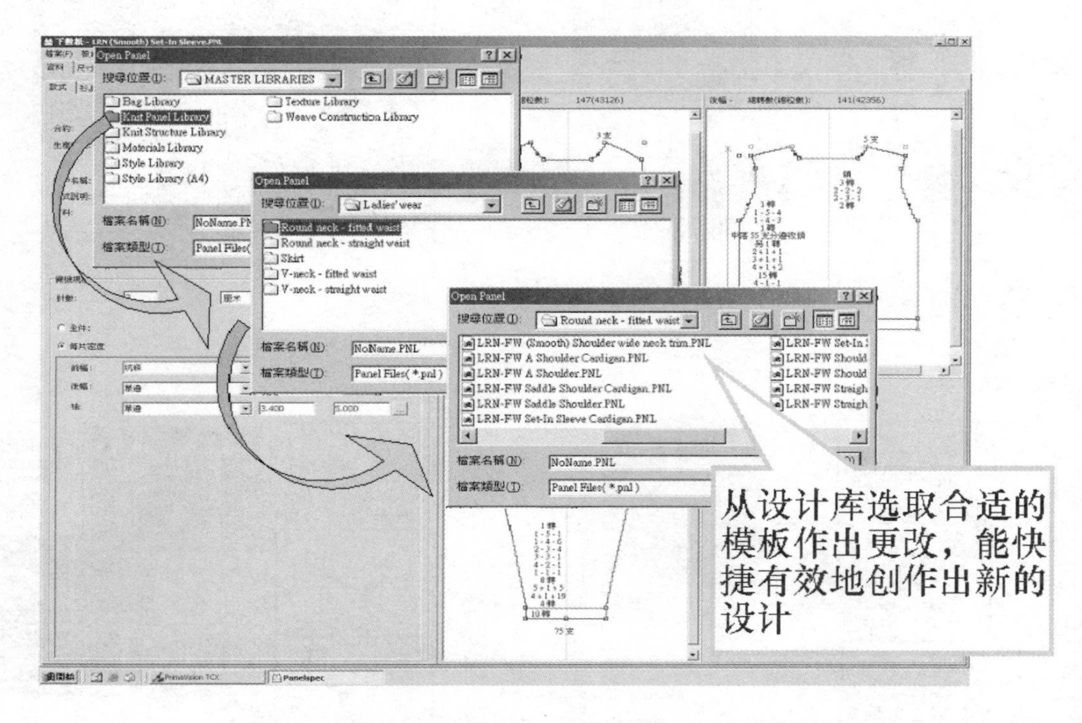

图5-11　全成形毛衫设计——从设计库中选取合适的模板

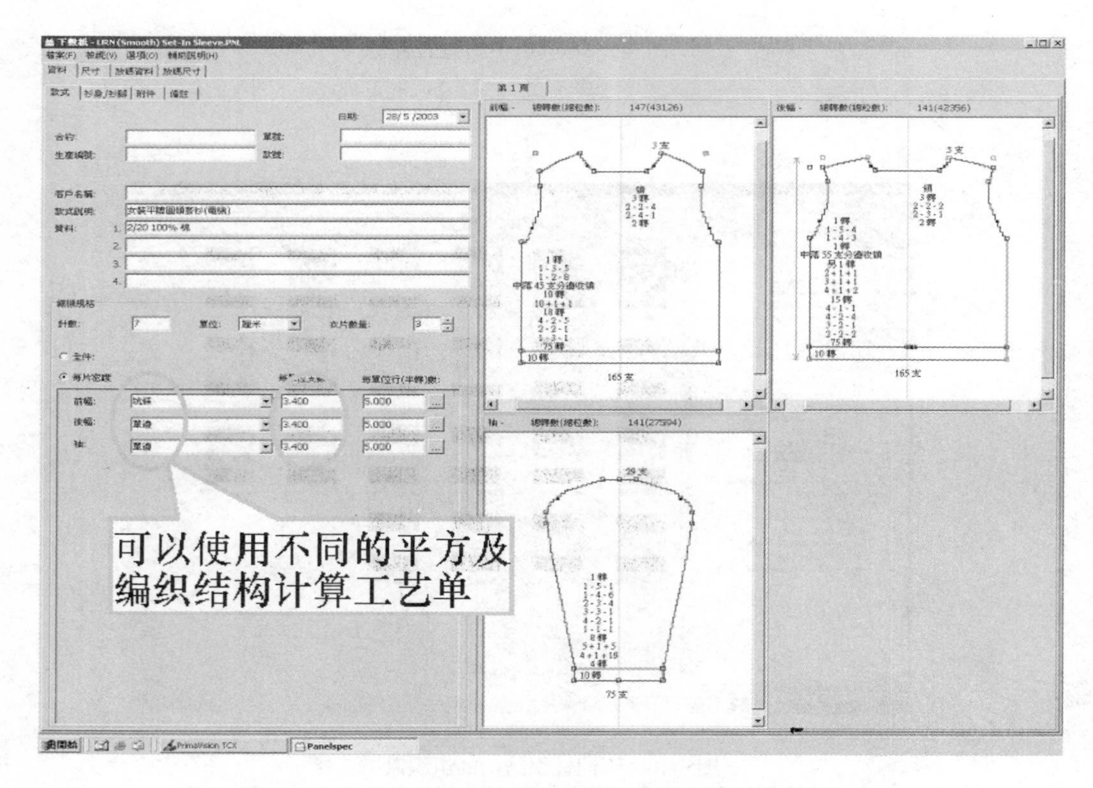

图5-12　输入款式/生产数据——所有数据会打印在工艺单上

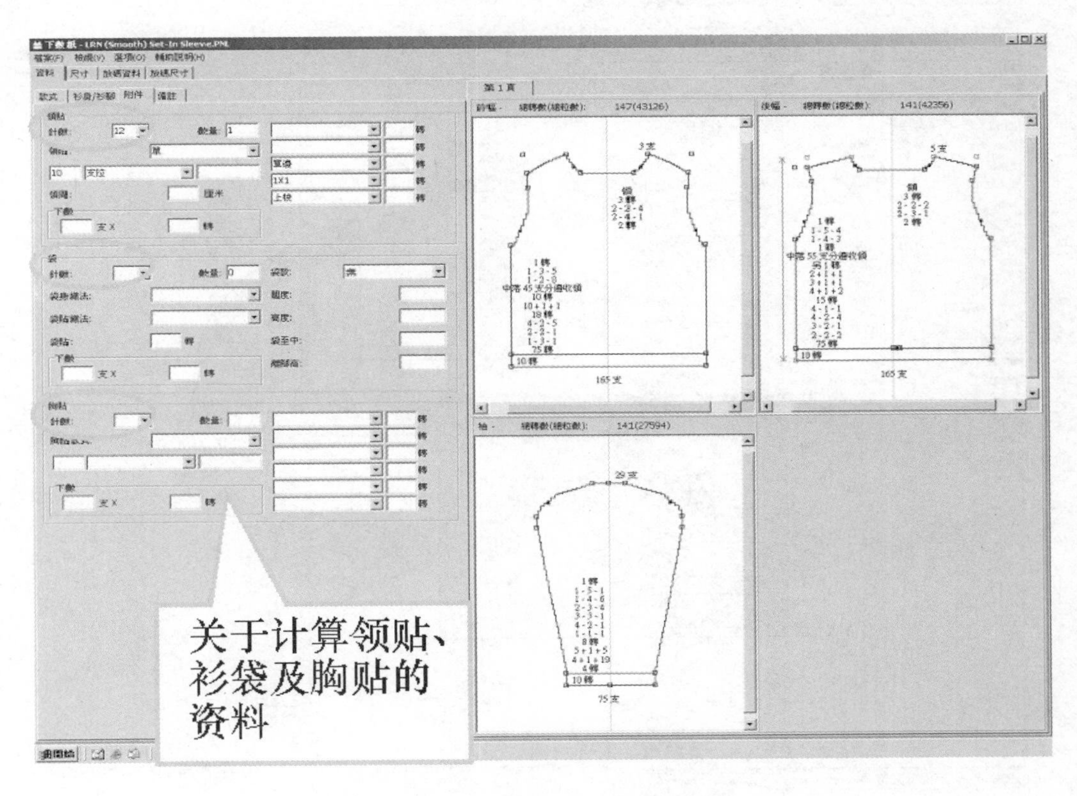

图5-13　输入设计/生产附件的数据

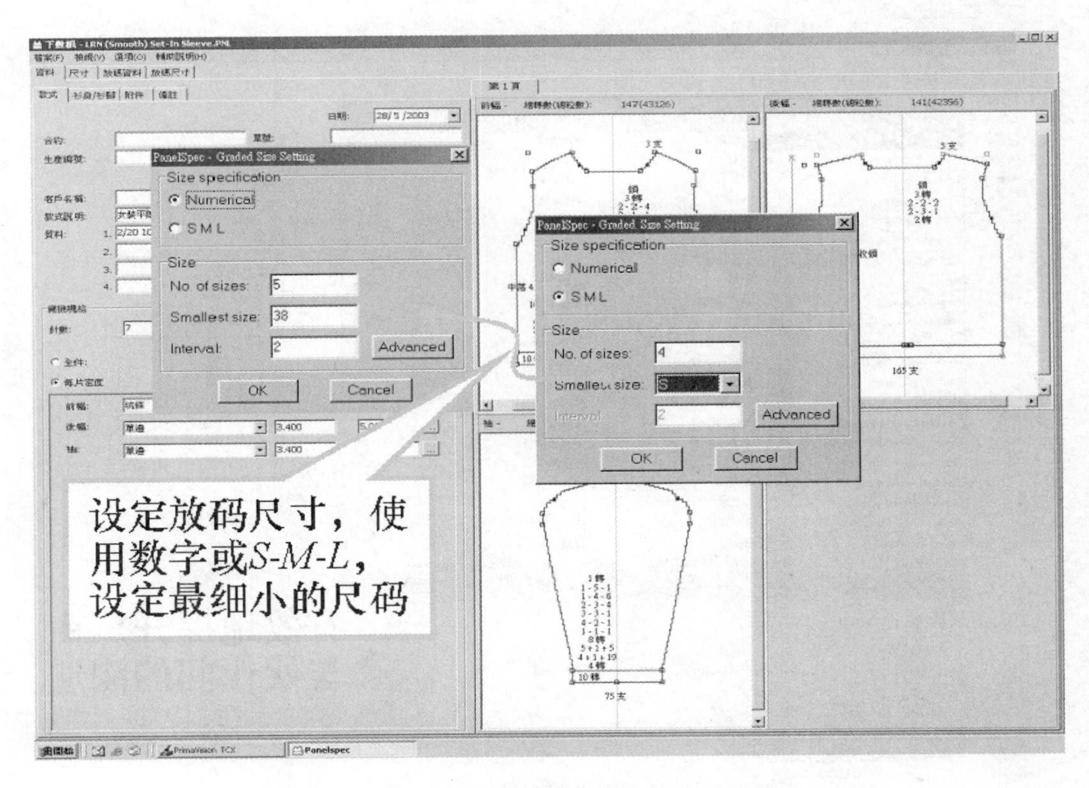

图5-14　所有款式都能够使用自动放码功能

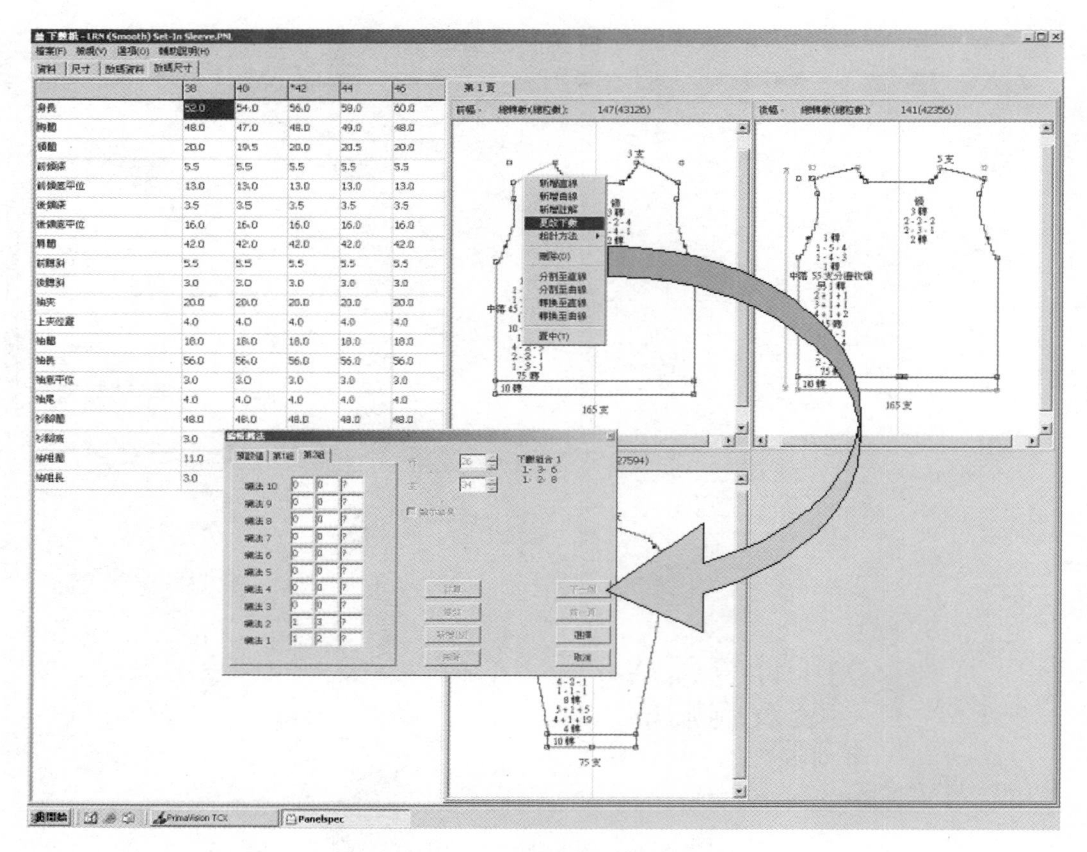

图5-15　可以更改工艺

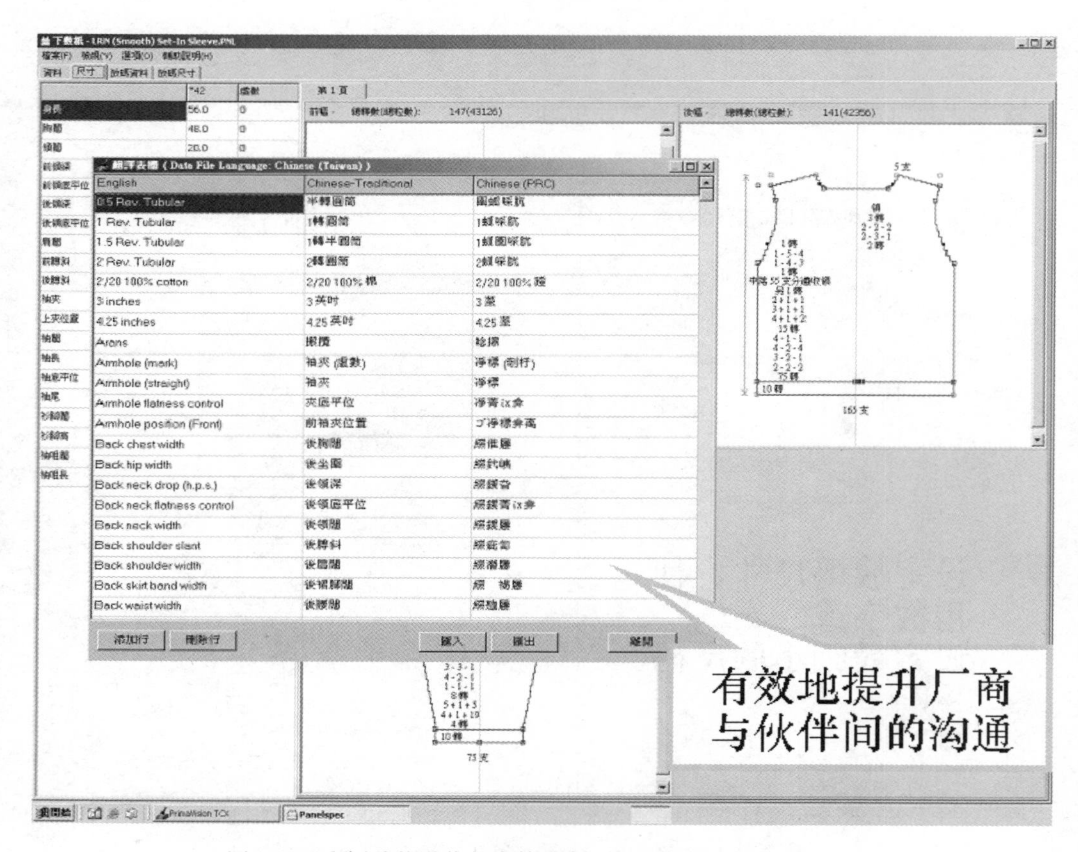

图5-16　翻译功能助你与海外买家沟通及进行生产资料传送

当然，对于设计理念综合表现的故事板（图5–17），力克设计系统也能轻松完成。

（二）LaVeic服饰设计系统

LaVeic服饰设计系统是台湾微纺科技的服装软件。在Windows系统环境，启动LaVeic，即可进入程序主界面（图5–18）。

1. **设计处理**

LaVeic提供了两种设计师最常使用的设计功能，分别是“布花设计”及“格子布”，让设计师

图5–17　故事板

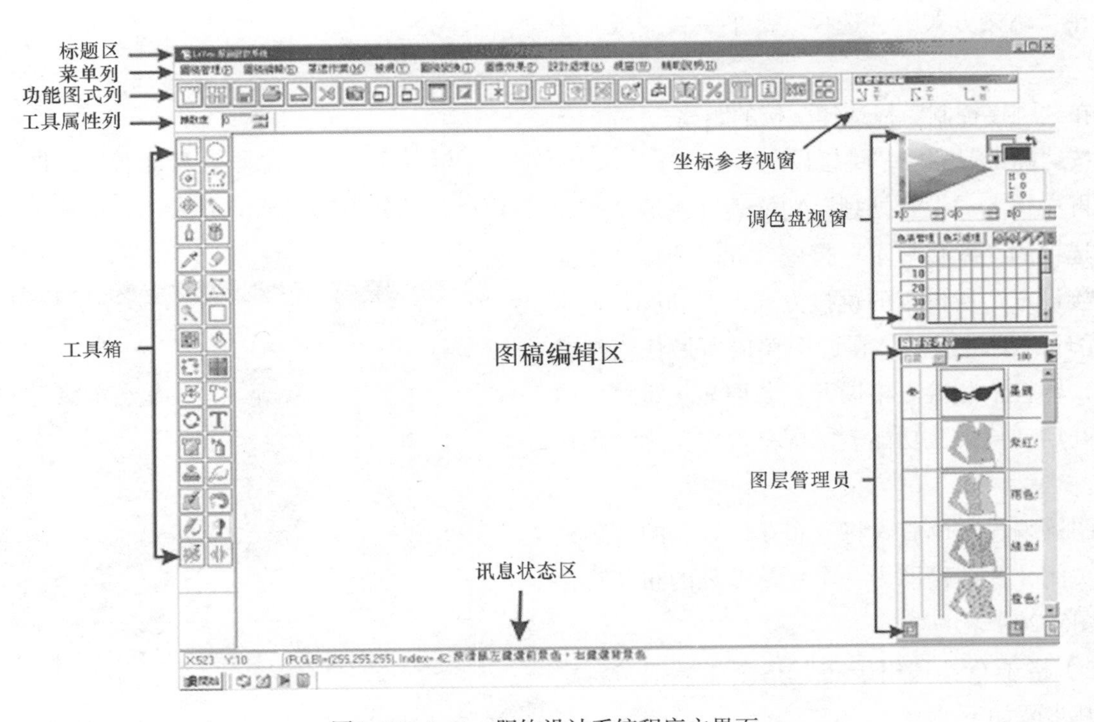

图5–18　LaVeic服饰设计系统程序主界面

快速设计或模拟布料。

（1）布花设计：“布花设计”指令为设计或修改含有规则跳接的印花布料，其执行步骤如下：

①拉下“设计处理”功能表，并选取“布花设计”选项的“跳接设定”指令，则会出现“跳接设定”对话框（图5–19）。

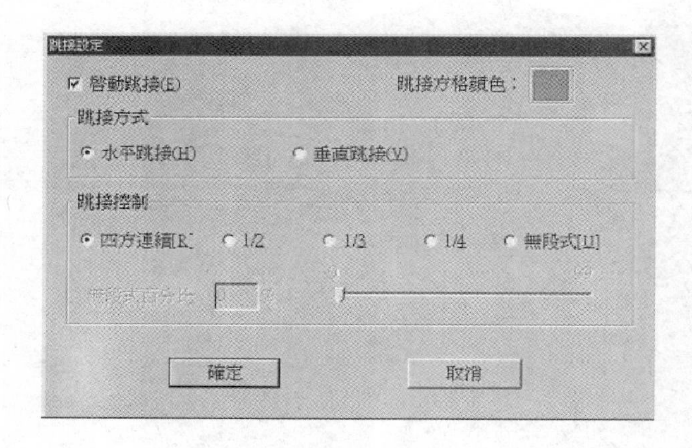

图5–19　跳接设定

②选取“启动跳接”。

③在“跳接方格颜色”栏按一下鼠标左键，然后在“色彩”对话框中选取一个颜色。“跳接方格颜色”选取与图稿对比较强的颜色，效果较佳。

④在“跳接方式”栏选择“水平跳接”或“垂直跳接”。

⑤在“跳接控制”栏选择跳接的距离。

⑥按“确定”完成“跳接设定”。

⑦再次拉下“设计处理”功能表并选取“布花设计”选项的“跳接显示”指令，此时图稿会依先前“跳接设定”所设定的跳接方式，自动展开显示为9个循环的编辑图稿，在此图稿内所做任何编辑及修改，皆会依跳接方格展开。若要显示跳接之格线，可开启“检视”功能表“屏幕设定”之“跳接方格”。

⑧图稿编辑完成后，将“布花设计”的“跳接显示”关闭，此图稿即为一个完整循环的布花跳接单元（图5–20）。

（2）格子布：“格子布”指令能模拟布料之织纹，其步骤如下：

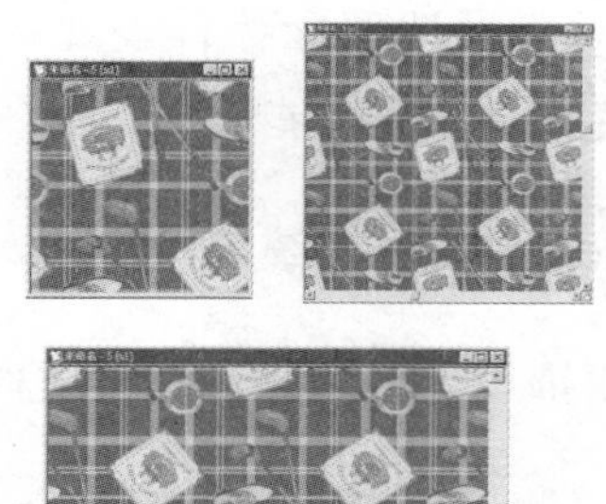

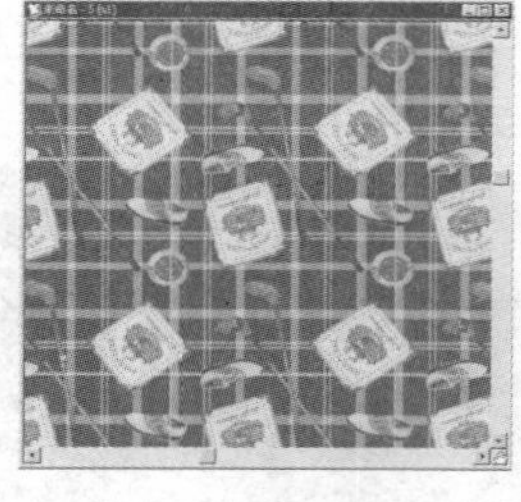

图5–20　布花设计

①依照设计或扫描的布料影像分别排列经纱及纬纱（图5–21）。

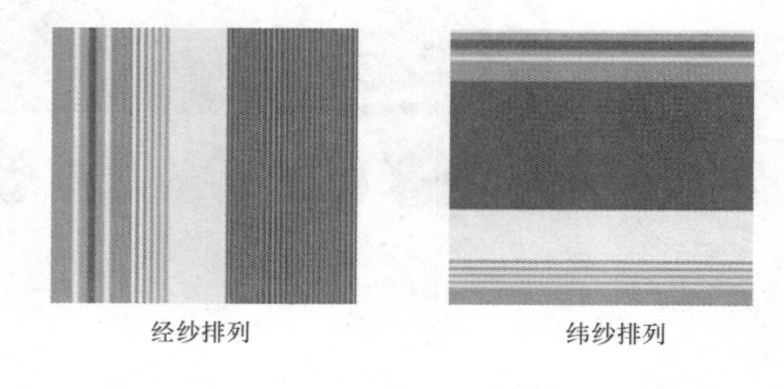

图5–21　布料影像

②拉下“设计处理”功能表并选取“格子布”指令，则会出现“格子布”对话框（图5–22）。在

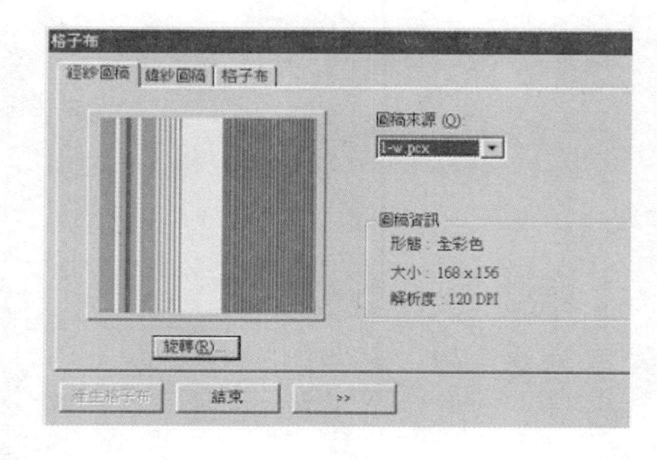

图5–22　“经纱影像”对话框

"经纱影像"选单右侧的"图稿来源"栏选取经纱影像（图稿来源可以为档案或编辑区内的图稿），选取后影像缩小显示于左侧。

③选取"纬纱影像"选单，在右侧的"图稿来源"栏选取"纬纱影像"（图稿来源可以为档案或编辑区内的图稿），选取后影像缩小显示于左侧（图5–23）。

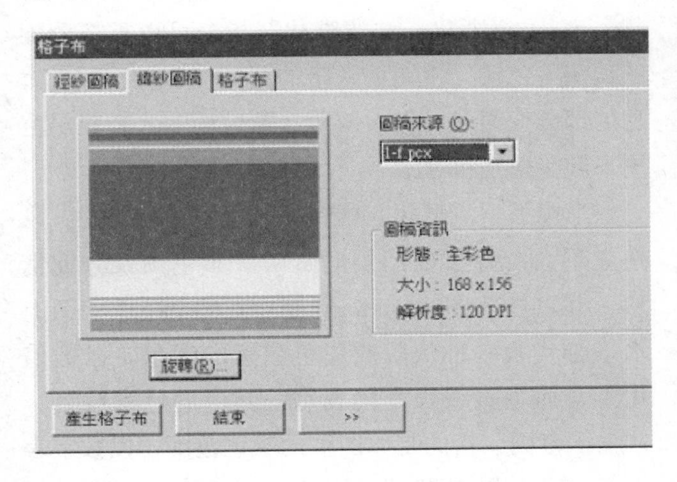

图5–23　"纬纱影像"对话框

④选取"格子布"选单，此时"经纱影像"及"纬纱影像"会同时出现在此选单内，若两者影像次序相反，可选取"经纱／纬纱影像易位"（图5–24）。

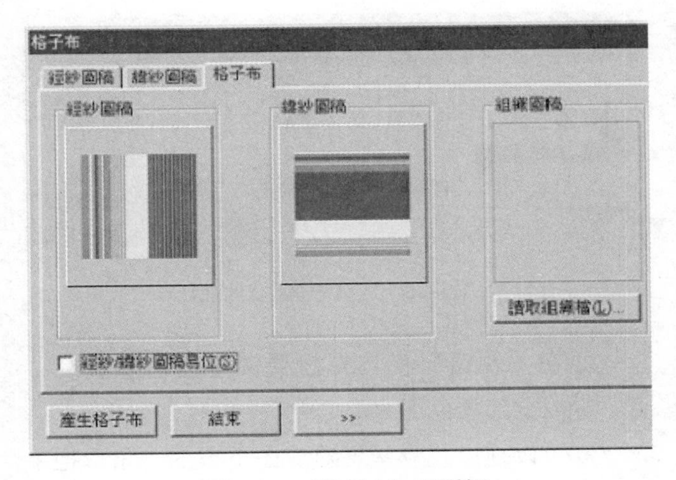

图5–24　"格子布"对话框

⑤在"组织影像"栏按下"读取组织档"，则会出现"组织图库"，选择适当组织图后，按"确定"。

⑥在"格子布"选单左下角按下"产生格子布"，编辑区即会开启一张模拟完成的格子布图稿。

⑦若要继续，则重新设定经纬纱及组织图影像，重复上述步骤；或按"完成"可关闭"格子布"对话框（图5–25）。

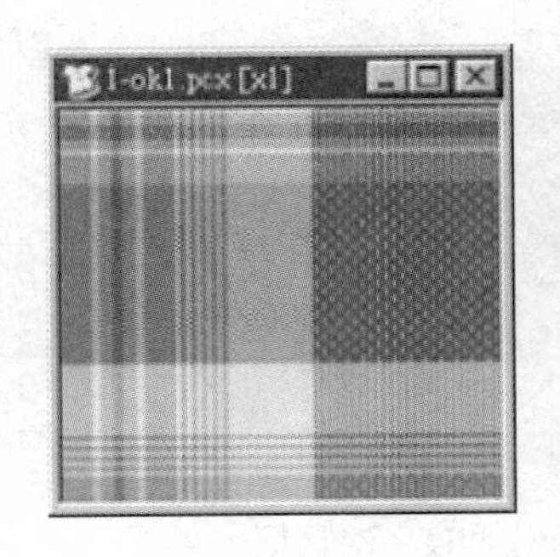

图5–25　同样经纬纱排列，套上不同组织图之结果

2. 图像效果

在"图像效果"菜单下的指令都是用来微调画面或使用一些特殊效果来处理画面。

经由扫描仪或影像捕捉卡输入的图像往往必须经过再处理才显得自然逼真，因为这些输入工具并不能完全地维持原图的亮度和色质。本章介绍的微调指令是用来对图像进行校正及调整的，以减少失真的程度。

（1）亮度／对比："亮度／对比"指令用来增加或减少图案的亮度和对比等级，就好像在显示器上的"亮度／对比"控制钮一般。要调整图稿的"亮度"及"对比"，步骤如下：

①拉下"图像效果"功能表并选取"亮度／对比"指令，随即出现"设定亮度和对比"对话框。

②在"频道"栏选择你想调整的色系为红、蓝、绿或全部的颜色。

③分别在"亮度"和"对比"栏键入适当的数值，或拖曳拉杆来设定。

④在设定的同时，可以在"取样"栏中即时看到设定的效果，并与原图作比较。若对产生的效果不满意，需重复调整设定到满意为止。

⑤设定完成后，请按"确定"即开始执行。

（2）色调／饱和度："色调／饱和度"指令是用来改变图稿颜色的色调和饱和度。要调整图稿的“色调”及“饱和度”，步骤如下：

①拉下“图像效果”功能表并选取“色调/饱和度”指令，随即出现“色调/饱和度”对话框（图5-26）。

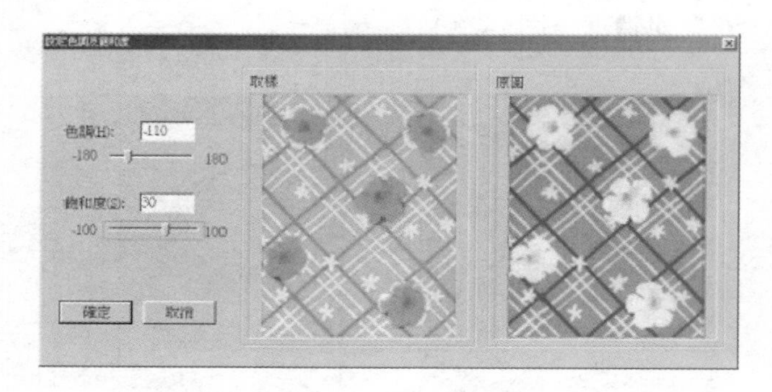

图5-26 “色调/饱和度”对话框

②分别在“色调”和“饱和度”栏键入适当的数值，或拖曳拉杆来设定。

③在设定的同时，可以在“取样”栏中即时看到设定的效果，并与原图作比较。

④若对产生的效果不满意，可重复调整设定到满意为止。

⑤设定完成后，请按“确定”即开始执行（图5-27）。

原图稿

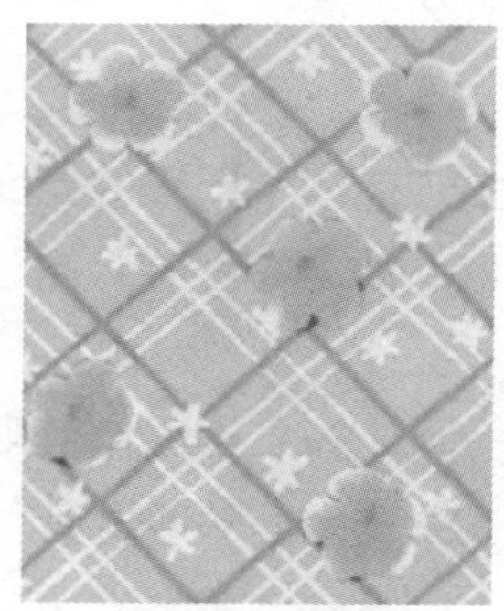

调整色调后的效果

增强饱和度的效果

减低饱和度的效果

图5-27 调整色调/饱和度后的效果

“色调”的设定是根据HLS色环上的位置（从-180°~180°）来决定图稿的色调转变。色环上的色调位置是依照彩虹的颜色顺序（红、橙、黄、绿、蓝、靛、紫）逆时针方向排列。

饱和度是以百分比表示的。百分比调得愈低会减少色素的密度，若设定在-100%时，图稿会变成灰色，百分比越高则越会增加颜色的浓度。

（3）清晰化：“清晰化”指令可以重新分配图稿灰阶色调，使图稿灰暗的部分变明亮，颜色太亮的部分变柔和。借由灰阶/彩色的输入和输出范围来调整亮度和对比。

当按下“清晰化”指令时，维克（LaVeic）风格立刻会统计目前图稿的灰阶/彩色图素分配情形，并以柱状图（Histogram）表示。在柱状图上水平轴代表一种灰阶或彩色图素的颜色（已数值化），而垂直线长度代表每一颜色的色素数目。“输入范围”指的是原图稿的颜色范围（以数字表示），“输出范围”指的是调整后的颜色范围。

执行“清晰化”指令，步骤如下：

①拉下“图像效果”功能表并选取“色彩灰度对应图”指令，随即出现“色彩灰度对应图”对话框（图5-28）。

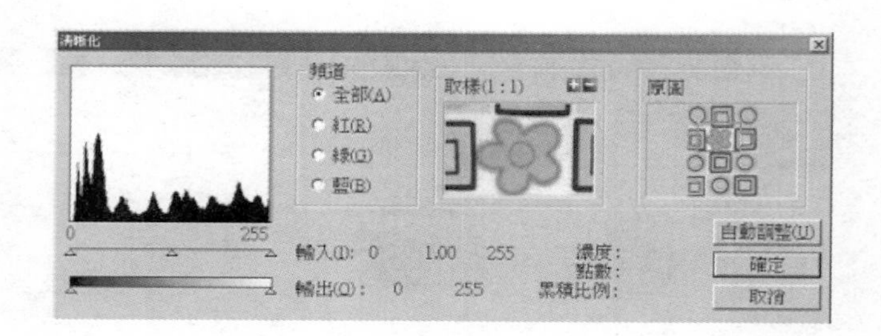

图5-28 “清晰化”对话框

②在“频道”栏选择想要调整的色系（红、蓝、绿或全部颜色）。

③可以拖曳色彩灰度对应图下方的三角形把手来选择输入和输出的范围。灰阶或彩色的预设范围是0~255之间。

若要增强对比并使画面的细节更加明显，可以缩小原图的输入范围。如此，在输入范围左把手左边的图素会呈黑色或对应到输出范围的最小值。而右把手右边的图素会呈白色或对应到输出范围的最大值。

相反，也可以用缩小输出范围的方式来减弱对比，以使暗的地方变亮一些，使亮的地方变暗一点。将输出范围左把手往右拉，可以使暗的地方变亮；将右把手往左拉，可以使亮的地方变暗。

④在设定的同时，可以在“取样”栏中即时看到设定的效果，并与原图作比较。若对产生的效果不满意，重复调整设定到满意为止。

⑤设定完成后，请按“确定”即开始执行（图5-29）。

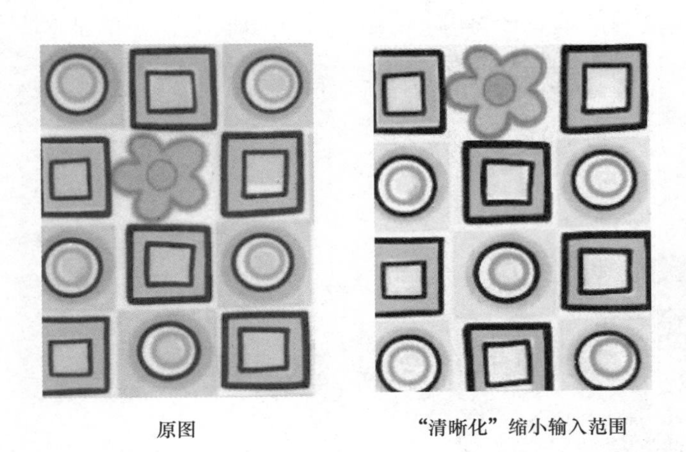

原图　　“清晰化”缩小输入范围

图5-29　“清晰化”缩小输入范围

3. 材质模拟

可将整张图稿或框选区域模拟成布料质感的效果，并加入前景色作为纹路的颜色，功用和工具箱中的材质笔一样。LaVeic提供了一些材质案档让你应用，包括布料、针织织纹及自然纹路等，也可以自行制作其他材质纹路以满足设计需求。

要自行制作材质档，只需将制作好的材质图案，存成以BMP为副档名的档案，置于LaVeic目录下的Texture次目录下即可。

执行“材质模拟”指令，步骤如下：

（1）将要处理的材质区域框选起来，若无框选区域，则以整张图稿作处理。

（2）拉下“图像效果”功能表并选取“材质模拟”指令，即出现“选择材质图样”对话框（图5-30）。

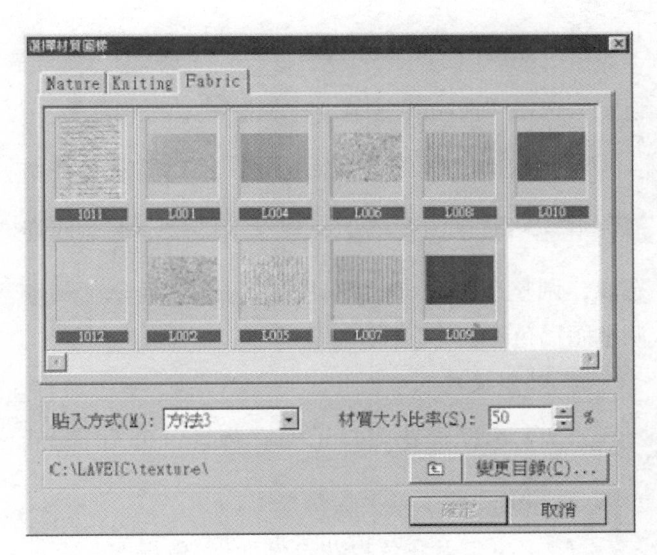

图5-30　“选择材质图样”对话框

（3）选择要模拟的材质档案，若不在目前显示的目录之下，可按“变更目录”寻找。

（4）选择贴入方式，包括方法1到方法4等四种方式，并在设定“材质大小比例”后按“确定”。

4. 花纱制作

花纱也称AB纱，是针织毛衫中常用的纱线。

（1）假定用一偏蓝颜色的花纱，制作出其他两组不同颜色效果的花纱。

（2）用吸管工具吸取图稿上所有颜色并填入色格中，并将其保存以便下次使用。

（3）色彩处理→色块减色（将图稿颜色减为256色，才能执行色组换色）。

（4）用吸管工具吸取所要更换的颜色并填入色格中→色彩处理→色组换色。

5. 提花组织制作

（1）选择所要做的提花图案，用方格笔工具，按照宽度与高度之比为3：4，用单色来描绘你所选择的图案，并将其组织成一个单一循环的图案。

（2）至功能图例开新图稿，将其放大，用基本笔工具设计针织组织图（单一循环图）。

（3）用矩形罩遮工具选取循环部分→

复制至剪贴簿→放弃选取，至图稿编辑中的图样设定，选择“剪贴簿图样”→点击罩遮内灌色。

（4）选取全部组织图稿→复制至剪贴簿→粘贴至图案稿上，建立新图层→放弃选取，调整透明度→合并图层，用换色工具来调整图稿色彩。

6. 针织提花毛衫制作

（1）选择提花图案（如有背景，可用仙女棒或橡皮擦工具去除背景）。

（2）决定做几色提花，例如做3色提花，至色表管理→设定编修色数（新增确定）→用吸管工具吸取图稿上3种颜色→利用功能或按住ALT键不放+左键，将颜色填入指定的颜色格内。

（3）色彩处理→乱点法减色（将图稿颜色减为256色）。

（4）为了符合针织服装的实际尺寸要求及针织提花的实际应用，至图稿变换→缩放比例来变换图案。

（5）选取全部已变换好的提花图案→复制至剪贴簿。

（6）录取款式图稿（例如做童装12针的针织效果），打开图稿→图层管理员，拷贝图层→将复制的提花图案粘贴至款式图稿上，并调整好位置→仙女棒工具选取区域→图像效果→材质模拟（图5-31）。

图5-31　针织提花毛衫制作

7.针织T恤设计

（1）至功能图例开新图稿，设定5cm×5cm。

（2）绘制条纹：在调色盘中选取颜色→用矩形工具绘出条纹部分→基本笔工具做些效果变化→矩形罩遮工具选取单一循环部分→复制至剪贴簿→放弃选取。

（3）填图工具（属性部分→颜色范围：255；图稿来源：剪贴簿；位移：0）→确认无误后至图稿内点一下。

（4）换色：用换色或填色工具来更换条纹颜色，修改条纹宽度，用插删行列工具（左键变宽，右键变窄）。

（5）选取全部条纹→复制至剪贴簿→

图5-32　针织T恤设计

填图工具，依据方向填入款式图稿中（图5-32）。

总的来讲，不管是通用型设计软件还是专业型设计软件，在利用计算机进行针织服装的设计时，最重要的是要学会充分利用计算机的优势，发挥计算机的特点，为设计出更好的针织服装服务。练习的重点，可放在对不同原料（如羊毛、羊绒、腈纶）、不同组织结构（如平针、罗纹、提花、空花）的表达上。

三、如何选购针织服装CAD系统

在选择针织服装CAD系统时，一般应考虑以下因素。

1. 性能价格比较高

选择针织服装CAD系统时，首先应根据企业的具体情况考虑性价比，越高越好。

2. 产品配套与集成化要好

针织服装CAD系统首先要在功能上配套完善，其次硬件配备较完善。如CAD的基本功能模块、款式设计、成衣系统、样片设计、放码、排料、资料及生产管理、辅料及裁剪系统具备不具备？能否单独使用和综合集成使用？必要的输入输出设备全不全？

3. 产品的开放性要强

是否具有联网能力和多用户同步作业的性能？生产和技术的进步越来越要求CAD系统具有兼容性、开放性、不同系统实现数据交换与传输，要求具有多媒体界面。

4. 具备不同语言的操作系统

是否具有汉化操作系统，其中中文术语及语言习惯是否符合要求。

5. 计算机操作环境以windows最为通用

6. 灵活配置不同档次的CAD系统

现在有的厂商针对我国市场推出经济型、标准型、高档型CAD系统，以适应不同档次企业选择，企业应根据服装产品定位决定CAD的配置。

7. 应用软件界面要友好

各功能模块设计是否在技术习惯和经验上符合本企业针织服装产品设计的要求。

8. 产品售后服务好

应考虑软硬件升级改版后能否及时更换，是否终身维护，产品安装调试后是否培训，零配件更换是否方便，设备维修使用手册、资料齐备不齐备等。

课后练习

思考练习

1.针织服装CAD的作用有哪些？

2.针织服装计算机辅助设计方法包括哪几类？

案例分析

请分析通用型设计软件和专业型设计软件在针织服装设计中各自所发挥的作用。

实训项目

请用通用型设计软件完成针织服装设计效果图两幅。

应用理论与训练——

针织服装流行与流行预测

课程名称： 针织服装流行与流行预测

课程内容： 市场流行元素的采集
媒体流行元素的采集
网络资讯的采集
针织服装时尚元素的分类整理
针织服装流行趋势的预测

上课时数： 12课时

训练目的： 让学生了解如何对针织服装时尚元素进行采集和整理。

教学要求： 让学生学会把握针织服装流行发展的脉搏，在当今资讯发达的社会训练自己敏锐的观察力、辨别力和分析力，学会分析利用各种信息，为设计提供指导。

课前准备： 各权威机构和各大品牌公司的流行发布。

第六章　针织服装流行与流行预测

第一节　针织服装流行时尚元素的采集方法

在针织服装的设计中，好的设计是由各部分组成，即设计要素共同配合衬托的结果。设计师的任务就是选择这些流行元素，并把它们很好地融合到一件既时髦又具有功能的服装中去。作为服装设计的基本元素：款式、色彩、面料、细节、装饰品等，在设计作品中都占据了相当重要的地位，但一般会有一种要素占据主导地位，它们彼此间存在着一种默契，通过相互间的配合，形成一个整体的视觉，才能实现真正意义上的元素组合。

通常，从流行时尚元素的采集中获取设计灵感的途径有四种：

（1）从物质世界获取设计灵感：包括从大自然中获取灵感，如仿生服装、花卉色彩、景色意境等；相关艺术的借鉴，如绘画、建筑、雕塑、音乐、舞蹈等；材料的启发，如服装材料的质感，皮革材料的可塑性，金属材料的装饰性，以及木、纸、塑料等一些非织物材料对设计的启发。

（2）对民族元素文化内涵和精神的体验：曾经流行的波西米亚风格和东方元素成为一个时期的时尚，对于民族文化不能只简单地进行标签式贴图，应考虑时代文化发展所具有的时代特征，用时尚元素和现代手法演绎传统，如可以从民族服饰的基本型、手工面料、代表性色彩、典型配饰等某一方面进行演绎。

（3）对他人经验的借鉴：即学习大师，通过对大师作品的观察，可借鉴一些表现手法、主题概念、个人风格或局部细节的处理方式，借鉴的目的即为“拿来”再结合，使借鉴元素成为新整体的有机部分，构成新的秩序。

（4）时代文化的发展、科技革命、流行思潮对衣着服饰的影响：服装的设计及其风貌反映了一定历史时期的社会文化形态，是时代的窗口。曾经流行的运动风格、军旅风格、怀旧风格、中性化风格等都反映了某个时代的文化特征。新科技、新技术带来了保暖内衣，纳米技术的运用、环保材料的使用、对太空的探索、网络的虚拟世界都给设计增添了想象的空间。

对于流行元素的采集，首先需要关注国际纺织服装机构发布的相关信息，并对信息加以分析、整理、归类，结合国内市场，把握未来流行方向。获取信息的渠道有：①定期或不定期的出版物、宣传册以及主流期刊；②专业媒体报道、专业网络资讯，以及流行色彩、款式、面料的综述；③各地的服装节、服装展会；④时装秀场发布，产品流行趋势发布等；⑤相关服装专业理论和专业论坛。其次需要关注几大主流时装周和具有代表性的设计师的流行发布，以及国际纺织品市场推出的新工艺、新技术、新材料的信息和它们在设计师作品发布中的使用情况。将主流的和个性的加以分类，结合自身的设计定位，选择性地合理运用。科学的采集和定位，是设计师设计技巧、创作思维、流行趋势及市场把握能力的综合体现。

一、市场流行元素的采集

流行元素的采集方式可以是多种的，而从市场所反映出的流行中采集往往是最直接、最行之有效的方法。关注现实存在的时尚，也是最容易实现的收集社会信息的方法。生活中有许多令人意想不到的亮点，虽然地理位置不同，但通过市场传播的途径是相同的。生活中的着装和个性搭配也能激发创作灵感，使设计更具针对性和推广性。所谓“春江水暖鸭先知”，作为服装设计师，只有具备这种善于领先捕捉“春消息”的敏感，才能适应潮流，引导潮流和创造潮流。

市场流行元素的采集最主要的是观察，由观察产生想法。观察可以是看橱窗、看商场、看街头的行人，也可以是看建筑、看风景。通过观察生活、观察社会、观察自然，用心去分析，并提取相关的设计元素运用于设计，是市场流行元素采集的主要目的。当然，“看”不等于“见”，从“看”到“见”需要兴趣，需要方法。“看”与“见”的桥梁是注意，注意的起因是兴趣。保持对生活中观众事和现象的兴趣，用专业和好奇的眼光对待生活中的时尚现象。在观察时，能有目的地去注意、去寻找，不但观察事物本身，还需要分析其相互关系和影响，用发现美去创造美的事物。

（一）对市场、专卖店的调研

从市场调研获取第一手流行信息，是针织服装设计信息来源的主要途径，也是针织服装设计最直接的依据。市场、专卖店这种相对固定的销售卖场，对该季节上市的新款往往是最大限度地进行宣传和展示。服装市场是服装与消费者之间的桥梁，通过对卖场服装的调研，了解各种风格的针织品牌服装在当季所推出的新款，包括比较它们之间在流行要素上的使用，并做相关采集，以及消费者对新款上市针织服装的认可度、购买欲。从服装的款式、色彩、面料判断设计取向。

1. **调研方法**

（1）选择所在地主城区重要的商圈中，具有代表性的服装购物场所及品牌专卖店。

（2）选择自己相对喜好的、风格特点突出的服装品牌，按高、中、低不同层次，进行长期跟踪，以图文或列表的方式对历年来产品的价位、款式特点、色彩、面料、细节等进行逐年逐季对比分析。

（3）选择部分商场、专卖店的相关人员对上市新款服装的销售情况、顾客满意度等进行数据统计、量化分析。随机询问部分顾客对新款购买的原因、需求、改进的地方、价格的承受能力等进行图表统计和整理，并对可能做的改进设想进行分析。

2. **调研内容（表6-1）**

（1）对不同档次和风格的针织品牌服装中流行元素的使用情况进行分析。

表6-1　调研表

品　牌				
时　间				
地　点				
关键色彩				
关键款式				
关键面料				
关键工艺				
主要细节				
配　饰				
价　位				
适合人群				
说　明				

（2）对主流针织品牌在本季色彩、面料、款式、细节等方面进行综合分析和图示整理。

（3）将整理的针织服装时尚元素图例与同季国际、国内流行发布进行分析比较，找出共性与个性之间的关联。

（二）对街头时尚的调研

街头时尚除了指反映大众对流行服饰的着装体现外，这里的街头时尚主要指一些时尚青年较为个性、另类的着装理念。街头作为流动的时尚窗口，街头的穿着反映了大众对这一时期、这一季的流行取向。众多的时尚杂志将街头拍摄的个性化着装作为观察流行的主要版块。街头时尚作为一种个性化突出的服装风格深受时尚青年的追捧，在美国、日本、韩国特别突出。这种风格以另类、夸张、体现个性为主，表现手法以解构、重组、打破传统着装方式来体现，非常注重服装面料的再造和综合材料的组合，结构上注重简单中求变异，甚至不受流行的影响。色彩使用大胆，突出服装个性。正是由于受到大量时尚青年的喜好，他们的个性着装也成为很多设计师原创的素材，于是又出现专门为这些人群产生的时尚品牌和设计师。如Undercorer、渡边淳弥、Heatherte等（图6-1）。

图6-1　日本街头时尚

1. **调研方法**

（1）以看为主，选择主城区人口相对集中的地段和时尚娱乐场所，观察着装的整体风格。

（2）以问为辅，选择部分有代表性人群，从他们对着装的喜好、选择的品牌、购买地点、参考价位等方面进行询问调查，并做相应的评估。

（3）结合拍摄，对部分着装个性突出的人群做图像收集，分析适合的范围和年龄段。

2. **调研内容**

（1）分析这些个性着装的时代背景，不同年龄段的时尚选择和价值取向。

（2）关注与这些风格相搭配的服饰配件，如包、帽、鞋、皮带等。这种个性化风格与主流时尚的纵向联系与横向差别。

（3）可借鉴和运用的可行性分析。

总的来说，市场中的流行是对流行预测、流行引导的真实反映。那些采集的具有实际价值的流行元素，对设计服装产品的推广具有实际的指导意义和背景价值。

二、媒体流行元素的采集

要把握服装流行发展的脉搏，需要在当今资讯发达的社会训练自己敏锐的观察力、辨别力和分析力，需要学会分析利用各种信息。而媒体正是利用它快捷、丰富、信息量大的特点和传播手段，将当今时尚资讯在第一时间以直观性形象资料向大众传播。媒体包括专业杂志、报纸、视频、图片、时尚的生活方式、着装方式的选择和主流时尚观点。

浏览当今众多媒体，相关的时尚款式、美容化妆、服饰新潮、逛街购物等时尚资讯占据了相当的位置和版面。在这里，市场和媒体都担负着重塑时尚面貌的工作，通过这些时尚热点，让时尚消费者追随着传媒，以尝试最新的风格。而设计师，为了保持新鲜时尚意识，了解消费者的时尚心态，也需要经常关注时尚媒体对着装风格的引导，将这些引导作为设计背景素材，为设计提供相应的理论与形象依据。

1. 刊物的阅读

服装推广和流行资讯，通常是通过在媒体上大量发布产品广告、提供新的着装风格来引起消费者的注目。早在20世纪初，设计师和生产商的服装产品走进市场的唯一选择就是通过杂志广告。当今，一方面人们通过这些专业的期刊了解服装、服饰的流行趋势和最新潮流以及下一季的流行时尚，另一方面服装设计师通过*VOGUE*和*Harper's Bazaar*等著名专业杂志发表创新设计。还有一些专业编辑、资深评论等通过在期刊上发表文章，将造型、色彩、流行观点传达给消费者。这些主流杂志聘请的时装评论家，对流行风格的影响很大，对流行时尚的传播起着重要的作用（表6-2）。如时尚界的资深人物、最权威的时装编辑安娜·平姬（Anna Piaggi），意大利*VOGUE*的主编，她犀利、精辟、独到的观点，深受时尚界人士的推崇。有媒体说约翰·加里亚诺刚出道时，其设计作品并不被人看好，甚至被视为垃圾、荒唐……正是由于安娜·平姬的评述和推崇，才使约翰·加里亚诺成为引领时尚的设计师。

表6-2　时尚刊物推荐

刊物名称	出版国家	网　址	简　介
VOGUE	美国	www.vogue.com	1892年创刊，老牌的时尚杂志
ELLE	法国	www.elle.com	1945年创刊，比*VOGUE*和*Bazaar*的风格年轻，贴近时下年轻女性的时尚需求
Figaro modame	法国	www.lefigaro.fr	1980年创刊，法国知名高端女性杂志，全国12个版本，主张“时尚中强调智慧”
THE FACE	英国	www.ukmagazines.co.uk	1980年创刊，体现青年文化运动与时尚风格
L'uomo Vogue	意大利	www.luomovogue.com	*VOGUE*中的意大利体系，以自我见解鲜明，坚持高端男装制作方式的杂志，已成为当今最有名望和影响力的男装杂志

时尚杂志主要有两大类：

一类是针对消费者的指导性消费杂志（表6-3），尽管部分服装界专家也阅读此类杂志，但其主要对象还是针对消费者。

另一类是专业性杂志（表6-4），其目标主要针对时装界设计师、制造商、零售商、时装顾问、时尚买手及市场中的品牌代理人。

面对当今众多的时尚刊物，针对普遍或特定读者的杂志不计其数，服装品牌流行发布也就运用这

表6-3 指导性消费杂志

刊物名称	出版国家	内容	发行周期
MR	日本	男性时尚刊物，风格突出，品位雅致（已停刊）	6期/年
MEN'S NON-NO	日本	男性流行时尚及生活资讯	12期/年
VOGUE	多国	介绍最新流行的服饰、配饰、化妆品、生活理念	12期/年
ELLE	多国	时尚信息及美食、旅游等生活时尚推荐	12期/年
*HF*高级时装	日本	前卫和艺术服装杂志	6期/年
装苑	日本	介绍女装式样及裁剪、缝纫、缝制、纺织、刺绣方法以及国际服装资讯	12期/年
VIVI	日本	最新流行搭配，服装、美容介绍	12期/年
服装设计师	中国	时尚荟萃、流行资讯、品牌介绍、设计师专访等	12期/年

表6-4 专业性杂志

刊物名称	出版国家	内容	发行周期
国际流行公报*Collezioni*	意大利	最新时装及成衣发布会图片集锦	4期/年
男装*Book Moda Uomo*	意大利	最新男性时装及成衣发布会图片集锦	2期/年
女装*Book Moda*	意大利	分为成衣和礼服，汇集各个品牌发布会的最新时尚信息，并做前沿预测	6期/年
女装集锦*Collections Women*	日本	时装发布会图片集、全球6大时装发布会资讯介绍，按国家分集刊登	8期/年
内衣*SOUS*	德国	以内衣流行趋势及相关技术为主	4期/年
女装针织趋势 *Woman's Knitware*	法国	女装针织流行趋势介绍	2期/年
国际运动服装 *Sportsware International*	德国	最新运动装与休闲装信息	7期/年
运动装和街头时尚集锦 *Sports and stree Collezioni*	意大利	世界各地最新服装文化及知名品牌设计、展示街头服装和休闲服装流行趋势	4期/年
国际纺织品流行趋势*VIEW*	中国	流行面料发布、流行趋势综述与预测	4期/年
婚纱*Book sposa*	意大利	婚纱、礼服图片集锦	2期/年

些杂志接近潜在的消费群。作为服装设计师更应该通过这些期刊，了解国内外流行与市场动态，关注产业信息，掌握行业发展趋势。首先，选择具有代表性的、快捷丰富的时尚资讯专业期刊；其次，根据设计产品风格，选择分类性的专业杂志，如男装、女装、休闲装、针织服装等，这些单独在某一类别上有影响的杂志；最后，对于资讯的掌握不仅限于专业的和单方面的，而是多角度、多方位的，与时装相关的信息都应有所涉及，如新科技、新思潮、新文化运动等。

2. 媒体的相关报道

除了期刊，其他相关媒体也参与到时尚资讯的相关报道，其中包括报纸、电视、无线广播，而电视与无线广播是最容易被消费者接受的媒体。

这类媒体的特点是报道周期快于期刊，专业性报纸出版周期通常以周为单位，而期刊虽然资讯全面、权威，但出版周期通常以月、季为单位。虽然报纸不是设计师和生产商的主要宣传工具，但这种方式耗资小、读者面广，也是服装类产品宣传的可行办法（表6-5）。而电视栩栩如生的视听效果是其他媒体所达不到的。通常，当天的时尚发布就能在电视上有相关报道，如法国的*FTV*时尚频道，全天滚动播出最时尚的发布，让你在最短的时间感

表6–5　主要专业性报纸

名　　称	出版国家	内容简介	发行日期
WWD每日妇女日报	美国	国际最权威、最及时的时尚资讯	1期/日
服装时报	中国	最新时尚资讯和行业信息	1期/周
中国服饰报	中国	最新时尚资讯和行业信息	1期/周
中国纺织报	中国	纺织行业动态及专业信息	5期/周

受几大主流时装周的最新时装发布。无线广播的特点是及时性、流动性、可操作性，有着较大的普及面，它主要以流行综述、时尚购物、时尚指南以及听众互动为主要传播的内容。MP3、手机等，很多都有调频功能，人们随时随地都能感受到广播所传达的热点信息。

媒体有专业性很强的，也有综合类普及面广的，我们可以通过直接或间接地视听、浏览和归纳流行的总体印象，提取可操作性的时尚概念，准确地把握即将到来的流行。

三、网络资讯的采集

网络是20世纪90年代后期崛起的强势媒体，它使人们可以足不出户就能知晓当天发生在世界各地的重要新闻和各种资讯。它是集及时性、丰富性、知识性、可收集性等多种优势于一体，可以说，网络使今天的资讯变得比任何时候都丰富和快捷，只要你输入关键词进行搜索，成千上万条相关链接会让你作出选择，通过不同的网络平台，可以查阅到需要的图文资料，观看时尚发布的在线视频，或在专业论坛上交流，或进行电子商务，了解和掌握流行的瞬息万变。新材料、新技术、新的设计思想不断更新我们的设计观念，只有开阔了眼界才能激发出创造性思维。利用网络快捷、丰富、及时的传播，对设计更新、最新潮流资讯的收集是行之有效的办法。

（一）时尚网站的资讯

时尚类网站主要分为：专业时尚网站、品牌类网站、设计师个人网站、时尚杂志网站几大类。

1. **专业时尚网站**

专业时尚网站是时尚设计首先浏览的对象，它具有专业性强、功能突出、分类细、资讯更新及时的特点，包括世界几大主要时装周信息，以及代表设计的最新发布、相关时尚产品介绍、理念发布图片查询等（表6–6）。

2. **品牌类网站**

品牌类网站是以品牌风格、品牌路线、品牌最新产品发布、品牌连锁、电子商务为主的服装专业网站（表6–7、图6–2）。

表6–6　专业时尚网站

网站域名	网站特点
www.style.com	最新发布会资讯、T台、细节、幕后图片
www.t100.cn/index.htm中国服装趋势网	最新流行趋势分析，发布动态图片信息
www.fashionfile.com	最新时装发布，在线视频浏览
www.gq.com.tw时尚男人	各大时装周男装发布图片集锦、风格分析
www.fashion.com.cn时装在线	品牌、人物、视觉、云裳、妆苑
www.fztu.com中国服装图案网	印花图案、技术前沿、市场信息等
www.taotian.com滔天服装网	服装图库、服装品牌、服装展会
www.e_vogue.com.cn E风尚–时尚生活	时尚、美容、珠宝、内衣、人物、时装周

表6-7 部分品牌类网站

品　牌	国家	网站域名
Levi's	美国	www.levis.com
DKNY	美国	www.dkny.com/control/main
Lee	美国	www.leejeans.com
ECKO	美国	www.eckounltd.com
GAP	美国	www.gap.com
Dsquaredz	意大利	www.dsquaredz.com
Giorgio Armani	意大利	www.giorgioarmani.com
D&J	意大利	www.dolcegabbana.it
Gas	意大利	www.gasjeans.com
Hugo	德国	www.hugo.com
Y-3	德国	www.adidas.com/Y-3
Drykorn	德国	www.drykorn.de
Christian Dior	法国	www.dior.com
Chanel	法国	www.chanel.com
Christian Lacroix	法国	www.christian-lacroix.com
Pepe	英国	www.pepejeans.com
G-STAR	荷兰	www.g-star.com
G-SUS	荷兰	www.g-sus.com
Marc O'Polo	瑞典	www.marc-o-polo.com
ZARA	西班牙	www.zara.com
Jack&Jones	丹麦	www.jackjones.com

图6-2 PRADA 2008年春夏

3. **设计师个人网站**

设计师个人网站以介绍设计师生平、作品发布、相关附属产品和设计师代表的品牌风格为主（图6-3、表6-8）。

图6-3 设计师2008春夏——约翰·加里亚诺

表6-8 部分设计师网站

设计师	网站域名
夏奈尔 Chanel	www.chanel.com
三宅一生 Issey Miyake	www.issey miyake.com
高田贤三 Kenzo	www.kenzo.com
乔治·阿玛尼 Giogio Armani	www.giogioarmani.com
山本耀司 Yohji Yamamoto	http：//www.yohjiyamamoto.co.jp
克里斯汀·迪奥 Christian Dior	http：//www.christiandior.com
克里斯汀·拉克鲁瓦 Christian Lacroix	http：//www.christian-lacroix.fr
范思哲 Gianni Versace	http：//www.versace.com
纪凡希 Givenchy	http：//www.givenchy.com
古奇 Gucci	http：//www.gucci.com
瓦伦蒂诺（华伦天奴） Valentino	http：//www.valentino.it
伊夫·圣·洛朗 Yves Saint Larent	http：//ysl-hautecouture.com
安娜·苏 Anna Sui	http：//annasui.com
杜嘉班纳 Docle&Gabbana	http：//doclegabbana.it
维维恩·韦斯特伍德 Vivienne Westwood	http：//viviennewestwood.com
约翰·加里亚诺 John Galliano	http：//johngalliano.com

4. 时尚杂志网站

时尚杂志网站的专业性体现在突出时尚主体、流行发布更新及时、流行风格分析、资深时尚评述、网站个人观点等方面（表6-9）。功能性主要体现在服装的分类板块：T台发布、细节元素、幕后花絮、时尚推荐、购物指导等方面。

通过这些专业网站，可以长期关注几大著名时装周的最新信息、主流设计师的最新发布和品牌近期或往年的产品风格，利于对设计师风格的研究和品牌设计路线的综合分析。

表6-9 部分时尚杂志网站

杂志名称	网站域名
时尚	www.vogue.uk
ViEW国际纺织品流行趋势	www.view-international.com
哈泼杂志	www.stvatosfera.cz/bazaar
日本时尚杂志	www.joseishi.net/vivi
世界时装之苑*ELLE*	www.ellechina.com
日本男性时尚杂志*MEN'S NON-NO*	non_no.shueisha.com.jp
日本时尚杂志*SEVENTEEN*	st.shueisha.co.jp
时装	www.fashion.cn
服装设计师	www.fashion.org.cn

（二）专业时尚论坛的资讯

论坛网络（简称BBS）是随着互联网的普及，人们从被动地浏览，到主动参与网络平台，进行互动的一种形式。这种形式，符合当代人缓解自身压力，发表个人观点，加入到不同人群讨论，树立自身形象的心理需要。

专业论坛在专业网站的基础上，更强调它的时效性、参与性、互动性（表6-10）。它不仅可以将自己的作品或某一话题的观点在BBS上发表，还可参与到其他感兴趣的帖子中去支持和辩论。

BBS的资讯和观点既有普遍性，也有个性。它的影响取决于对专业的系统性、知识性以及注册会员的数量、点击率、发帖量、回帖率。BBS上的版块可以细分到你能设想到的或你需要的主流及边缘信息，它的资讯虽然不及专业网站那么快捷，并且大量的资讯来自于其他专业网站，但每个人发帖的喜好、角度、立场、观点都不相同，对时尚的理解也有着自己的选择和针对性。当你不可能浏览所有网站时，BBS是你获取需要的素材、发表个人观点、共享个人资讯值得选择的方式。

对时尚资讯的收集方式：

表6-10 国内主要服装专业论坛

论坛名称	网站域名
穿针引线服装论坛	www.eeff.net
我行我素服装时尚新区	www.mrol.ner/bbs
魅惑之都	www.bbs.fanci.cn/home.phe
滔天服装论坛	www.bbs.taotian.com
中国服饰论坛	www.bbs.wears.com.cn
E-VOGUE论坛	www.e-vogue.com.cn/bbs
蜘蛛时尚概念论坛	www.zhizhu.net/bbs

（1）首选信息量最大、专业分类系统、资讯更新及时的主流时尚网站。

（2）重点收集一些具有代表性设计师的最新T台发布、细节图片、幕后图片、视频文件以及部分新锐设计师的作品，进行历年作品比较分析。

（3）善于将时尚资讯归类整理，通常可按风格、类型、细节、配饰等方面，从款式、色彩、面料、细节、配饰进行图表式归类。

（4）用适当的文字将资讯进行系统的概括、总结，以手稿的方式记录有特点的款式、细节要素等。在条件允许的情况下将采集的资讯结合时代流行，编辑成时尚手册以便总结和实践性地推广。

时尚是由各种流行元素组成的，流行元素具有共性和个性两方面，要把握服装流行发展的脉搏，需要在当今资讯发达的社会里训练自己敏锐的观察力、辨别力和分析力，需要会分析利用各种信息。本节重点从市场、媒体、网络几方面，归纳流行元素的采集方法，清楚地认识那些值得关注的时尚主体。目的在于把采集的有价值的主流元素作为背景资料，为后续设计提供相应的目标指导与形象依据。

第二节　流行时尚元素的整理方法

采集到的时尚元素在进行整理时应注意两方面的内容：

一是通过科学有效的方法对原始资料进行收集整理。服装的资料通常为两种形式，一种是文字资料，其中包括美学艺术理论、中外服装史、有关刊物中的相关文章及有关影视服装资料等；另一种是直观形象资料，其中包括专业杂志、专业媒体、专业网络的相关报道，当设计目标有所确定时应对资料进行全面系统的检索。

二是通过相关渠道对当今主流信息进行分析归类。服装的信息主要指有关国际、国内最新流行时尚的综述，主流信息包括商场、专卖店、街头着装整体信息的判断，以及流行发布的视频文件等。资料与信息的区别在于，前者侧重于过去的、历史性的资料，而后者则侧重于最新的、超前性的信息。

此外，对于服装资料和信息的储存与整理应有一定的科学规范的方法。杂乱无章的资料和信息应用起来显得毫无头绪，也就失去了资料和信息应有的价值，因此应善于分门别类，有条理、有规律地存放，运用起来才会方便检索，提高效率。

一、时尚元素的归类

从时尚元素的采集，到有效合理地归类是设计师制订设计方案、推出时尚概念的重要依据，也体现了设计师对资料信息的综合分析，对流行时尚的判断能力。归类的方法通常有两种：一种是较为常规的按季节、周期、服装类别、产品定位、资料用途进行归类。另一种是较为专业的：①从大到小：即发布年度、季节到时尚品牌、代表设计师；②从外到内：即国际著名的几大服装周到国内及周边的时装周；③从整体到局部：即从总体面貌到细节搭配；④从功能到风格：即应用范围、穿着方式到个性风格的喜好等。当然也可以按照自己的习惯进行分门别类，目的在于通过归类比较，提高效率，使设计更有针对性和指导性。

1. 整体风格归类

整体风格归类便于针对不同的风格产品找到相应的可参考的风格类别。设计师作品的艺术性和表现力决定了设计作品的风格，设计作品的风格又代表了设计师为之努力的个人作品特色。如具有创意时装风格的约翰·加里亚诺，深受读书时期的影响，他的作品融合了英国的传统和法国的浪漫，充满视觉的快感，满足人们对时装的幻想；时尚界的“鬼才”亚历山大·麦奎因，他懂得从过去汲取灵感，然后大胆地加以“破坏”和“否定”，从而创造出一个全新意念，一个具有时代气息的意念；服装雕塑大师三宅一生，其个人风格突出，将褶皱与色彩表现得淋漓尽致，通过他的作品在时尚界树立了鲜明的个性特点（图6–4）。

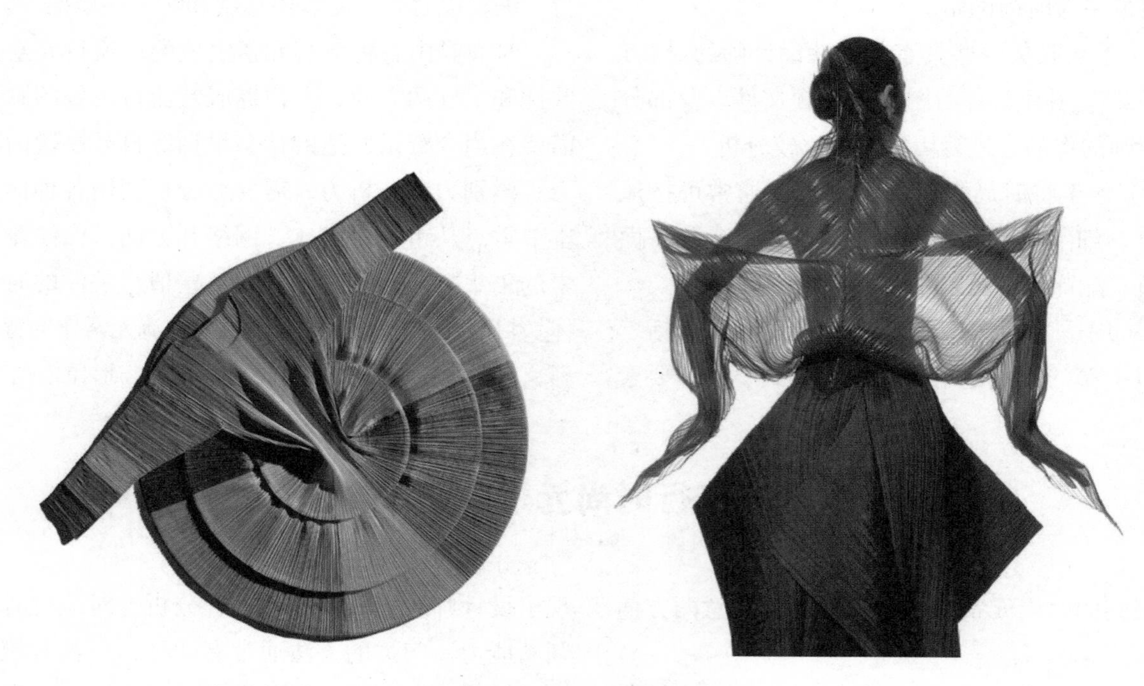

图6–4　三宅一生将褶皱与色彩表现得淋漓尽致，其个人风格突出

整体风格归类主要有以下几大类：

（1）时尚风格：以大趋势为主流时尚发布的流行款，包括成衣、高级时装。

（2）创意风格：以服装设计师推出的带有领先潮流、风格特点突出的概念装为主，它对后续的流行具有指导意义。这类风格还可以细分为材料运用创意风格、结构创意风格、工艺处理创意风格。

（3）街头风格：这类风格常常不受主流时尚的约束，打破服装组成的常规，设计以标新立异，特点突出为主。通常在服装上引入非常规元素，突出着装者的个人风格。

2. 局部细节归类

细节是服装的重要组成部分，通过局部细节的合理运用能够整体反映流行时尚。各种不同类型的省、褶、袋口、肩型、领型、门襟、腰节线、分割形式等都是服装的细节部件。轮廓相同的服装配合不同的细节部件后，外观上会有很大程度地改变。一个好的款型可以接二连三地出现在一个系列的服装中，而只是运用不同的细节部件设计出不同的款式（图6–5~图6–8）。

局部细节归类方法：

（1）从上到下归类法：即从上衣细节包括领、肩、袖、袋口，到下装细节包括腰和臀部装饰线、裤脚、侧缝、裙摆。

（2）从前到后归类法：即正面看门襟（拉链和扣型）、袋型、省道、分割线，背面看背缝及侧面的开刀、省份的量。

（3）工艺细分归类法：包括褶皱、手工针法、不对称、结构反向、缝份拉毛等。

（4）材料细节归类法：包括材料再造、材料肌理、综合材料、局部搭配等。

3. 服饰配件归类

服饰配件是系列服装设计的要素之一，也对服装起到点缀的作用。这一要素常常可以起到协调和统一系列主题及整体效果的作用。一方面，在造型各异的服装中，利用大致相同的配件组成整体，如利用帽子、头巾、挎包、皮靴、手套等。另一方面，在一组相对统一的系列服装中可以利用不同色彩、大小不一的配件求得变化，如利用披肩、头饰、背包、腰带等。

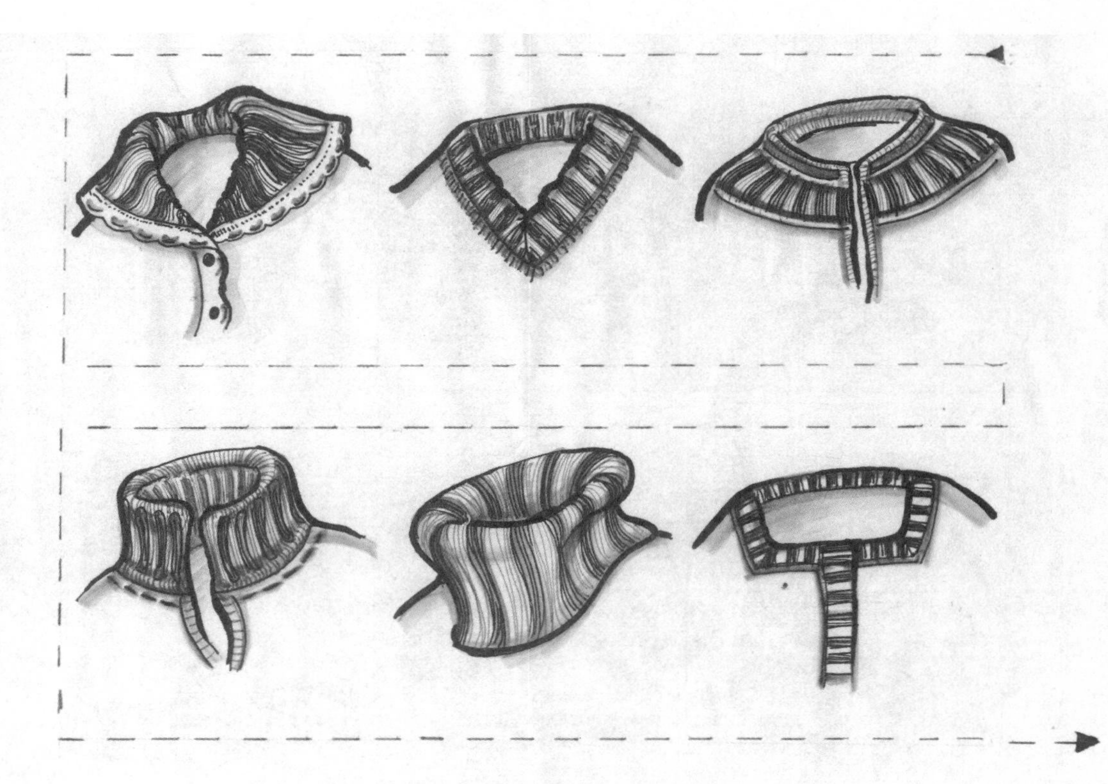

图6-5　针织毛衫特色领型的归类

图6-6　针织毛衫特色袖型的归类

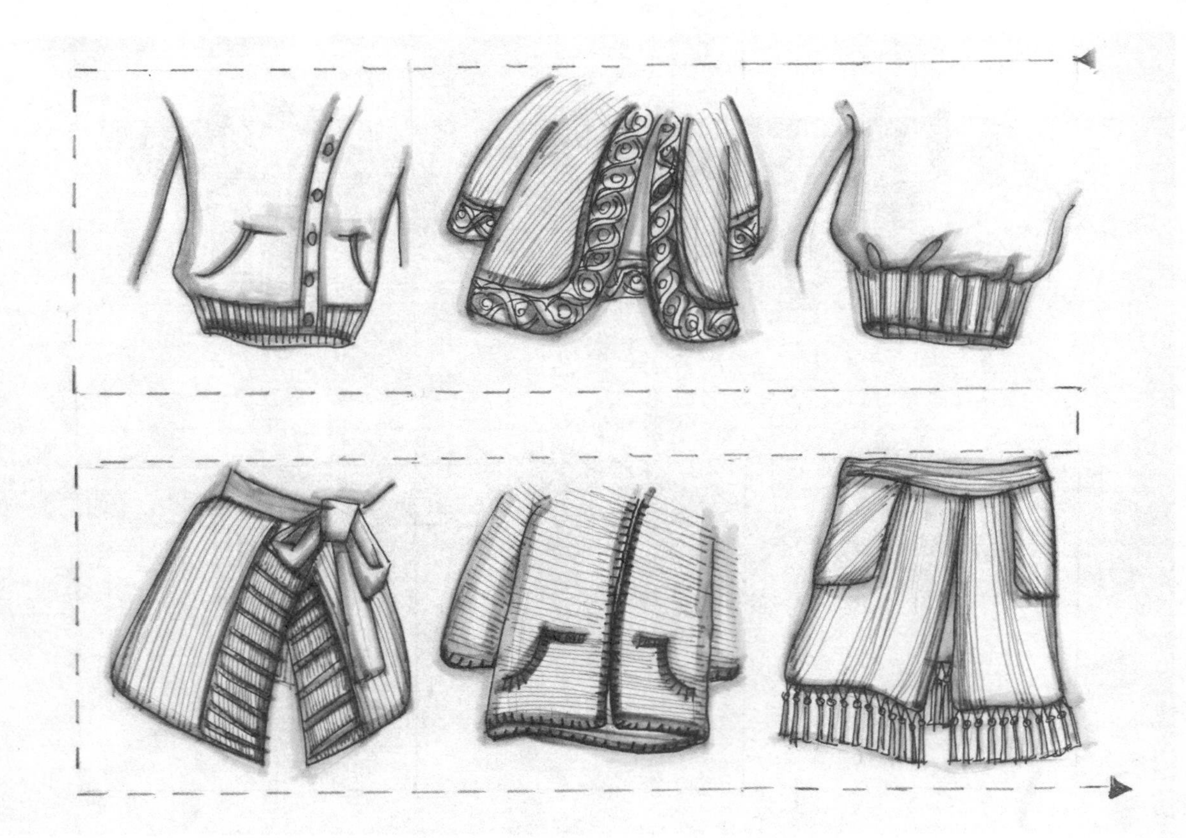

图6-7　针织毛衫特色门襟的归类

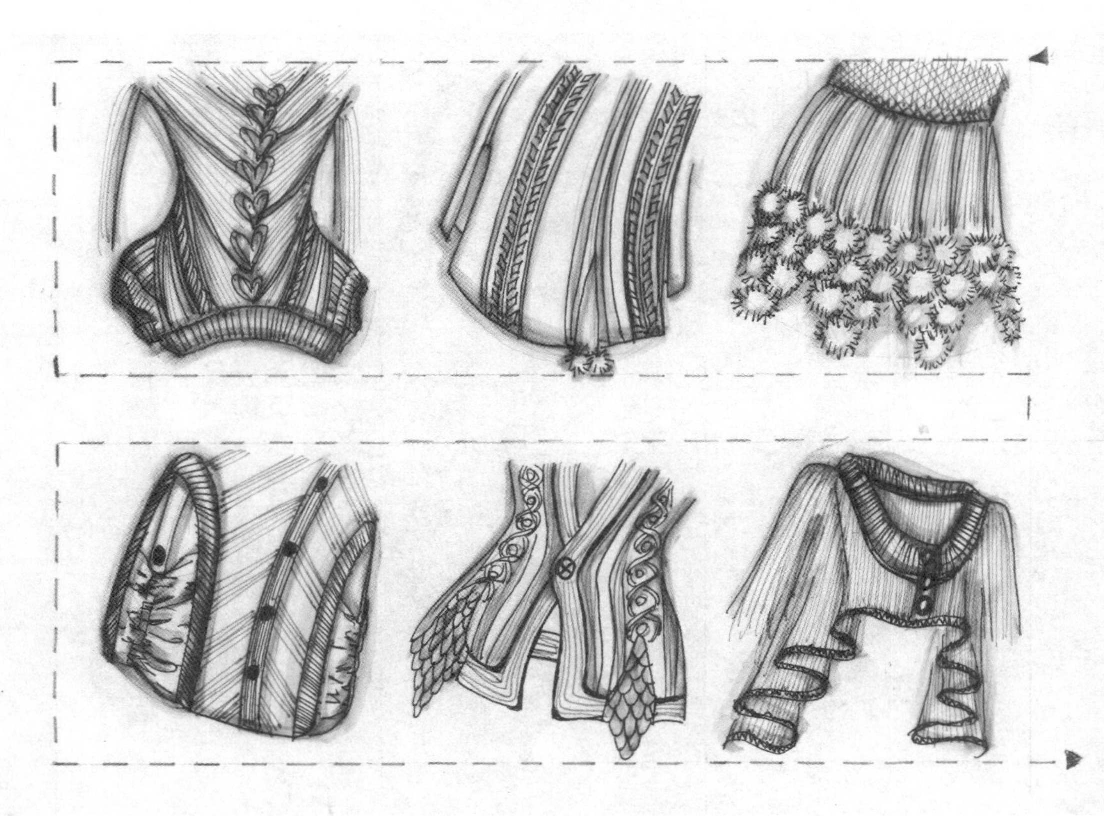

图6-8　针织服装装饰手法的归类

服饰配件归类方法：

（1）装饰性配件：主要有头饰、首饰、胸饰、手镯、腰带、挎包、背包、披肩等。

（2）功能性配件：主要有帽子、围巾、手套、鞋子、袜子、皮带等。

二、时尚元素的整理

在时尚元素归类的基础上，结合流行趋势和自身对流行元素的判断，整理出相应的流行时尚主体概念（图6-9）。这一流行概念将指导后续设计作出及时的反应，以推出适合自己设计定位的主题概念。整理的目的在于将代表主流时尚的元素进行高度提炼，从而达到有效的选择及使用。整理的方法一般采用图文结合。

图6-9 时尚元素的整理

1. **关键词的整理**

关键词是流行风格定位的关键，是时尚设计方向性的指导，由关键词延伸出的相关流行主题，供时尚推广选择。关键词反映了这一时期人们对流行的普遍心理状态，如怀旧风、波希米亚风等。关键词的提出一般来自于当今人们关注的热点问题，包括来自政治、经济、文化等方面的热点，反映了服装设计与时代文化的内在联系。

关键词一般以简短精练的文字概括，再进行主体性描述。

2. **关键款式的整理**

关键款式是在流行主题下的一系列款式中，归纳整理具有体现该主题特征的主流款式，款式图应有代表性，用与之相配的文字，对款式主流风格、款式特点、组合方式、运用体系、表现力等加以简要概括。

关键款式通常以符合主题的一系列款式图和简要文字进行说明。

3. **关键面料的整理**

关键面料是在众多的流行面料中，根据特定主题服装的风格确定的一种或一组面料。选择关键面料时，要以图例表现面料成衣后的着装印象；以文字对织物的质感、特性、效果和表现力进行概括和说明。在进行一组服装的面料设计时，还要考虑通过面料表现出服装之间的联系和差异以及不同服装搭配的视觉效果。

4. **关键色彩的整理**

关键色彩一方面可以根据国际流行色协会颁布的几大主流色系，以及提取色系的素材资料，选择适合季节、地域的色系图例。另一方面，对比T台流行发布，根据归类的流行主题所表现出的一系列服装，归纳几种主流色系和与之相配的辅助色系。

图例通常按一定的色彩规律进行分组，如冷色系、暖色系、明度系、纯度系等，每组以8~10个色为一系列。结合款式，根据图例面积明示主色与辅色、可搭配关系的比例。图例、色块也可以用CMYK或RGB 进行标准色的标注，这样可使面料在印染等后续加工中达到理想的色彩效果。

文字以该主题色彩使用作为提示，也可以加一些时尚的词汇对色彩进行表述，如海军蓝、碧绿、象牙色、牡蛎色、珍珠灰、奶油黄、帆布白等，这些时尚描述，增加了人们对色彩的想象空间和发挥余地。

做流行素材整理的目的在于将代表主流时尚的元素高度提炼、分门别类，有条理、有规律地存放，运用起来才会方便检索，提高效率，使设计更有针对性和指导性。在做针织服装设计时，从流行的整体风格到细节配饰，从流行概述到关键部位的表述，都要特别关注，这样才能找到一些可借鉴的整理方法，并把它运用到自己有效的设计中。

第三节 针织服装流行趋势的预测

有效的针织服装流行趋势预测是针织企业品牌提升、针织服装设计师创新设计、推动针织服装产业变革的重要因素。目前的针织服装流行趋势预测成果，主要是以趋势册形式展示。整个过程包括前期国内外市场分析、主题名称确定、主题色彩确定、收集灵感图修改确定、款式图绘制、效果图绘制、确定针型组织类型、织片信息汇总、主题版面设计、纱线选择、组织结构选择、款式确定、织片小样、样衣制作、样衣修改、样衣拍照、趋势册印刷装订等。其中主要部分如下：

（1）主题名称确定：根据收集的资料，将每一季分为四个主题，每个主题风格迥异，主题名称确定主题的基调，给观众第一印象。这也确定了毛衫产品的风格。

（2）主题色彩确定：根据国际羊毛局等国际机构发布的流行色彩，提取每个主题需要的色彩，但要与上季的色彩有连贯、有过渡，形成系列性。色彩确定了毛衫产品的整体基调，让观者对主题有进一步感受。

（3）灵感图确定：所谓灵感是经过长时间的实践与思考后，思想处于高度集中化，对所考虑的问题已基本成熟而又未最后成熟，一旦受到某种启发而融会贯通时所产生的新思想、新方法。所有艺术创作都离不开灵感，而这些灵感来源于生活、自然、艺术、民族文化、流行资讯以及我们对它们的感悟。

（4）纱线选择：纱线的种类很多，按原料分有纯纺纱、混纺纱；按纱线粗细分有粗特纱、中特纱、细特纱、特细特纱；按纺纱系统分有精纺纱、粗纺纱、废纺纱、花式纱等，这些纱各有各的特点。在一件毛衫中，若用到不同成分、不同支数的纱线制作，就会浪费很多时间，甚至没有可实现性。所以，在归纳出不同的主题风格、季节、花型后，要进行精心选纱，这样做出的样衣才会面料好、品质好。

（5）组织结构选择：在针织毛衫的设计中，组织结构是一重要元素，平针、罗纹、提花、空花代表的是完全不同的肌理效果和完全不同的视觉风格。

（6）款式确定：款式设计要遵循每个主题的风格基调。例如秋冬季的主题名称之一“果汁露的午后”，舒适自然、女性化风格，所以款式不需要太夸张，但在色彩运用、配饰搭配、组织图案运用上要体现女性的柔美和冬日的保暖。

（7）织片小样及样衣制作：根据每个主题的灵感图和风格制作织片小样，与设计师反复确认后开始制作样衣。工艺师在织制样衣时难免会与设计师的想法有所差异，因此在这个阶段设计师应该与工艺师保持密切沟通，以免成衣效果出现较大变化。

（8）趋势册设计：趋势册的作用是为了将整个趋势预测的思想传达给观众和消费者，虽然主要是平面设计的工作，但需要对整个趋势预测的理解和准确的表达，视觉设计美观大方，排版简洁明了，所有的版式设计应能为体现主题思想和成衣效果服务。

针织服装流行趋势预测的具体流程如图6-10所示。

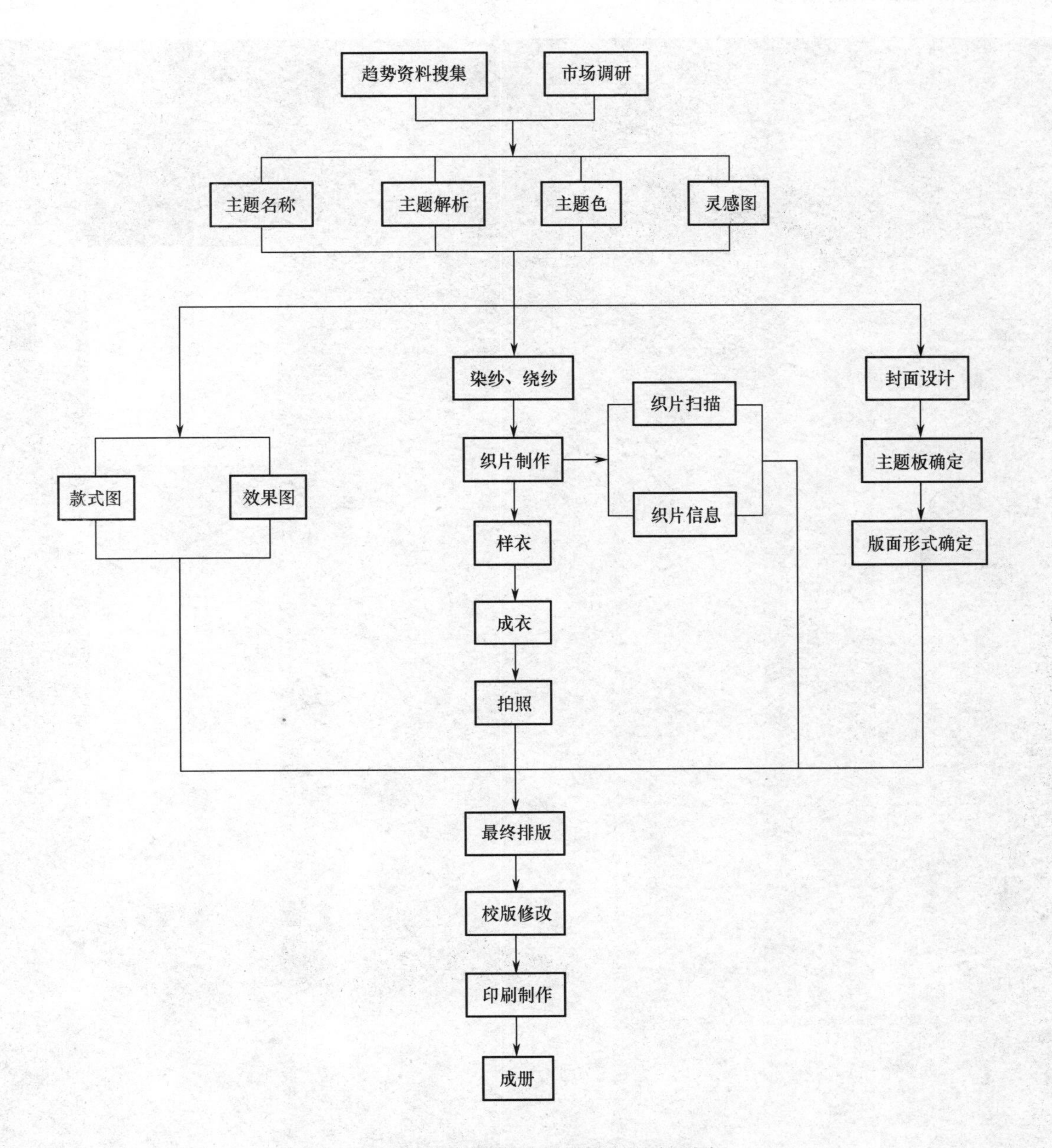

图6-10 针织服装流行趋势预测流程图

第四节 针织服装流行趋势的发布

下面为两组预测，各分成四个主题，是中国针织电脑横机应用技术研发中心最新发布的针织服装流行趋势预测。要做针织服装设计师，务必要进行这样的成系列的主题式设计训练。

（一）针织服装流行趋势预测/第一组

第一组　主题1：寒武纪的破晓

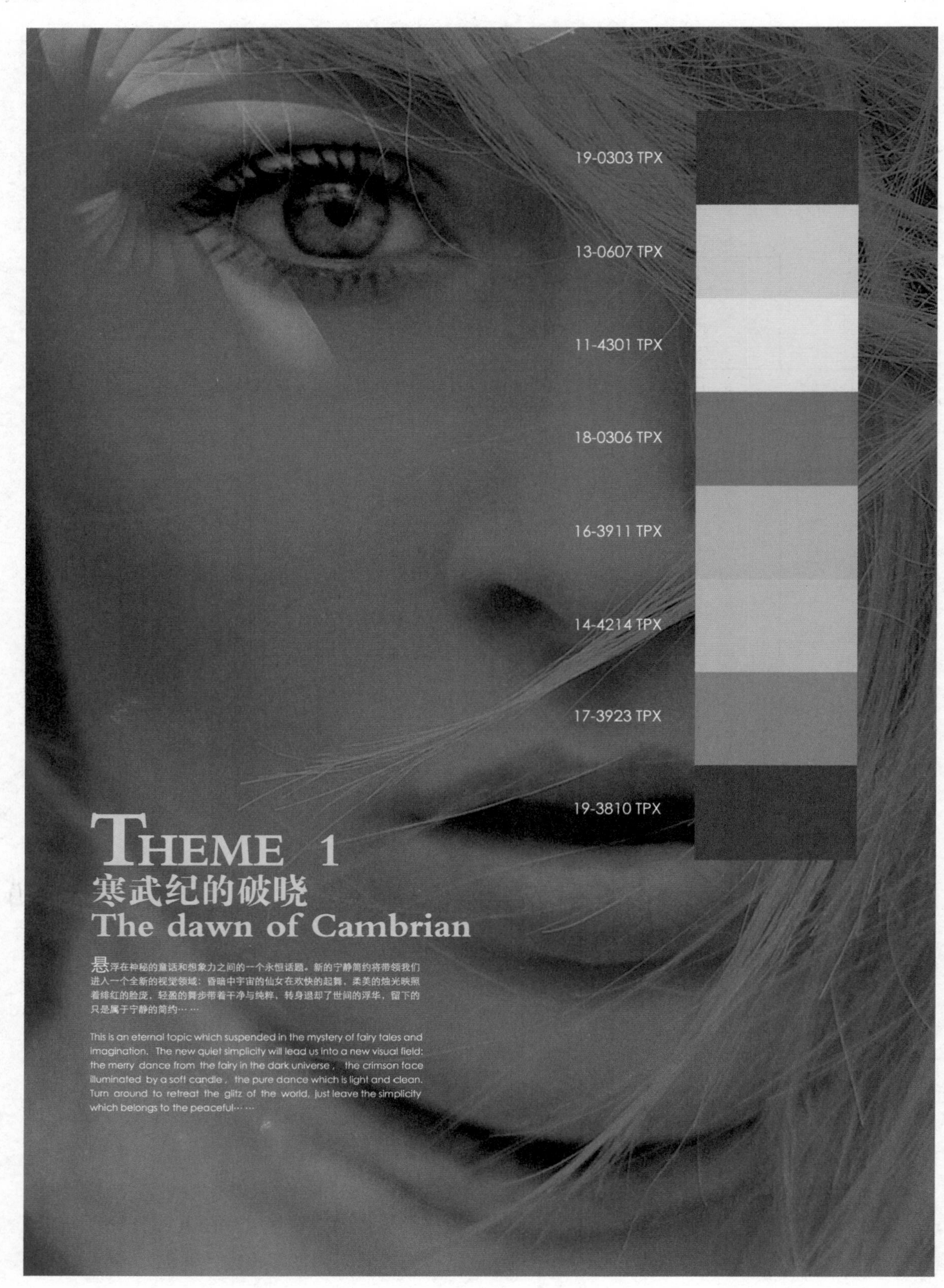

2013 S/S KNITTING TRENDS

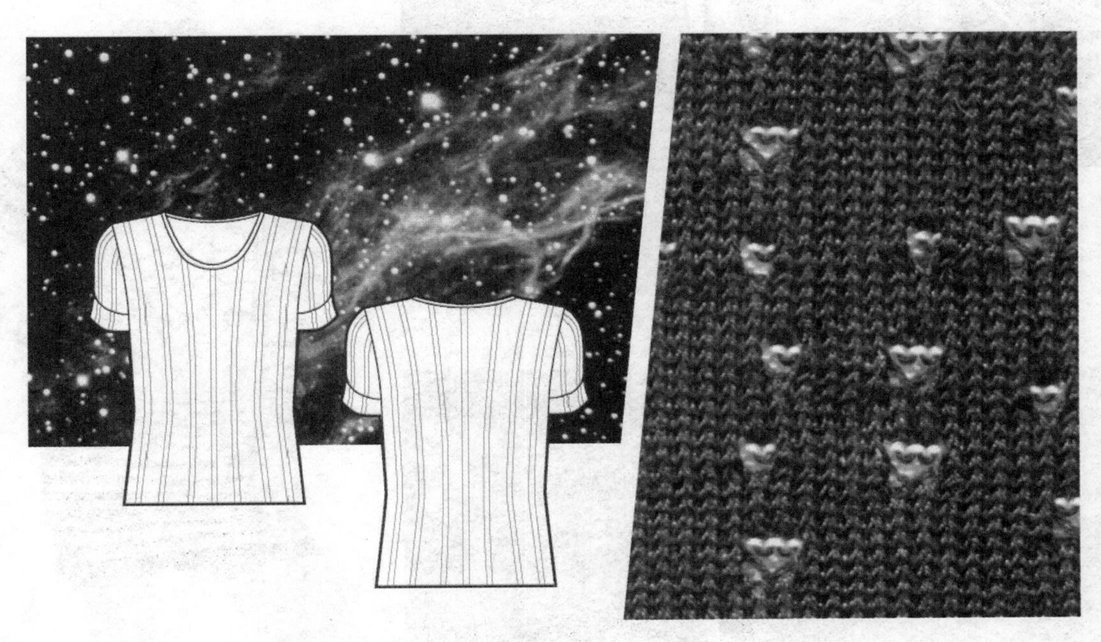

机器型号：LXC-252SCV-12G
纱线成分：3/65Nm 60V 35TEN 5S
纱线供应商：上海赛纱实业有限公司

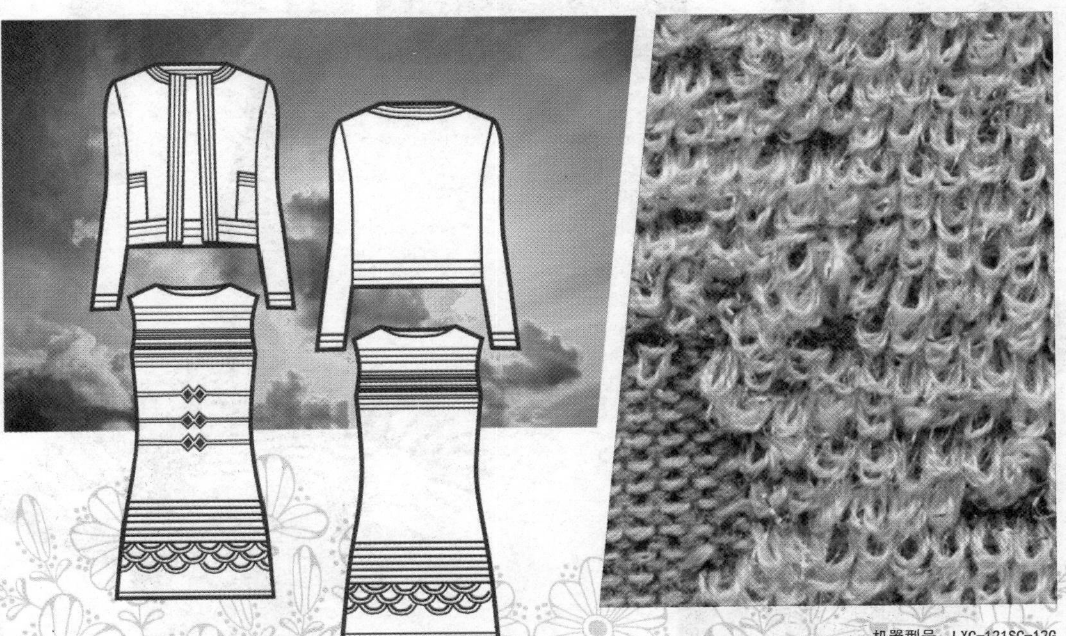

机器型号：LXC-121SC-12G
纱线成分：2/48Nm 30V 70A
纱线供应商：江苏鹿港科技股份有限公司

机器型号：LXC-252SCV-14G
纱线成分：2/32Ne 100%C
纱线供应商：江苏国泰国际集团华盛进出口有限公司

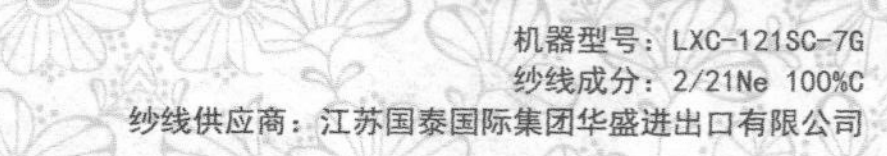

机器型号：LXC-121SC-7G
纱线成分：2/21Ne 100%C
纱线供应商：江苏国泰国际集团华盛进出口有限公司

机器型号：LXC-121SC-12G
纱线成分：2/21Ne 100%C
纱线供应商：江苏国泰国际集团华盛进出口有限公司

机器型号：LXC-252SC-12G
纱线成分：2/28Nm 60C 40A
2/28Nm 85C 15CA
纱线供应商：江苏鹿港科技股份有限公司

第一组　主题2：果子露的午后

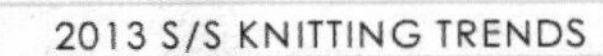

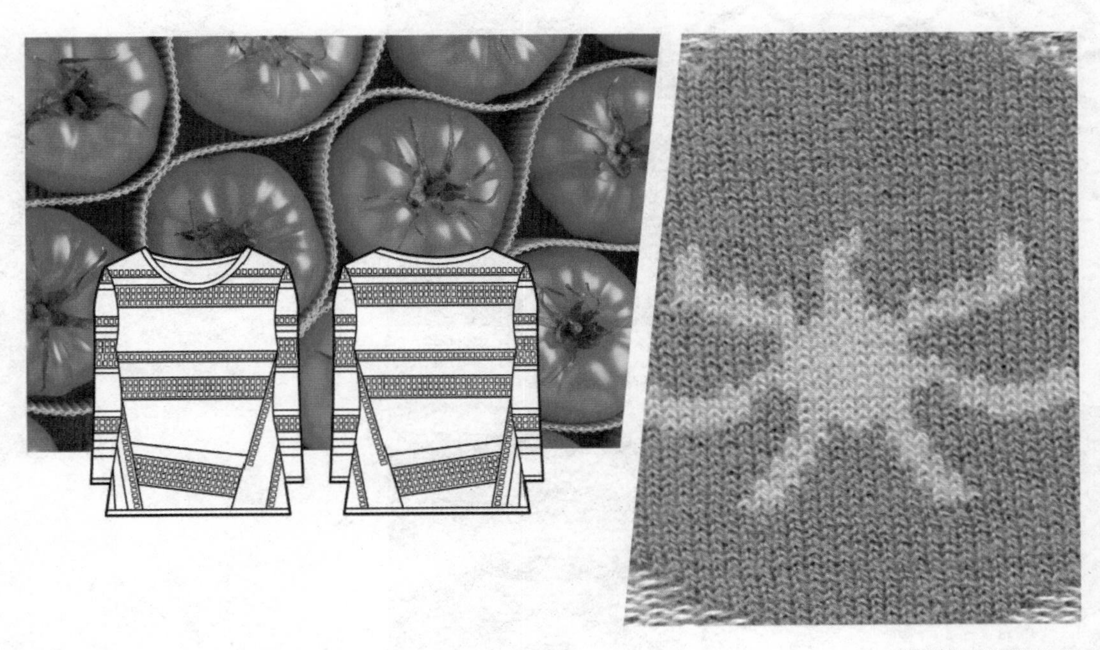

机器型号：LXC-252SC-12G
纱线成分：2/21Ne 100%C
纱线供应商：江苏国泰国际集团华盛进出口有限公司

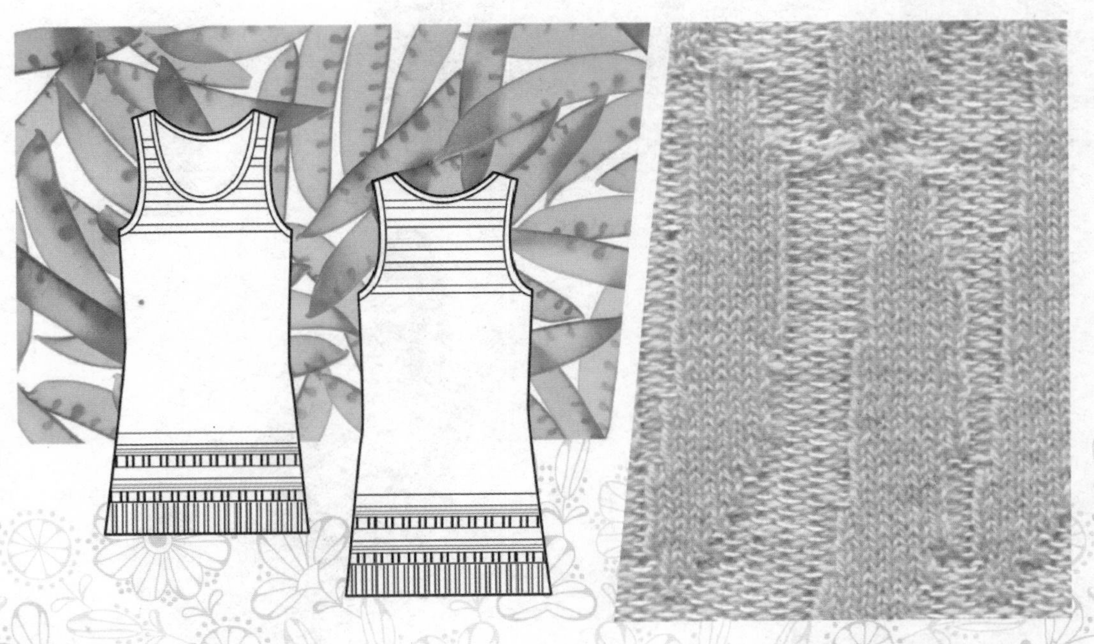

机器型号：LXC-252SCV-12G　纱线成分：2/21Ne 100%C
3/65Nm 60V 35TEN 5S
纱线供应商：江苏国泰国际集团华盛进出口有限公司
上海赛纱实业有限公司

2013 S/S KNITTING TRENDS
机器型号：LXC-121SC-14G
纱线成分：2/32Ne 100%C
纱线供应商：江苏国泰国际集团华盛进出口有限公司
机器型号：LXC-252SC-12G
纱线成分：2/21Ne 100%C
纱线供应商：江苏国泰国际集团华盛进出口有限公司

机器型号：LXC-252SC-14G
纱线成分：2/32Ne 100%C
纱线供应商：江苏国泰国际集团华盛进出口有限公司

机器型号：LXC-252SC-12G
纱线成分：2/32Ne 100%C
纱线供应商：江苏国泰国际集团华盛进出口有限公司

第一组　主题3：曼陀罗的秘密

机器型号：LXC-252SC-14G
纱线成分：1/14Nm 57L 27V 16P
纱线供应商：江苏国泰国际集团华盛进出口有限公司

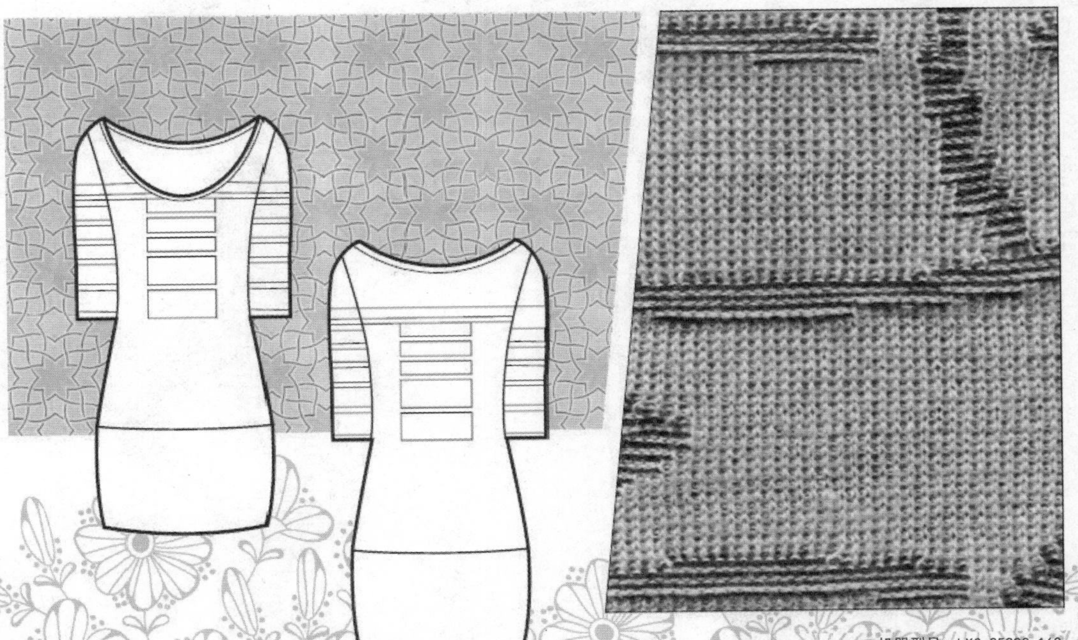

机器型号：LXC-252SC-16G
纱线成分：2/48Nm 30W 70A
纱线供应商：江苏鹿港科技股份有限公司

2013 S/S KNITTING TRENDS
机器型号：LXC-252SC-12G
纱线成分：2/48Nm 30W 70A
纱线供应商：江苏鹿港科技股份有限公司
机器型号：LXC-252SC-12G
纱线成分：2/26Nm 90C 10W
纱线供应商：江苏鹿港科技股份有限公司

2013 S/S KNITTING TRENDS
机器型号：LXC-121SC-14.8G
纱线成分：2/32Ne 100%C
纱线供应商：江苏国泰国际集团华盛进出口有限公司
机器型号：LXC-262SC-14G
纱线成分：2/32Ne 100%C
纱线供应商：汶上如意天容纺织有限公司

第一组　主题4：阿修罗的桀骜

2013 S/S KNITTING TRENDS

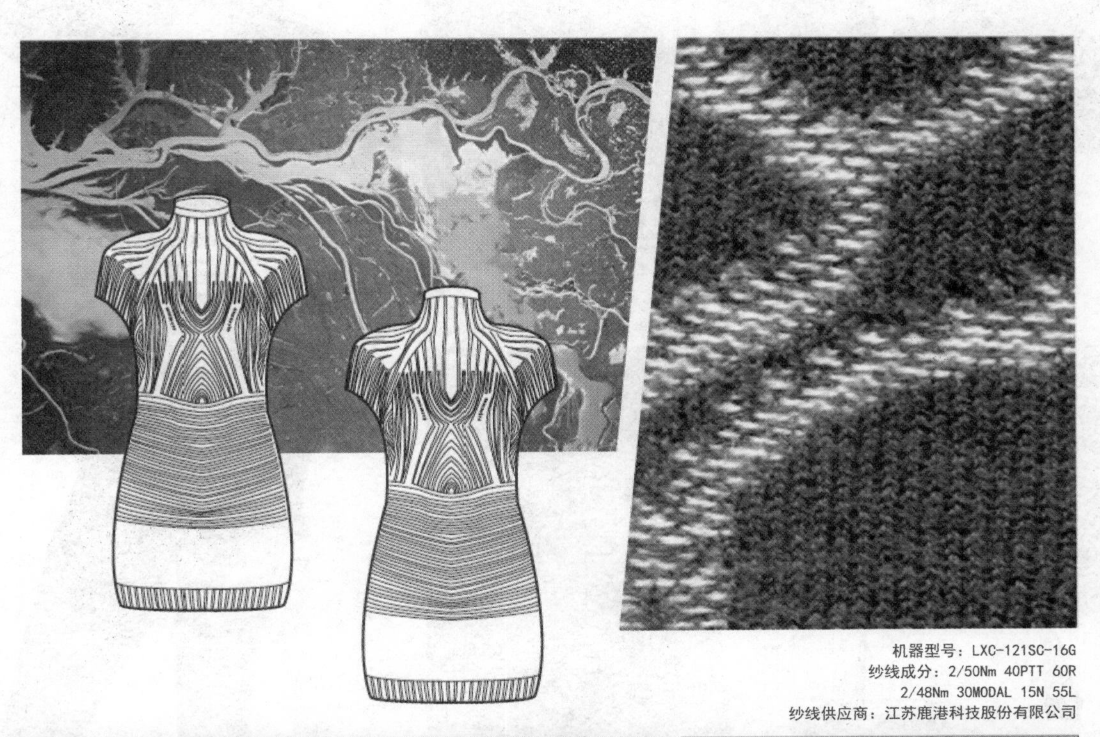

机器型号：LXC-121SC-16G
纱线成分：2/50Nm 40PTT 60R
2/48Nm 30MODAL 15N 55L
纱线供应商：江苏鹿港科技股份有限公司

机器型号：LXC-252SC-14G
纱线成分：1/14Nm 57L 20V 16P
纱线供应商：江苏国泰国际集团华盛进出口有限公司

机器型号：LXC-252SC-12G
纱线成分：3/65Nm 60V 35TEN 5S
纱线供应商：上海赛纱实业有限公司

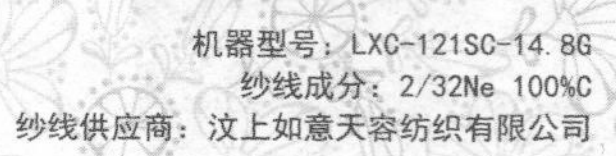

机器型号：LXC-121SC-14.8G
纱线成分：2/32Ne 100%C
纱线供应商：汶上如意天容纺织有限公司

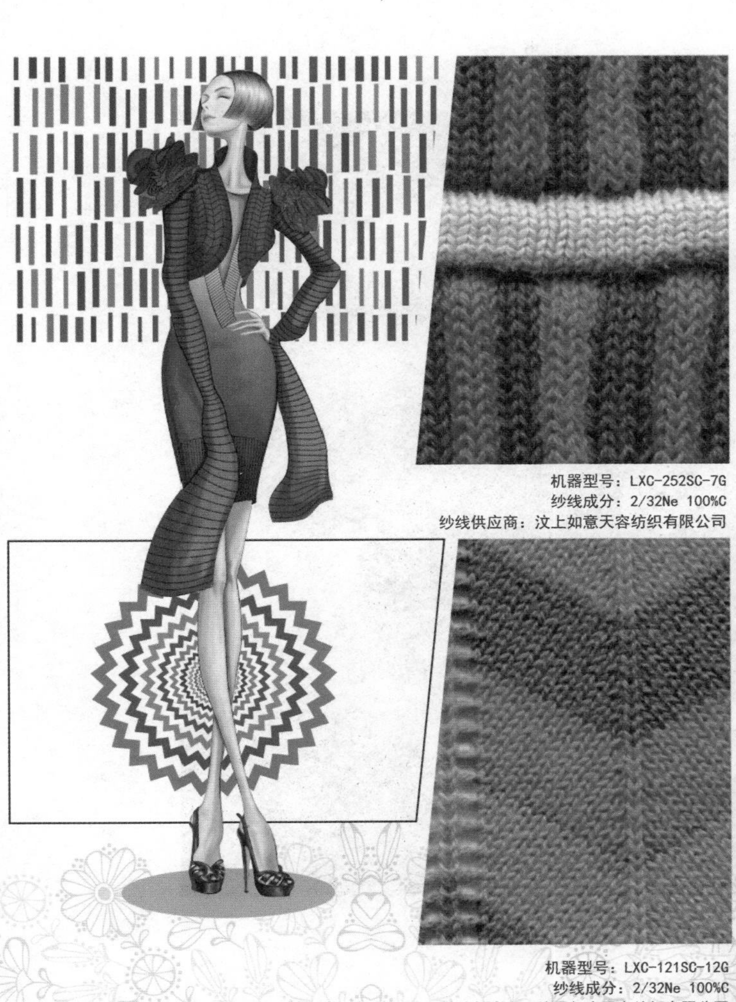

机器型号：LXC-252SC-7G
纱线成分：2/32Ne 100%C
纱线供应商：汶上如意天容纺织有限公司

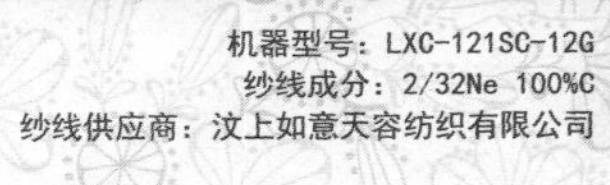

机器型号：LXC-121SC-12G
纱线成分：2/32Ne 100%C
纱线供应商：汶上如意天容纺织有限公司

（二）针织服装流行趋势预测/第二组

第二组 主题1：精致典雅

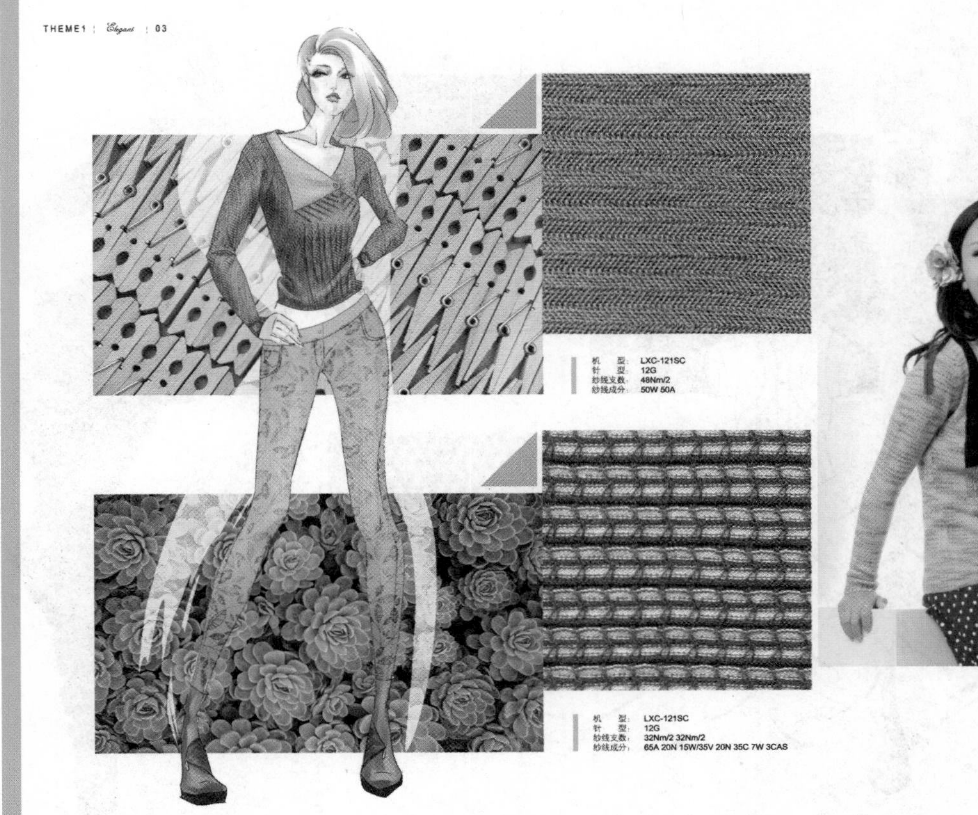
THEME1 : Elegant : 03
机　　型：LXC-121SC
针　　型：12G
纱线支数：48Nm/2
纱线成分：50W 50A
机　　型：LXC-121SC
针　　型：12G
纱线支数：32Nm/2 32Nm/2
纱线成分：65A 20N 15W/35V 20N 35C 7W 3CAS

THEME1 : Elegant : 04
机　　型：LXC-121SC
针　　型：5G
纱线支数：5.5Nm/1
纱线成分：63A 32N 5M
机　　型：LXC-121SC
针　　型：7G
纱线支数：15Nm/3
纱线成分：100A

THEME1 | Elegant | 05
机　　型：LXC-121SC
针　　型：12G
纱线支数：48Nm/2
纱线成分：40N 30V 30W
机　　型：LXC-121SC
针　　型：12G
纱线支数：32Nm/2 32Nm/2
纱线成分：100B/ 55L 35V 5N 5ANG

THEME1 | Elegant | 06

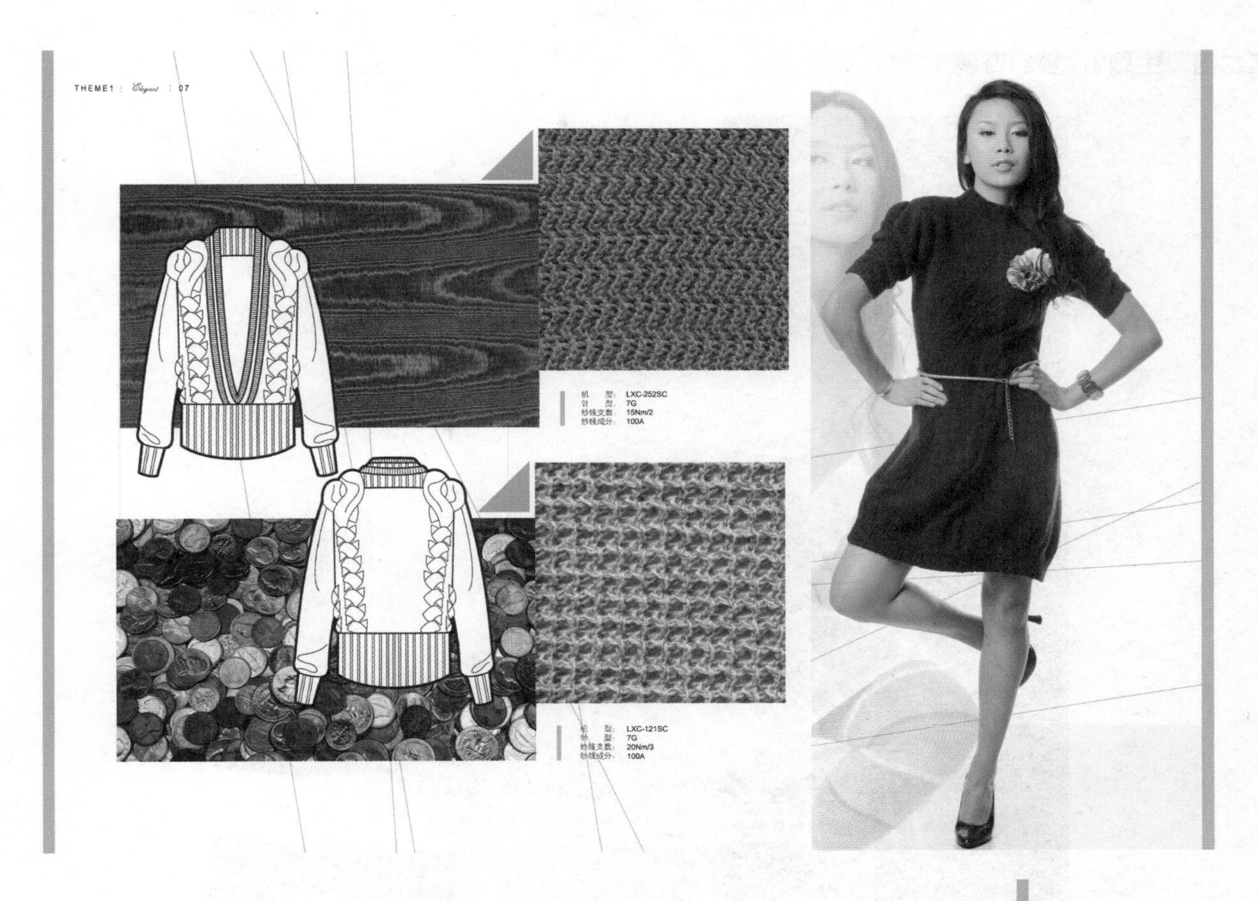
THEME1 | Elegant | 07
机　型：LXC-252SC
针　型：7G
纱线支数：15Nm/2
纱线成分：100A
机　型：LXC-121SC
针　型：7G
纱线支数：20Nm/3
纱线成分：100A

THEME1 | Elegant | 08
机　型：LXC-121SC
针　型：7G
纱线支数：15Nm/2
纱线成分：55C 15A 30V
机　型：LXC-252SCV
针　型：7G
纱线支数：32Nm/2 30Nm/2
纱线成分：60C 20V 20N/55C 35V 5N 5ANG

第二组 主题2：梦幻奇境

Fantasy 梦幻奇境
THEME2
THEME2 | Fantasy | 02
概念 Concept
水彩写意的世外桃源，落英缤纷，爱丽丝梦境中的奇遇之景．这种美好的记忆，五彩绚烂中透露着魅惑之色,仿佛游弋于柏拉图笔下的消失之海．
Freehand watercolor paradise, fallen flowers, the adventures of Alice King's dream. Such good memories, revealed the charm of colorful flowers as if cruising in the disappearance sea in Plato's book.
PANTONE 11-4202 TCX
PANTONE 17-1230 TCX
PANTONE 19-1532 TCX
PANTONE 18-0117 TCX

THEME2 | Fantasy | 03

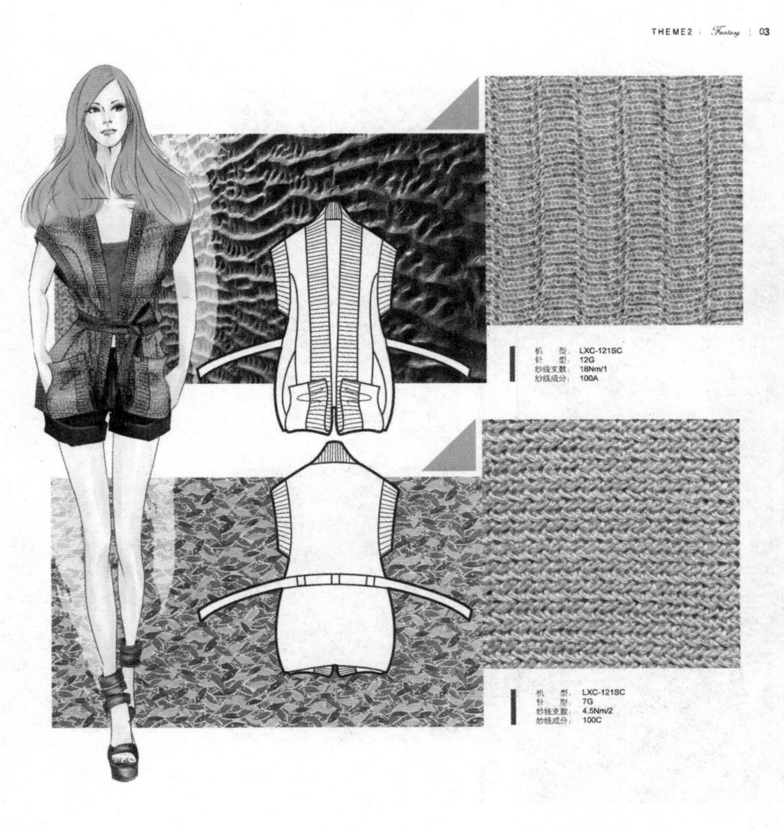

THEME3 | Romantic | 04

THEME2 | Fantasy | 05
机　　型：LXC-252SC
针　　型：12G
纱线支数：15Nm/1
纱线成分：15W 15N 70A
机　　型：LXC-121SC
针　　型：12G
纱线支数：44Nm/2
纱线成分：95A 5W
THEME2 | Fantasy | 06
机　　型：LXC-121SC
针　　型：12G
纱线支数：48Nm/2 48Nm/2
纱线成分：40N 30V 30W/50A 50W
机　　型：LXC-121SC
针　　型：12G
纱线支数：56Nm/2
纱线成分：100A

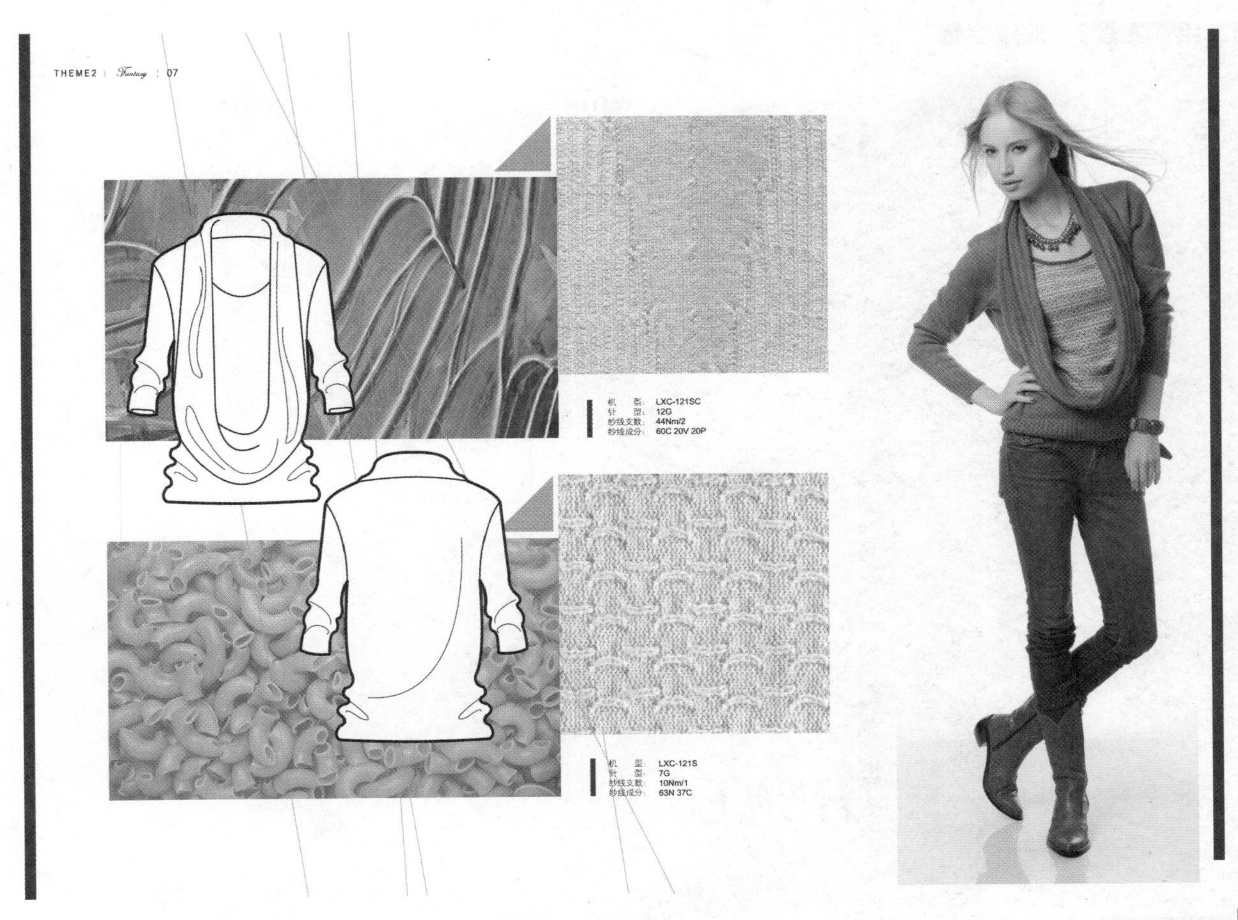
THEME2 | Fantasy | 07
机　　型：LXC-121SC
针　　型：12G
纱线支数：44Nm/2
纱线成分：60C 20V 20P
机　　型：LXC-121S
针　　型：7G
纱线支数：10Nm/1
纱线成分：63N 37C

THEME2 | Fantasy | 08
机　　型：LXC-121SC
针　　型：7G
纱线支数：32Nm/1
纱线成分：20W 20N 30C 30V
机　　型：LXC-121SC
针　　型：7G
纱线支数：4.3Nm/1
纱线成分：100C

第二组　主题3：浪漫温馨

THEME3 | Romantic | 02

概念 Concept

蜡笔画般轻柔的粉色中充满绚烂而美好的回忆，它色调安静、矜持，透露出暖暖的纯净，娇柔的花瓣，金黄的落叶，微风中扬起的白裙角，其实，温柔的目光也是一种浪漫.

Crayon-like soft pink full of gorgeous and beautiful memories It tones quiet, reserved, revealing the purity of warm Delicate petals, golden leaves, the breeze stirring up of white skirt In fact, the soft look is also a kind of romantic

PANTONE 12-1305 TCX
PANTONE 12-0435 TCX
PANTONE 17-1744 TCX
PANTONE 13-2806 TCX
PANTONE 15-1922 TCX
PANTONE 14-1220 TCX

THEME3 | Romantic | 03
机　型：LXC-252SC
针　型：12G
纱线支数：32Nm/2
纱线成分：95W 5CAS
机　型：LXC-121SC
针　型：7G
纱线支数：14Nm/2 32Nm/2
纱线成分：55C 40P 5W/ 40W 40A 15C 5ANG
THEME3 | Romantic | 04
机　型：LXC-121SC
针　型：12G
纱线支数：30Nm/2
纱线成分：55C 35V 5N
机　型：LXC-121SC
针　型：7G
纱线支数：17Nm/2
纱线成分：80A 10W 10CAS

机　　型：LXC-121SC
针　　型：7G
纱线支数：16Nm/2
纱线成分：60C 40A

机　　型：LXC-121SC
针　　型：7G
纱线支数：14Nm/2
纱线成分：40W 40A 15C

THEME3 : *Romantic* | 07

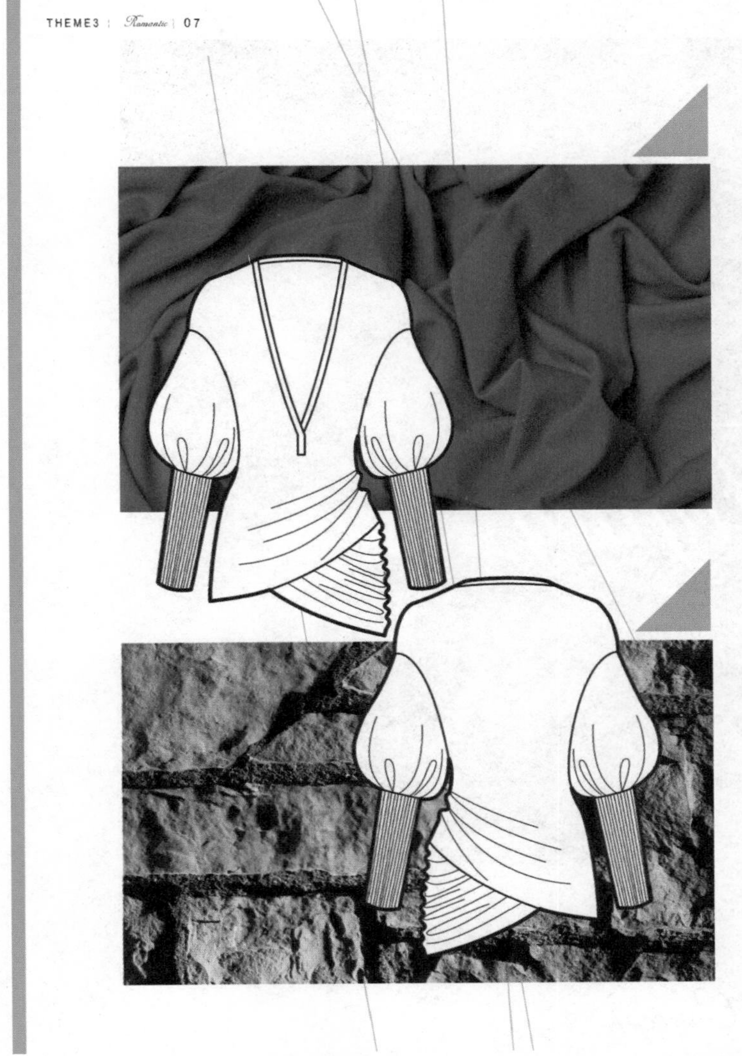

THEME3 : *Romantic* | 08

机　　型：LXC-121SC
针　　型：7G
纱线支数：32Nm/2 18Nm/1
纱线成分：15N 85A/100A

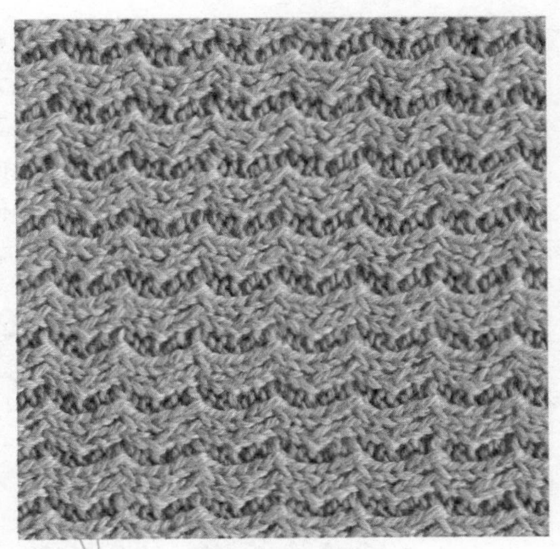

机　　型：LXC-252SCV
针　　型：7G
纱线支数：16Nm/1
纱线成分：55C 35V 5N

第二组　主题4：锐舞飞扬

THEME4 | Flying | 02

概念 Concept

快感的牛仔蓝，明媚的柠檬黄，新奇的图案，充满活力的少女帅气的弹着吉他，青春是宣泄，青春是萌动，青春透过色彩向我们呐喊，生活五颜六色，真的很精彩。

Pleasure cowboy blue, bright lemon yellow, novel design, handsome young energetic play guitar. Youth is a catharsis, youth is a budding, youth shouting to us through the color，Colorful life, really wonderful.

PANTONE 12-0642 TCX
PANTONE 18-1755 TCX
PANTONE 17-3628 TCX
PANTONE 18-4140 TCX
PANTONE 18-6022 TCX
PANTONE 19-4305 TCX

THEME4 | Flying | 03
机　　型：LXC-121SC
针　　型：12G
纱线支数：45Nm/2
纱线成分：55C 25V 20N
机　　型：LXC-252SCV
针　　型：7G
纱线支数：32Nm/2
纱线成分：40A 55C 5ANG

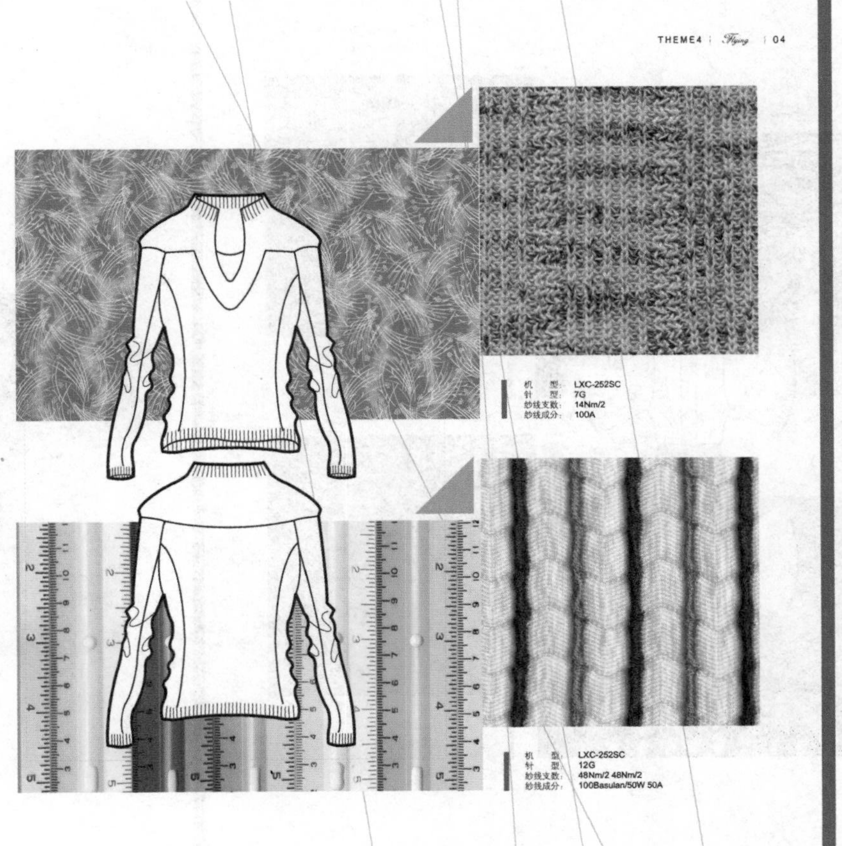
THEME4 | Flying | 04
机　　型：LXC-252SC
针　　型：7G
纱线支数：14Nm/2
纱线成分：100A
机　　型：LXC-252SC
针　　型：12G
纱线支数：48Nm/2 48Nm/2
纱线成分：100Basulan/50W 50A

THEME4 | Flying | 05
机　　型：LXC-252SC
针　　型：7G
纱线支数：16Nm/2 16Nm/2
纱线成分：60C 40A/55C 20A 5W 15N 5ANG
机　　型：LXC-252SC
针　　型：12G
纱线支数：28Nm/2 56Nm/2
纱线成分：90A 10P/100A

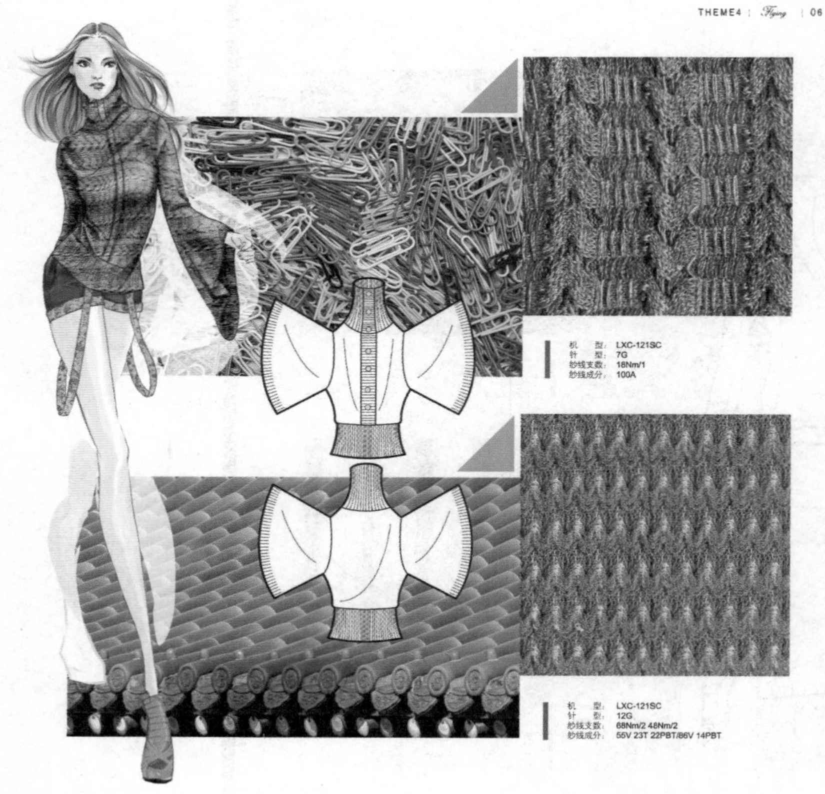
THEME4 | Flying | 06
机　　型：LXC-121SC
针　　型：7G
纱线支数：18Nm/1
纱线成分：100A
机　　型：LXC-121SC
针　　型：12G
纱线支数：68Nm/2 48Nm/2
纱线成分：55V 23T 22PBT/86V 14PBT

THEME4 : Flying : 07
机　　型：LXC-121SC
针　　型：12G
纱线支数：48Nm/2
纱线成分：40N 30V 30W
机　　型：LXC-121SC
针　　型：7G
纱线支数：14Nm/2
纱线成分：100A

THEME4 : Flying : 08

课后练习

思考练习

1.针织服装流行时尚元素的采集方法有哪些？对设计有什么帮助？

2.针织时尚元素的整理包括哪几个方面？

3.学习针织时尚元素的采集方法和整理方法有什么意义？

4.在进行针织时尚元素的整理时应注意哪些内容？

案例分析

“从市场调研获取第一手流行信息，是针织服装设计信息来源的重要途径，也是针织服装设计最直接的依据。专卖店这种相对固定的销售卖场，对该季节上市的新款往往是最大限度地进行宣传和展示。”请分析为什么专卖店是市场调研中必不可少的重要环节。

实训项目

预测下一年度春夏的针织毛衫的流行发布。

参考文献

[1] 沈雷. 针织服装设计与工艺[M]. 北京：中国纺织出版社，2005.
[2] 沈雷. 针织毛衫设计[M]. 北京：中国纺织出版社，2001.
[3] 孟家光. 羊毛衫生产简明手册[M]. 北京：中国纺织出版社，2000.
[4] 赖涛. 服装设计基础[M]. 北京：高等教育出版社，2001.
[5] 沈雷. 针织内衣设计[M]. 北京：中国纺织出版社，2001.
[6] 于国瑞. 服装设计速成[M]. 沈阳：辽宁人民出版社，1993.
[7] 端文新. 服装设计师[J]. 时装设计师，2002.
[8] 沈雷. 针织童装设计[M]. 北京：中国纺织出版社，2001.
[9] 奥古斯汀·罗丹. 罗丹艺术论[M]. 北京：人民美术出版社，1978.
[10] 曾奕禅. 文艺心理学[M]. 南昌：江西教育出版社，1991.
[11] 沈雷. 针织服装品牌手册[M]. 上海：东华大学出版社，2009.
[12] 郑巨欣. 世界服装史[M]. 杭州：浙江摄影出版社，1999.
[13] 叶立诚. 中西服装史[M]. 北京：中国纺织出版社，1998.
[14] 张竞琼. 现代中外服装史纲[M]. 上海：中国纺织大学出版社，1998.
[15] 包铭新. 世界名师时装鉴赏辞典[M]. 上海：上海交通大学出版，2001.
[16] 李德兹等. 文化服装讲座[M]. 北京：中国展望出版社，1984.
[17] 沈雷. 针织毛衫设计创意与技巧[M]. 北京：中国纺织出版社，2001.
[18] 金航云. 羊毛衫花色编织[M]. 上海：上海科学技术出版社，1985.
[19] 诸哲言. 针织[M]. 北京：纺织工业出版社，1984.
[20] 李世波. 针织缝纫工艺[M]. 北京：纺织工业出版社，1985.
[21] 孟家光. 款式配色与工艺设计羊毛衫[M]. 北京：中国纺织出版社，1999.
[22] 唐毓忠. 羊毛衫生产[M]. 北京：纺织工业出版社，1982.
[23] 杨荣贤. 横机羊毛衫生产工艺设计[M]. 北京：中国纺织出版社，1998.
[24] 杨尧栋，宋广礼. 针织物组织产品设计[M]. 北京：中国纺织出版社，1999.
[25] 赵展谊. 针织工艺概论[M]. 北京：中国纺织出版社，1998.
[26] 中国纺织总会科技发展部标准处. 服装针织纺织品标准汇编[M]. 北京：中国标准出版社，1995.
[27] 沈雷. 针织时装设计[M]. 北京：中国纺织出版社，2001.
[28] Protti. PV94 Operation Book[M]. Prottico. 1998.
[29] Shima Seiki. SES234FF Operation Book[M]. Shima Seikil Ltd. 1996.
[30] Stoll. The CMS Operating Inst Ructions[M]. H. Stoll Gmbh & Co, 1997.
[31] Samuel RAZ. Flat Knitting Technology[M]. First Edition, West-Hausen, Germany, 1998.
[32] Iyer. Mammel, Circular Knitting Technology[M]. First Edition, Meisenbach Bamberg, Germany, 1992.
[33] Terry Brackenbury. Knitted Clothing Technology[M]. First Edition, Blackwell Scientific Publications, Engiand, 1999.
[34] Denise Musk. Machine Knitting[M]. First Edition, B. T. Batsford Ltd, England, 1992.
[35] Hazel Pope. The Machine Knitter' s Handbook[M]. First Edition, David&Charles Publi-sher, Engiand, 1998.
[36] Jean Moss. World Knit[M]. First Edition, Taunton Press, America, 1997.

附　录

针织服装设计大师作品赏析

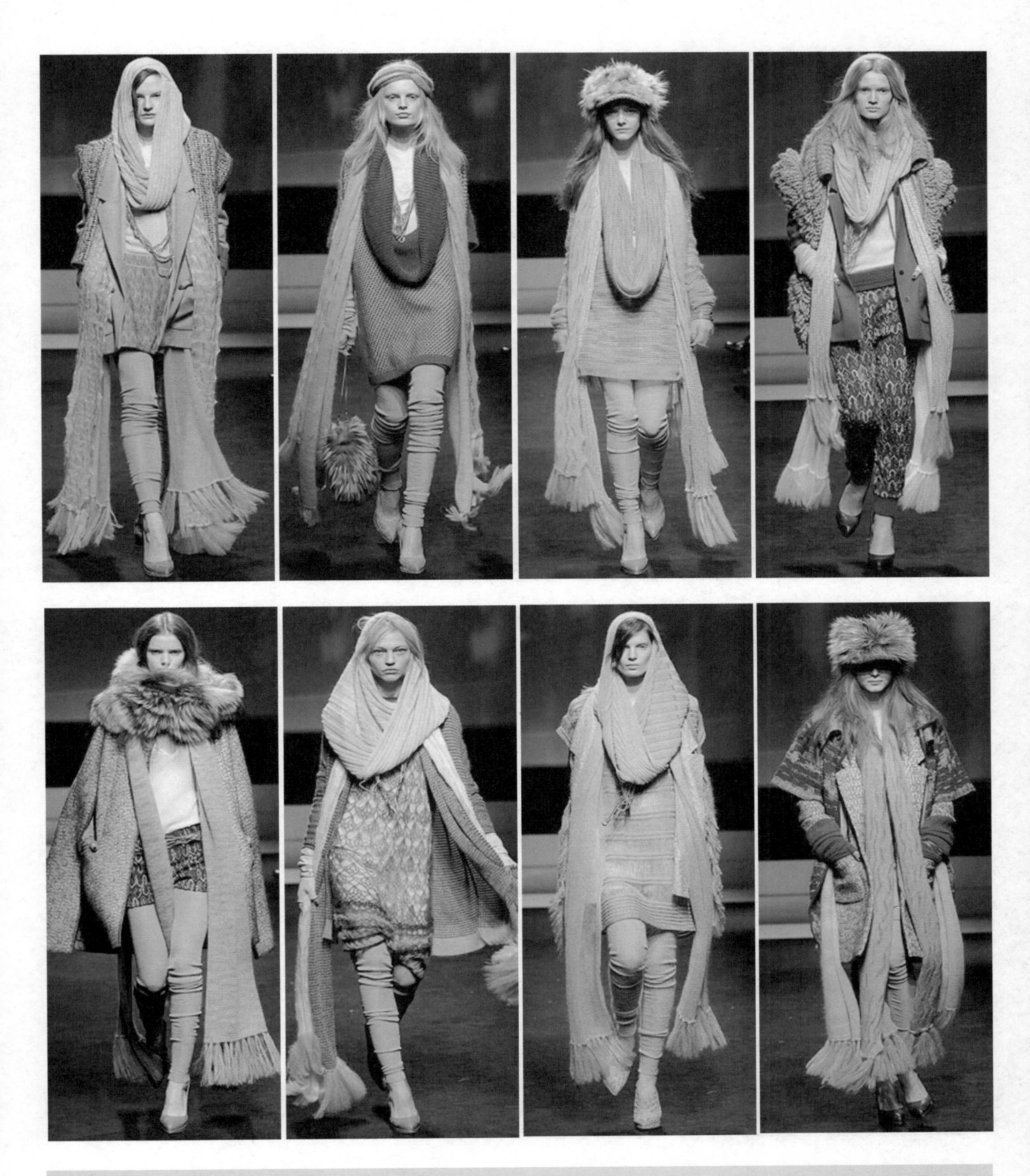
KNITTING TIMES KNITTING TIMES KNITTING TIMES

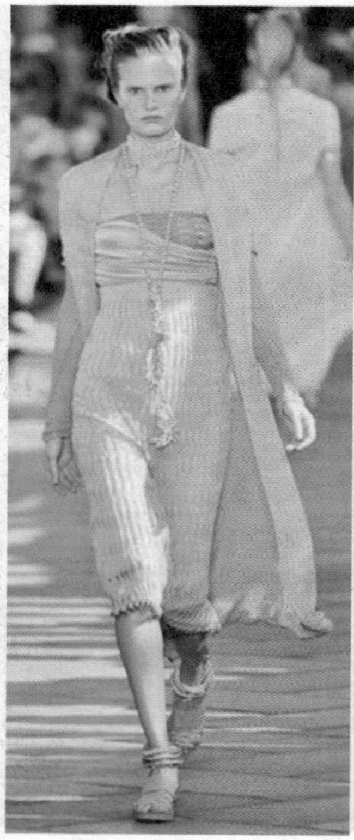

KNITTING TIMES KNITTING TIMES KNITTING TIMES

KNITTING TIMES KNITTING TIMES KNITTING TIMES

KNITTING TIMES KNITTING TIMES KNITTING TIMES

KNITTING TIMES KNITTING TIMES KNITTING TIMES

KNITTING TIMES KNITTING TIMES KNITTING TIMES

KNITTING TIMES KNITTING TIMES KNITTING TIMES

KNITTING TIMES KNITTING TIMES KNITTING TIMES

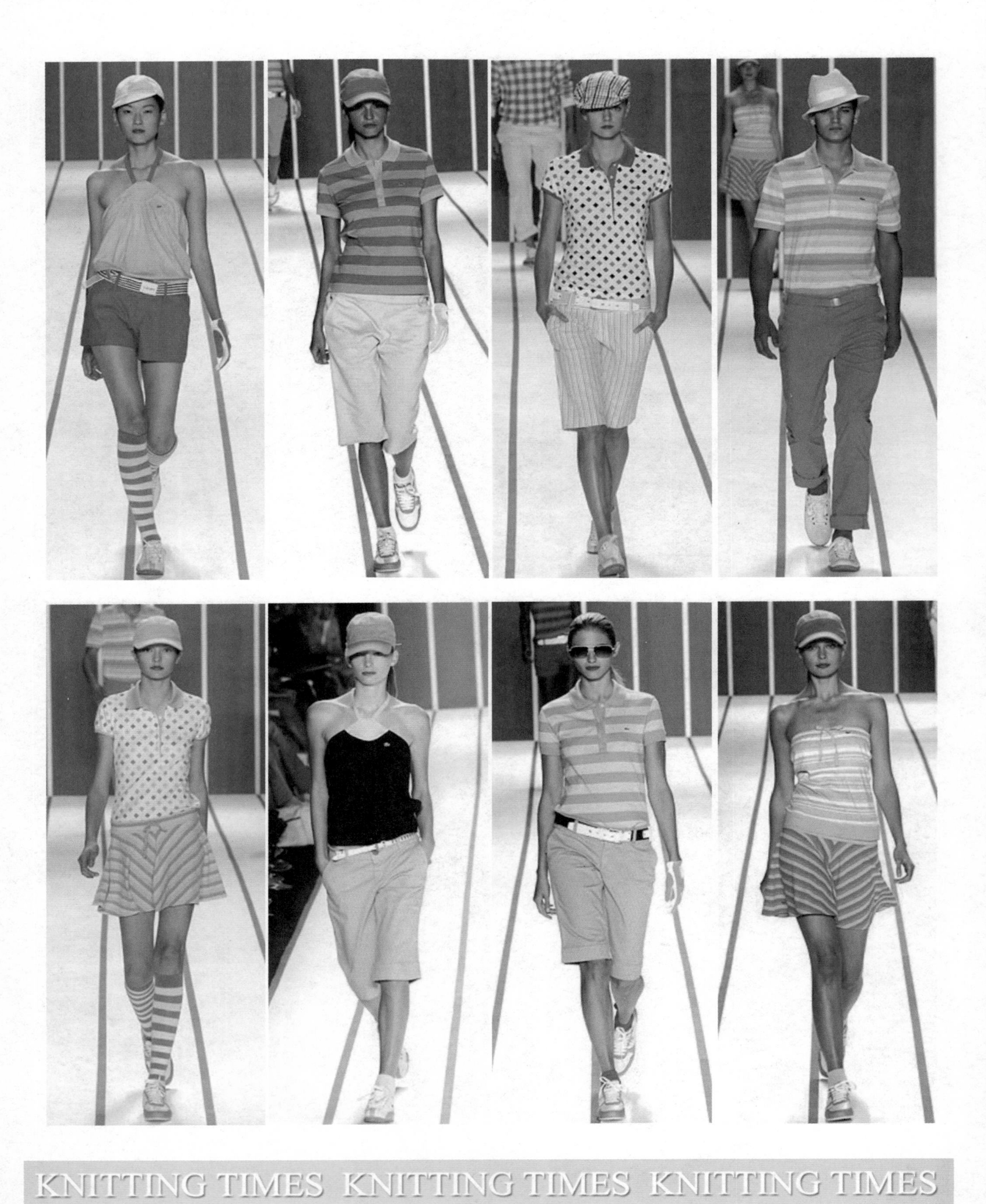
KNITTING TIMES KNITTING TIMES KNITTING TIMES

KNITTING TIMES KNITTING TIMES KNITTING TIMES

HELL
KNITTING TIMES KNITTING TIMES KNITTING TIMES

KNITTING TIMES KNITTING TIMES KNITTING TIMES

KNITTING TIMES KNITTING TIMES KNITTING TIMES

后　记

针织服装产业这几年发展很快，对设计的要求也在不断变化：多元、个性的发展观念，对设计提出了新的要求；不断变化的市场，要设计来引领；针织服装的品牌建设，设计又是重要的一环。所以针织服装设计师面临机遇，也面临挑战。在本书的撰写过程中，对这一点有了更深刻的体会。

在本书编写过程中承蒙北京、上海、江苏、广东、香港等地针织服装品牌企业、相关院校提供资料，并组织力量参与审稿，提出修改意见，对此表示衷心感谢。特别感谢中国针织工业协会、江苏省纺织工程学会、中国针织电脑横机应用技术研发中心，感谢米索尼、索尼亚·里基尔、贝纳通、鄂尔多斯、金龙科技，感谢江南大学服装设计与品牌研究中心的各位设计师，感谢王伊丽、郑翠红、史雅杰、冯晓天、唐颖、郭海斌、刘刚、倪寅、谢灵巧、尤维娜、汪暻、古璇、张瑛、刘惠敏、黄心、辛国红、任道远等为本书的编写提供了素材、资料和建设性的意见，在此一并表示感谢。

由于服装业发展变化快，针织服装设计在国内外系统地予以介绍的著作亦不多见，也由于我们的水平所限，书中疏漏和不尽如人意之处在所难免，恳请专家、同行和读者批评指正。

沈　雷

2013年6月

针织专业辞典

I S B N：9787506464697
作者：《针织工程手册染整分册》（第2版）编委会 编
出版时间：2010-9-1

I S B N：9787506471602
作者：《针织工程手册 经编分册》编委会 编
出版时间：1997-1-1

I S B N：9787506479004
作 者：《针织工程手册 纬编分册》（第2版）编委会 编
出版时间：2012-2-1

I S B N：9787506443685
作者：戴淑清，金智才 编
出版社：中国纺织出版社
出版时间：2007-7-1

I S B N：9787506463218
作者：张渭源 王传铭 主编
出版社：中国纺织出版社
出版时间：2011-1-1

I S B N：9787506436809
丛书名：上海市教育委员会高校重点教材建设项目
作者：宋晓霞 编著
出版时间：2006-4-1

I S B N：9787506453769
丛书名：针织服装设计师系列
作者：沈雷，吴艳，罗志刚 编著
出版时间：2009-3-1

I S B N：9787506458955
丛书名：针织服装设计师系列
作者：沈雷 等编著
出版时间：2009-9-1

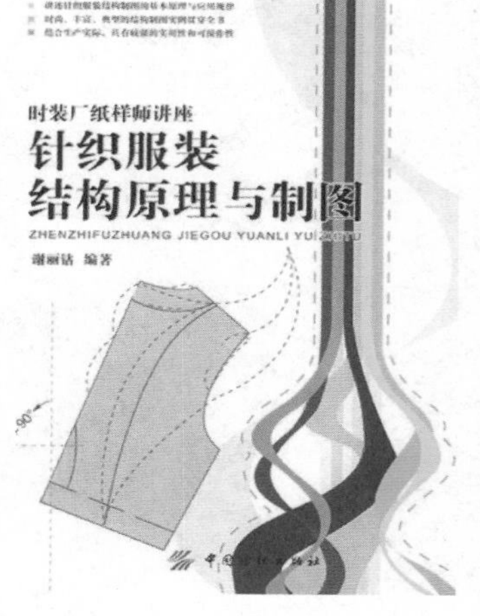

I S B N：9787506452854
丛书名：时装厂纸样师讲座
作 者：谢丽钻 编著
出版时间：2008-11

针织服装教材

I S B N：9787506452922
丛书名：普通高等教育“十一五”国家级规划教材
作者：谭磊　主编
出版社：中国纺织出版社
出版时间：2008-11-1

I S B N：9787506464086
作者：谢梅娣，赵俐　编著
出版时间：2010-7-1

I S B N：9787506455138
丛书名：服装高等教育“十一五”部委级规划教材
作者：赵俐　主编
出版时间：2009-7-1

I S B N：9787506437271
丛书名：全国纺织高职高专规划教材
作者：毛莉莉　等编著
出版时间：2006-7-1

I S B N：9787506450089
丛书名：服装高职高专“十一五”部委级规划教材
作　者：薛福平　主编
出版时间：2008-9-1

I S B N：9787518000432
丛书名：服装高等教育“十二五”部委级规划教材
作　者：沈雷　编著
出版时间：2013-10-1

时装画

I S B N：9787506494755
作者：石磷硖　著
出版时间：2013-4-1

I S B N：9787506460392
作者：张肇达　著
出版时间：2009-12-1

I S B N：9787506493581
作者：刘笑妍　著
出版时间：2013-2-1

服装设计

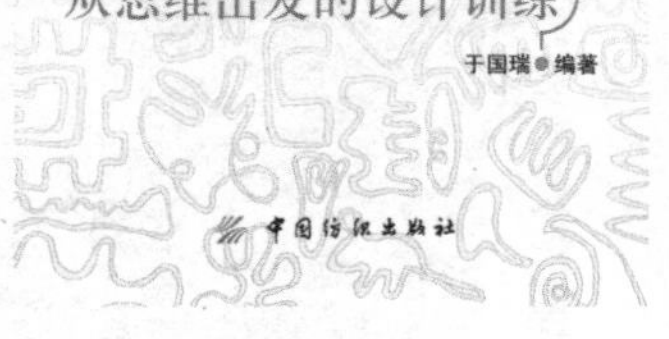

I S B N：9787506488570
作者：于国瑞　编著
出版时间：2012-8-1

I S B N：9787506472920
丛书名：普通高等教育“十一五”国家级规划教材
作者：鲁闽　编著
出版时间：2011-5-1

I S B N：9787506488525
作者：崔唯　编著
出版时间：2013-1-1

I S B N：9787506488570
作者：于国瑞　编著
出版时间：2012-8-1

I S B N：9787506460699
丛书名：国际服装丛书
作者：（美）海伦・约瑟夫—阿姆斯特朗　著
译者：裘海索
出版时间：2010-3-1

I S B N：9787506464024
丛书名：国际服装丛书
作者：（美）海伦・约瑟夫－阿姆斯特朗　著
译者：裘海索
出版社：中国纺织出版社
出版时间：2011-7-1

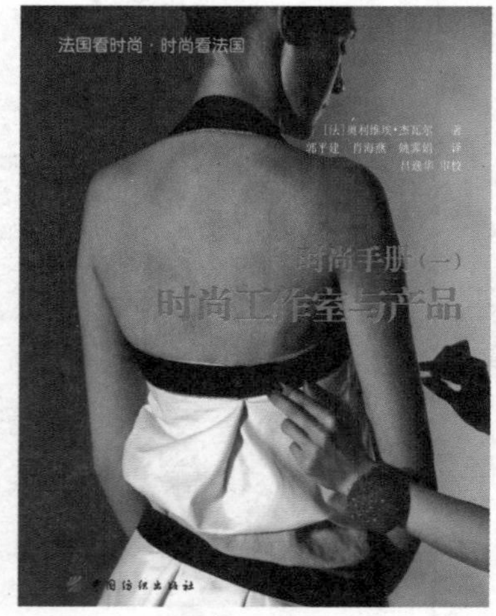

I S B N：9787506459952
丛书名：法国看时尚・时尚看法国
作者:（法）杰瓦尔　著，郭平建，肖海燕，姚霁娟　译
出版时间：2010-3-1

I S B N：9787506458450
丛书名：法国看时尚・时尚看法国
作者：（法）杰瓦尔　著，治棋　译
出版时间：2010-2-1

I S B N：9787506464321
作者：肖彬，张舰　主编
出版时间：2010-8-1